Word/Excel/PPT 2010

办公应用

入门 进阶 提高

漫库文化 编著

超值全彩版

二十一世纪出版社集团
21st Century Publishing Group

anku

图书在版编目（CIP）数据

Word/Excel/PPT 2010办公应用入门·进阶·提高:超值全彩版 /漫库文化编著.
–– 南昌：二十一世纪出版社集团, 2016.7
ISBN 978-7-5568-1939-3

Ⅰ.①W… Ⅱ.①漫… Ⅲ.①办公自动化 – 应用软件 Ⅳ.①①TP317.1

中国版本图书馆CIP数据核字(2016)第146938号

新浪微博： @二十一世纪出版社官方

Word/Excel/PPT 2010 办公应用入门·进阶·提高： 超值全彩版

漫库文化 编著

责任编辑： 敖登格日乐
封面设计： 付　巍
出版发行： 二十一世纪出版社
（ 江西省南昌市子安路 75 号 330009 ）
www.21cccc.com cc21@163.net
出 版 人： 张秋林
印　　刷： 北京美图印务有限公司
版　　次： 2016 年 9 月第 1 版　2017 年 1 月第 3 次印刷
开　　本： 787 x 1092 1/16
印　　张： 18
字　　数： 500 千
书　　号： ISBN 978-7-5568-1939-3
定　　价： 49.00 元

赣版权登字—04—2016—452
本书如有印装质量等问题, 请与本社联系　电话：(010) 85860941
读者来信: mk_hanling@163.com

Preface
前言

众所周知，Microsoft Office是微软公司开发的一套基于Windows操作系统的办公软件套装，其常用组件包括Word、Excel、PowerPoint等，这三大组件也是日常办公中的应用热点。为了让读者能够在短时间内掌握Word/Excel/PPT的使用方法与技巧，我们精心编写了本书，旨在用最高效的方法帮助读者解决日常办公中遇到的种种疑问。

本书围绕"应用案例"展开介绍，每个案例的讲解均遵循"从基础知识到实际应用"的原则，循序渐进地对Word/Excel/PPT 2010的使用方法、操作技巧、实际应用等方面进行了全面阐述。书中所列举案例均属于日常办公中的应用热点，案例的讲解均通过一步一图、图文并茂的形式展开。这些热点很具有代表性，通过学习这些内容，可以将掌握的知识快速应用到类似的工作中，从而做到举一反三、学以致用。

全书共12章，其中各部分内容介绍如下：

篇	章 节 名	知 识 点
Word部分	Word文档的制作 Word文档的美化 文档表格的处理 文档的高级操作	包括文本的输入与编辑、字体格式的设置、段落格式的设置、页面设置、背景设置、图形的绘制与编辑、艺术字的应用、图片的应用与美化、表格的创建与编辑、样式的应用、页码的添加、目录的创建与更新、脚注尾注的创建、模板的创建与应用、文档的加密、文档的打印等
Excel部分	常用工作表的创建 公式与函数的应用 数据的分析与处理 数据透视表的妙用 数据变图表很直观	包括工作簿的创建、行和列的操作、各种类型数据的输入、数据的填充、数据的查找与替换、公式的输入与编辑、公式的引用、数组公式的应用、函数的输入与编辑、常用函数的使用方法、数据的排序、数据的筛选、分类汇总的方法、数据透视表的创建与编辑、数据透视图的创建与美化等、图表的创建与布局、迷你图的插入与设置等

篇	章 节 名	知 识 点
PPT部分	幻灯片的创建 动画效果的设计 幻灯片的放映与输出	演示文稿的创建、幻灯片的基本操作、幻灯片母版的应用、幻灯片主题的应用、文本的输入与编辑、文本框的使用、艺术字的创建与美化、图片的插入与美化，图形的绘制与编辑、SmartArt图形的应用、音频文件的插入与编辑、视频文件的导入与编辑、超链接的创建、各类型动画效果的设计、幻灯片切换效果的设计、演示文稿的放映、演示文稿的打包以及幻灯片的发布等

　　本书结构合理，内容详尽，语言通俗易懂，既适用于教学，又便于自学阅读。本书不仅可作为大中专院校电脑办公应用基础的教材，还可作为Office课程培训班的培训用书，同时也是职场办公人员不可多得的学习用书。

　　虽然在编写本书过程中力求严谨细致，但由于时间与精力有限，疏漏之处在所难免，望广大读者批评指正。

编者

Contents
目录

Word篇

Chapter 01
Word文档的制作

Chapter 02
Word文档的美化

Chapter 03
文档表格的处理

Chapter 04
文档的高级操作

Excel篇

Chapter 05
常用工作表的创建

Chapter 06
公式与函数的应用

Chapter 07

数据的分析与处理

Chapter 08

数据透视表的妙用

Chapter 09
数据变图表很直观

PPT篇

Chapter 10
幻灯片的创建

Chapter 11
动画效果的设计

Chapter 12
幻灯片的放映与输出

Chapter
01

Word文档的制作

本章概述

如今，高效的软件办公已经逐渐取代了书面手写的时代，作为一款文字处理软件，Word成为了Office办公软件中使用最为广泛的软件之一。在Word文档中不仅可以编辑各种文本类型的文档，还可以编辑图形、绘制各类表格、图表等。本章将从文档编辑开始，带领用户了解Word 2010的基本操作。

本章要点

文档的新建

文档的保存

文本内容的输入

文本内容的编辑

字体格式的设置

边框与底纹的添加

1.1 制作公司招聘广告

当公司某些岗位产生空缺时，便会面向社会进行招聘。这时候就需要用Word制作一份有吸引力的招聘广告，然后将制作好的招聘广告打印出来，在人力资源市场上分发给求职者。

1.1.1 新建文档

新建Word文档的方法有很多种，下面将重点介绍几种常用的创建新文档的方法。

❶ 创建空白文档

空白文档可以通过"文件"菜单创建，也可以利用"快速访问工具栏"创建。

（1）利用"文件"菜单创建

步骤 01 启动Word 2010，然后单击"文件"按钮。

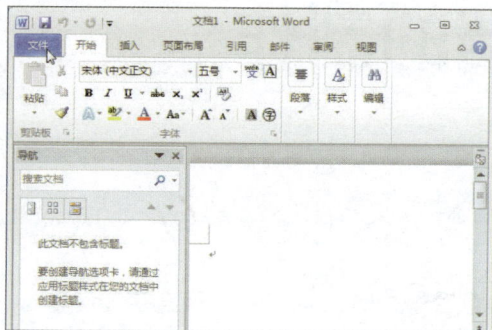

步骤 02 打开"新建"选项面板，在"可用模板"组中选择"空白文档"选项。

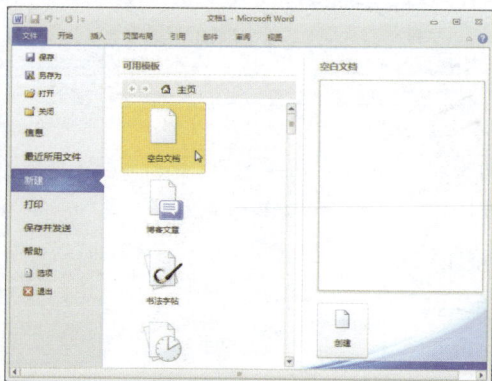

步骤 03 在右侧面板下方单击"创建"按钮，即可创建一个新的空白文档。

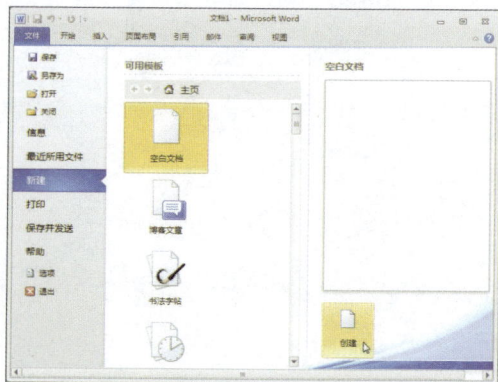

（2）利用"快速访问工具栏"创建

步骤 01 单击"自定义快速访问工具栏"下拉按钮，在其列表中选择"新建"选项。

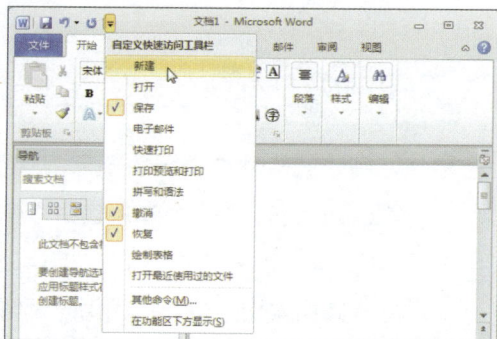

步骤 02 "快速访问工具栏"中被添加"新建"按钮，单击该按钮即可新建一份空白文档。

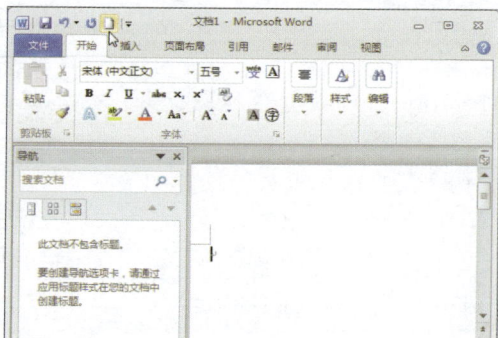

❷ 新建模板文档

在制作特定类型的文档时，可以创建模板文档，然后在模板中对内容进行修改，这样可以节省工作时间。

步骤01 打开"文件"菜单，在"新建"选项面板中选择"样本模板"选项。

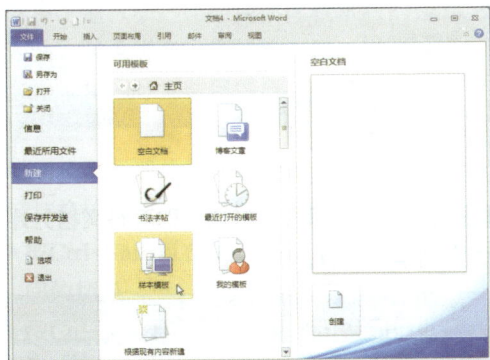

步骤02 在"样本模板"组中选择"黑领结合并信函"选项，单击"创建"按钮。

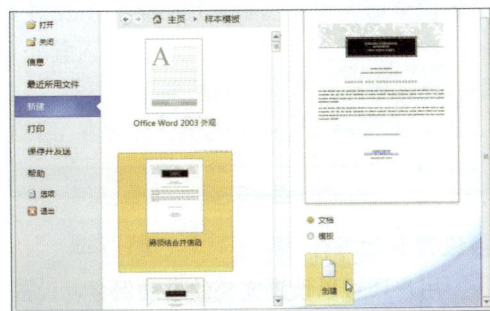

步骤03 系统随机创建相应的模板文档，在模板中可以快速完成文档的制作。

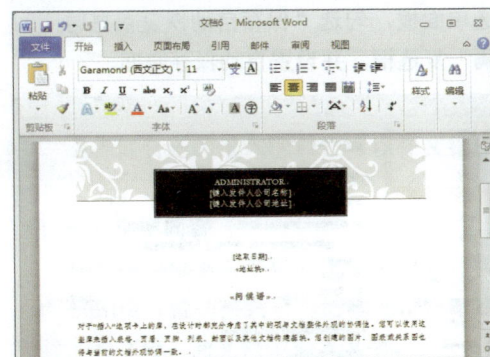

1.1.2 保存文档

在编辑文档的过程中，因为突然断电或误操作等原因会导致文档内容丢失，所以，用户最好养成及时保存文档的习惯。

❶ 保存新文档

对于初次保存的文档需要指定其保存路径和文件名称。

步骤01 单击"快速访问工具栏"中的"保存"按钮。

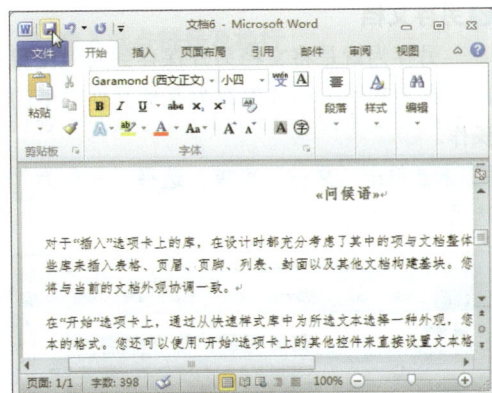

步骤02 弹出"另存为"对话框，选择好文档的保存位置，在"文件名"文本框中输入文档名称，单击"保存"按钮。

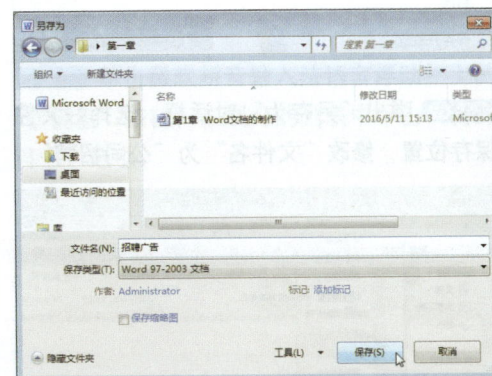

步骤03 此时文档名称已经变为保存的名称。在以后的操作中单击"保存"按钮，可直接保存文档内容。

步骤02 打开软键盘，单击相应的特殊符号即可向文档中输入该特殊符号。

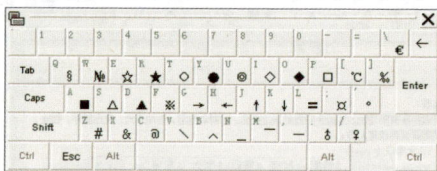

1.1.4 编辑文本内容

在文档中输入内容之后，为了使输入的文本看上去整洁有序，还应该对文本内容进行编辑。

❶ 选择文本

编辑任何文本前都需要先将文本选中，选择文本的方法有很多，下面介绍几种常用的方法。

（1）选择指定文本

将光标置于需要选的文本之前，按住鼠标左键，移动鼠标至需要选择的文本末尾，松开鼠标左键即可。选中的文本被蓝色高亮显示。

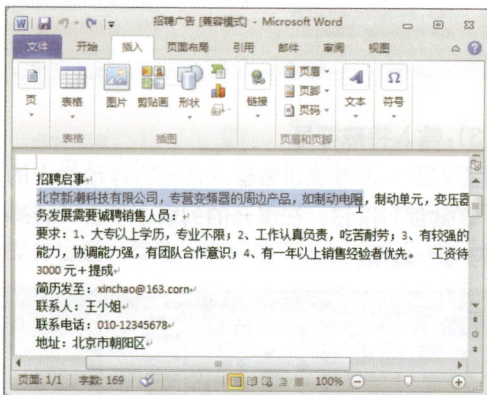

（2）选择整行或整段文本

将光标移动至文档左侧空白处，光标变为"⤴"形状时单击鼠标左键，可选中光标所指的整行。双击鼠标左键可选中光标所指的整个段落，三次单击鼠标左键可选中整篇文档。

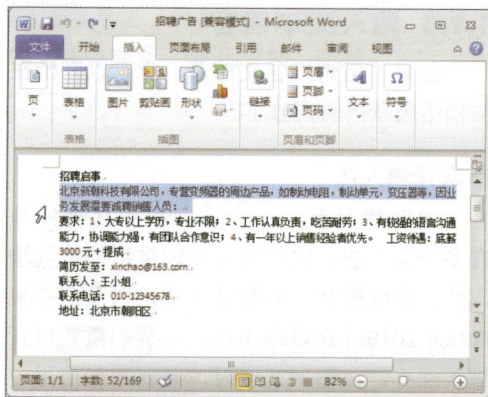

（3）选择整个文档

打开"开始"选项卡，在"编辑"组中单击"选择"下拉按钮，在展开的列表中选择"全选"选项。

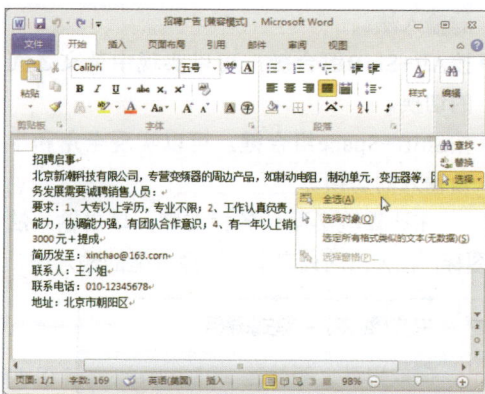

（4）使用快捷键选择

- 按Ctrl+A组合键可全选文档中全部内容；
- 按Shift+↑组合键可选中光标之前的整句；
- 按Shift+↓组合键可选中光标之后的整句；
- 按Shift+Home组合键可选中从光标到本行行首的文本；
- 按Shift+End组合键可选中从光标到本行行尾的文本。

❷ 删除文本

如果在文档中输入了错误的内容，或者不再需要某些文本内容，可以将这些内容删除。操作方法如下：

选中需要删除的文本，按Delete键即可将选中的文本删除。

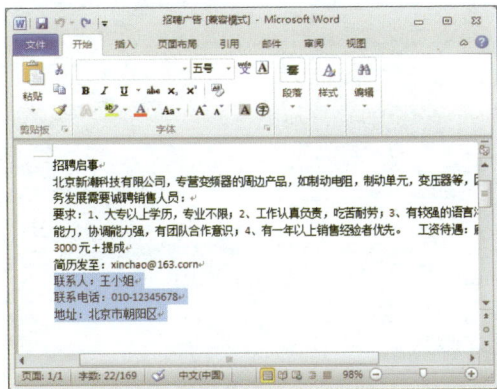

或者将光标置于文本中，按Backspace键逐字删除光标之前的文本，按Delete键逐字删除光标之后的文本。

③ 移动文本

在编辑文档的过程中如果发现输入的内容顺序错乱，删除重写的话会很浪费时间，这时可选择移动文本位置调整文本顺序。

步骤01 选中需要移动位置的文本，将光标指向选中的文本，按住鼠标左键，向目标位置拖动鼠标。

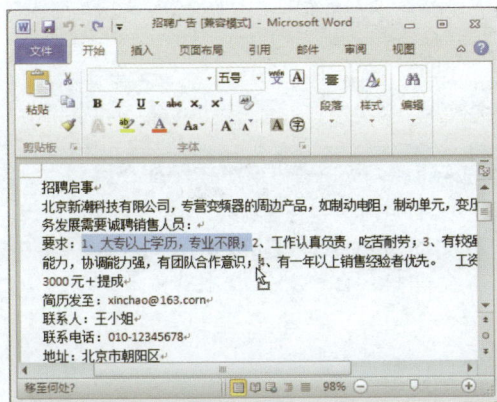

步骤02 松开鼠标，选中的文本即被移动到目标位置。

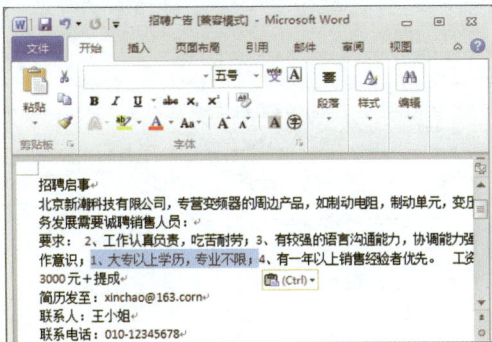

④ 复制和剪切文本

为了提高工作效率，在编辑文档时常常会用到复制和剪切功能，下面将介绍复制和剪切功能的使用方法。

（1）复制文本

步骤01 选中需复制的文本，打开"开始"选项卡，在"剪贴板"组中单击"复制"按钮。

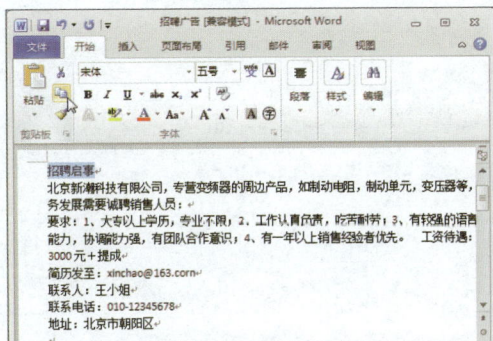

步骤02 将光置于需要粘贴文本的位置，在"剪贴板"组中单击"粘贴"下拉按钮，在展开的列表中选择"保留源格式"选项。

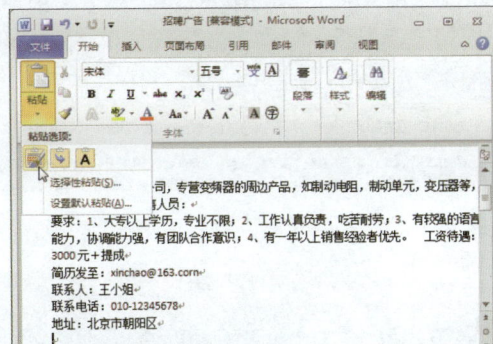

步骤03 选中的文本即被复制到指定的位置。

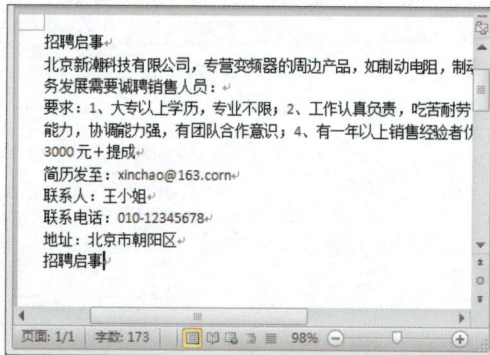

（2）剪切文本

步骤01 选中需要剪切的文本，在"开始"选项卡的"剪贴板"组中单击"剪切"按钮。

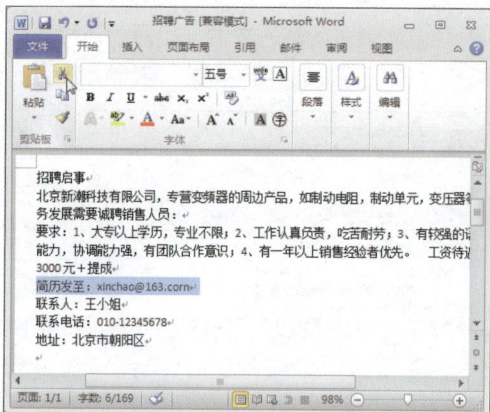

步骤02 选中的文本随即被剪切，将光标置于需要粘贴文本的位置，单击"粘贴"按钮。

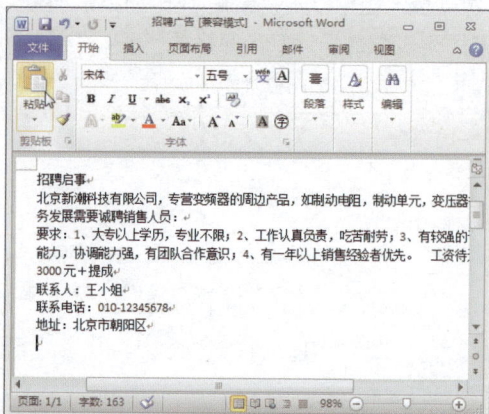

步骤03 被剪切的文本即被粘贴在了光标所在位置。

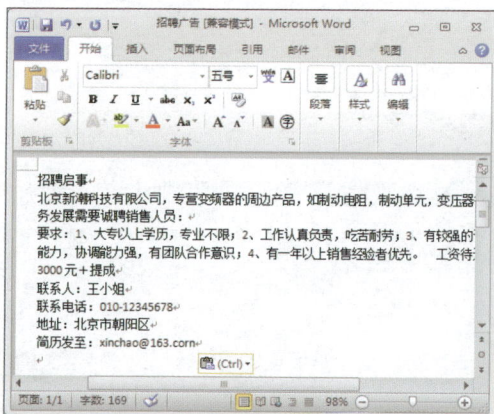

（3）使用右键快捷菜单复制或剪切文本

右击选中的文本，在弹出的快捷菜单中可以执行"复制"、"剪切"、"粘贴"操作。

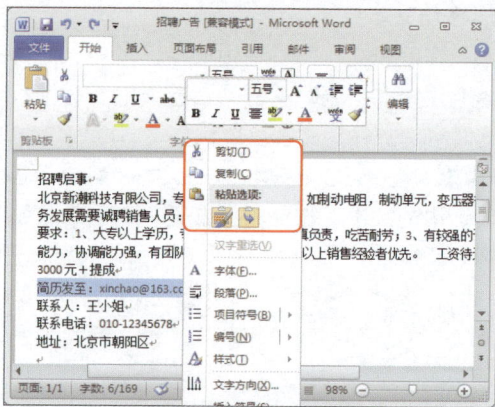

办公助手　使用组合键复制粘贴文本

- 按Ctrl+C组合键可复制文本；
- 按Ctrl+X组合键可剪切文本；
- 按Ctrl+V组合键可粘贴文本。

1.1.5　打印文档

用户可以将制作好的文档打印出来，以便在更多的场合中使用。为了打印效果美观，在打印之前需要对页面进行设置，下面将做具体介绍。

① 设置页面大小

　　用户可选择内置的页面大小和页边距，也可根据需要自定义页面大小和页边距。

步骤 01 打开"页面布局"选项卡，在"页面设置"组中单击"纸张大小"下拉按钮，在展开的列表中选择合适的纸张大小。

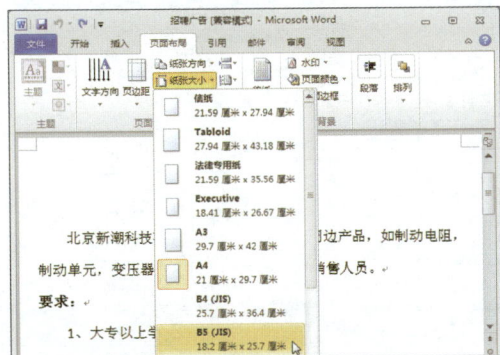

步骤 02 在"页面设置"组中单击"页边距"下拉按钮，在展开的列表中选择合适的页边距选项。

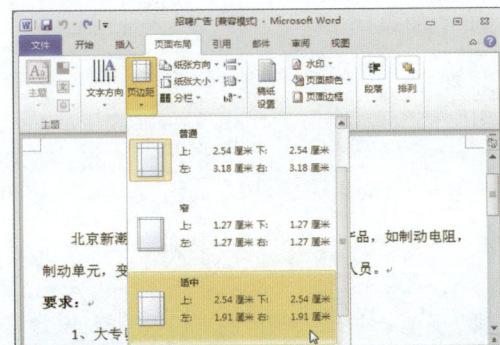

步骤 03 单击"页面设置"组中的"纸张方向"下拉按钮，在展开的列表中选择页面"纵向"或者"横向"显示。

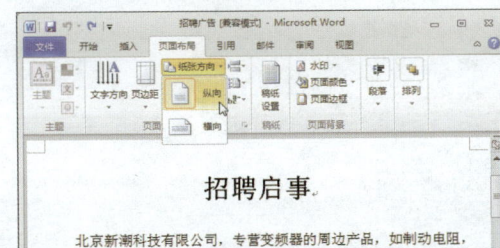

步骤 04 若要自定义页边距和纸张大小，单击"页面设置"组的"对话框启动器"按钮。

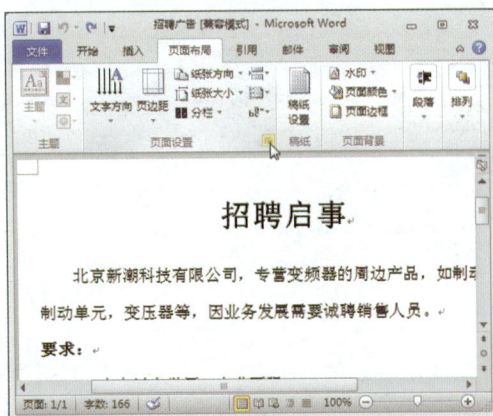

步骤 05 弹出"页面设置"对话框，打开"页边距"选项卡，在"页边距"中设置"上"、"下"、"左"、"右"数值，自定义页边距。

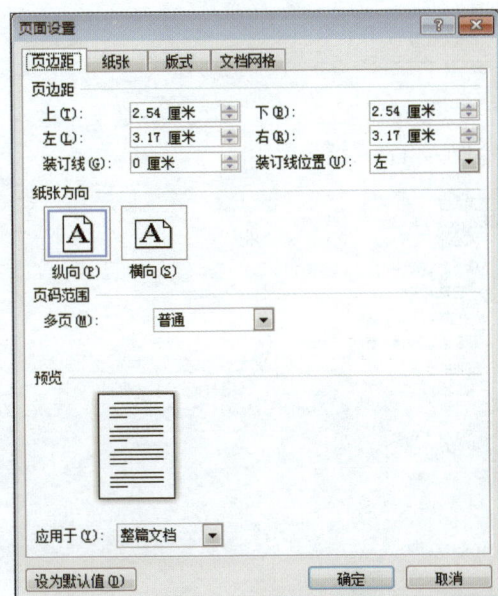

步骤06 切换到"纸张"选项卡，单击"纸张大小"下拉按钮，在展开的列表中选择"自定义大小"选项。

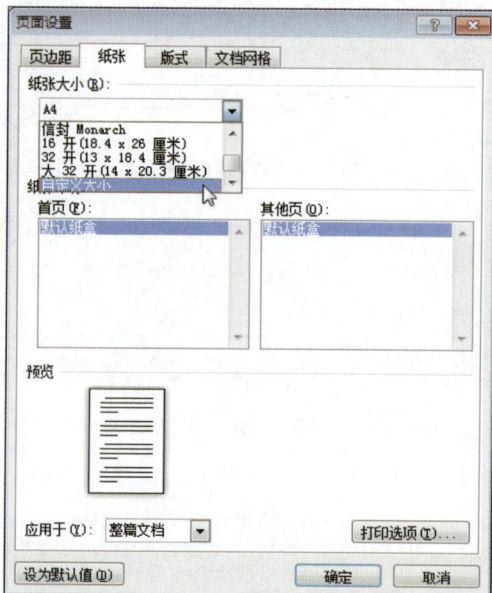

步骤07 在"宽度"和"高度"微调框中输入数值，自定义纸张大小。

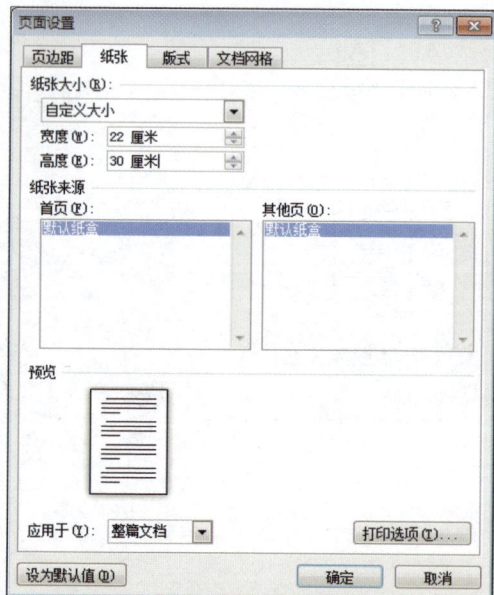

2 预览与打印

在打印之前可以先对文档的打印效果进行预览，以便对不当之处进行调整。

步骤01 在"文件"菜单中，单击切换至"打印"选项卡。

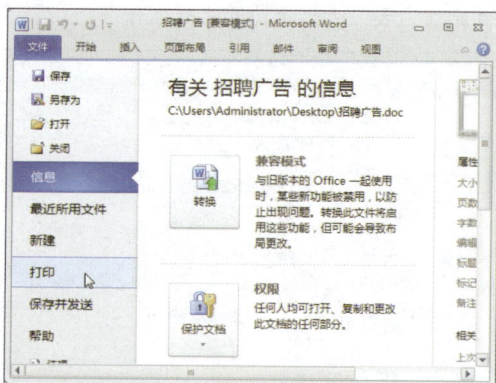

步骤02 展开页面右侧即可预览到打印效果。

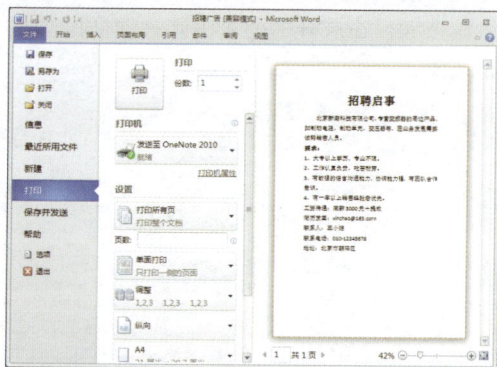

步骤03 在"打印"组中的"份数"微调框中可以设置打印份数。

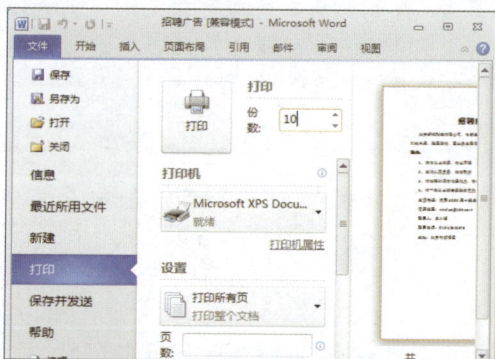

步骤 04 在"打印机"下拉列表中选择需连接的打印机。

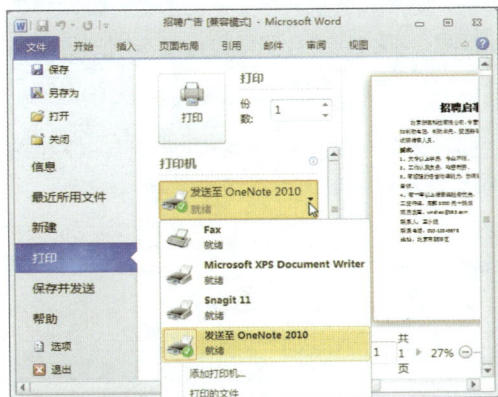

步骤 05 文档中包含很多页，若只需要打印某一范围内的页面，可以在"设置"组中选择"打印自定义范围"。

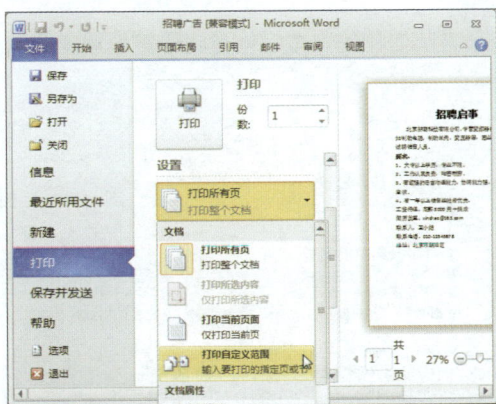

步骤 06 在"页数"文本框中设置打印范围。

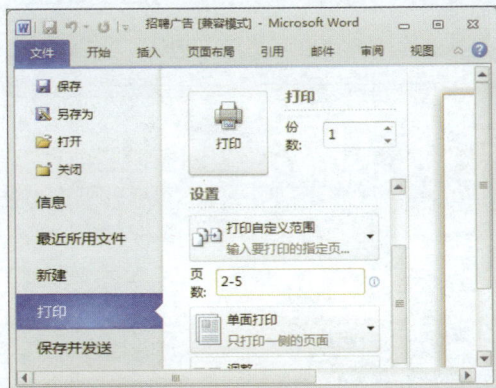

步骤 07 在"设置"组中选择"手动双面打印"选项，会在打印第二面时提示重新加载纸张。

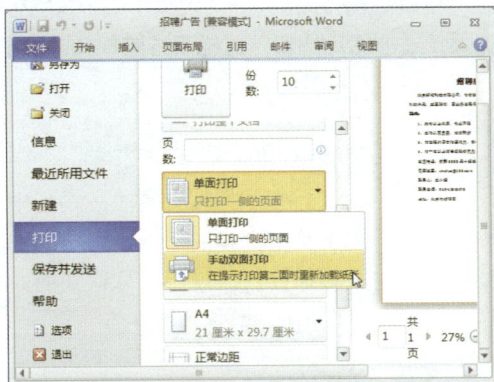

步骤 08 在"设置"组中也可以设置纸张大小、页边距、页面方向。

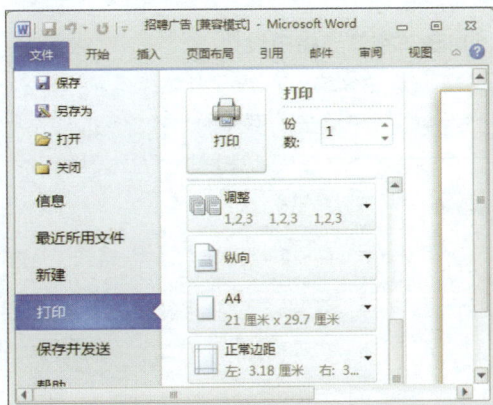

步骤 09 选择每版打印页数，可以在打印时节约纸张。

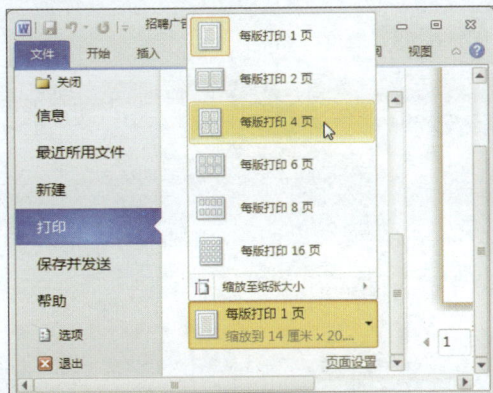

1.2 制作企业用工合同

劳动合同是劳动者与用工单位之间确立劳动关系，明确双方权利和义务的协议，公司会与新员工签署劳动协议，这样双方的权益才能够得到保障。那么劳动合同是如何制作出来的呢？下面将进行详细介绍。

1.2.1 设置字体格式

Word 2010文档中默认的字体格式为宋体五号字，由于文档内容的不同，用户就需要对字体格式进行设置，设置字体格式的方法如下。

❶ 设置字体和字号

用户可以统一修改文本的字体和字号，也可以为了区别文本单独设置某些文字的字体字号。

（1）在"字体"组中设置

步骤01 选中文本，打开"开始"选项卡，在"字体"组中单击"字体"下拉按钮。

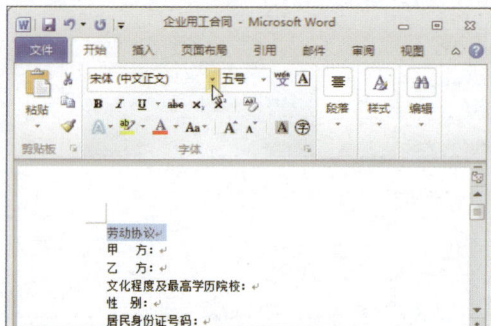

步骤02 在展开的列表中选择合适的字体选项，此处选择"黑体"选项。

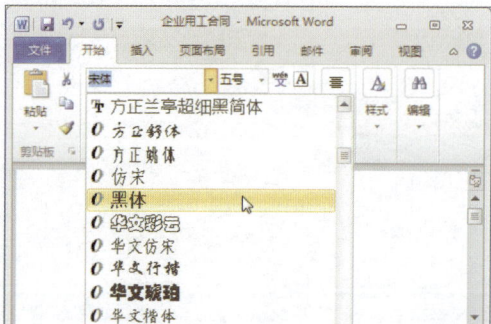

步骤03 单击"字体"组中的"字号"下拉按钮，在展开的列表中选择"一号"选项。

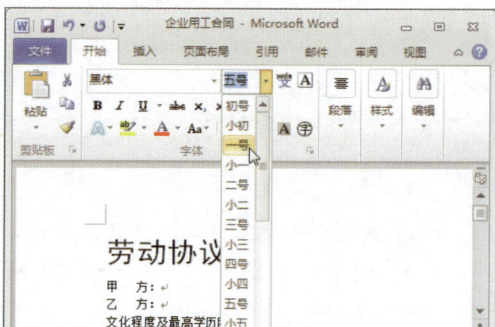

步骤04 选中的文本字体格式即被设置成了黑体，五号字。

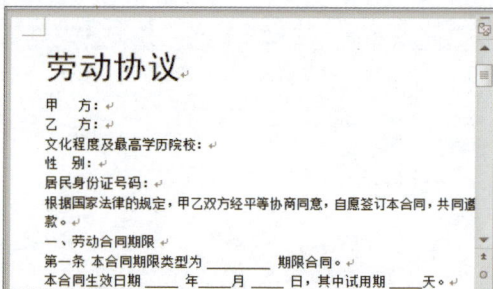

（2）使用"字体"对话框设置

步骤01 选中需要设置字体格式的文本，右击，在弹出的快捷菜单中选择"字体"选项。

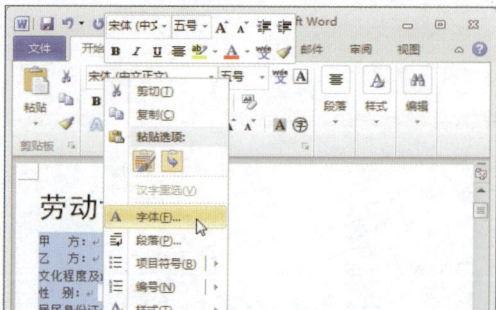

步骤02 弹出"字体"对话框,在"字体"选项卡中单击"中文字体"下拉按钮,在展开的列表中选择"黑体"选项。

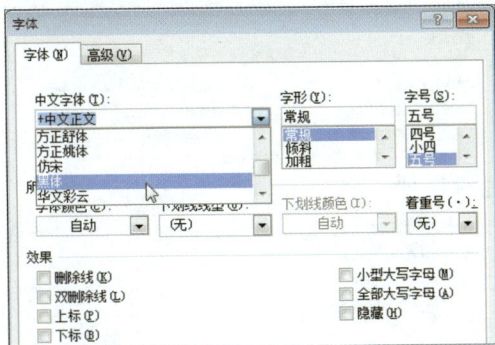

步骤03 然后在"字号"列表框中选择"小四"选项。

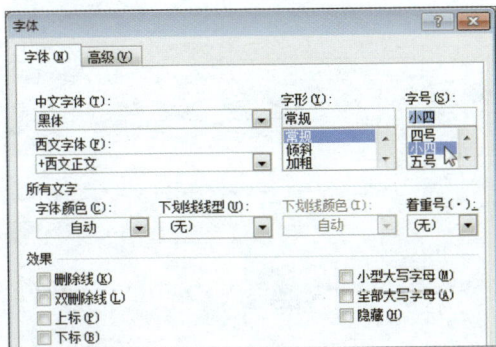

步骤04 单击"确定"按钮,关闭对话框,选中的文本即被设置为相应的字体字号。

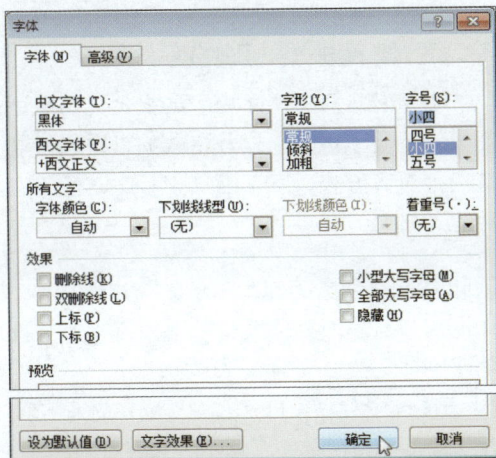

② 设置文字效果

为了加强印象,突出显示文本,可以为文字添加"加粗"、"倾斜"等效果。

(1) 在"字体"组中设置

步骤01 选中文本,切换至"开始"选项卡,单击"加粗"按钮,即可将文字加粗。

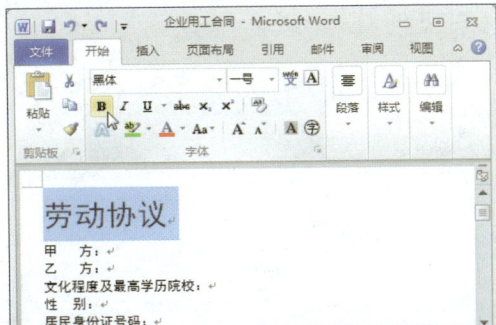

步骤02 选中文本,单击"字体"组中的"倾斜"按钮,即可使选中的文本倾斜显示。

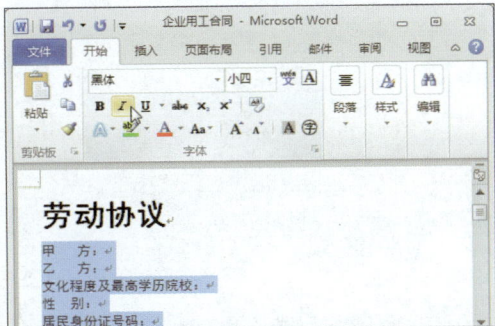

(2) 使用"字体"对话框设置

步骤01 单击"字体"组中的"对话框启动器"按钮。

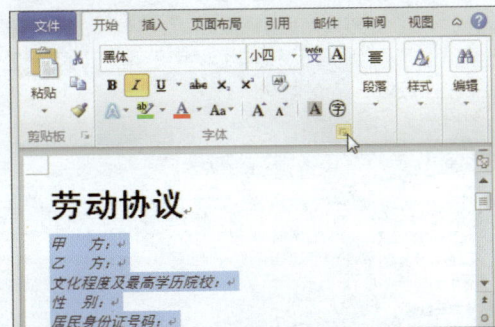

步骤02 弹出"字体"对话框，在"字形"列表框中可以设置字体为"倾斜"、"加粗"或"加粗 倾斜"效果。

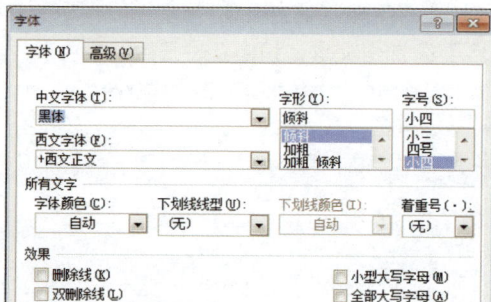

❸ 设置字符间距

字符间距即相邻字符之间的距离。如果用户对默认的字符间距不满意，可以通过设置调整字符间距。

步骤01 选中文本，在"开始"选项卡的"字体"组中单击"对话框启动器"按钮。

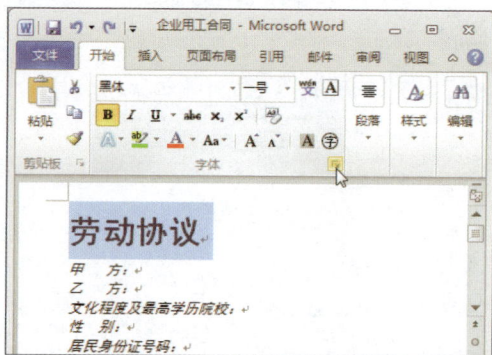

步骤02 弹出"字体"对话框，打开"高级"选项卡，单击"间距"下拉按钮，选择"加宽"选项。

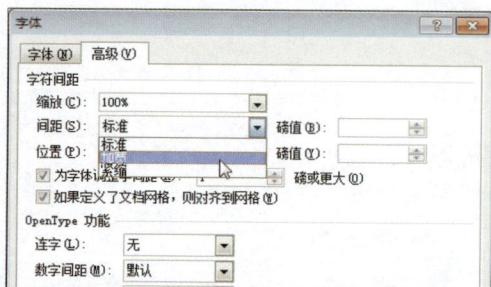

步骤03 在"磅值"微调框中输入"5磅"，单击"确定"按钮。

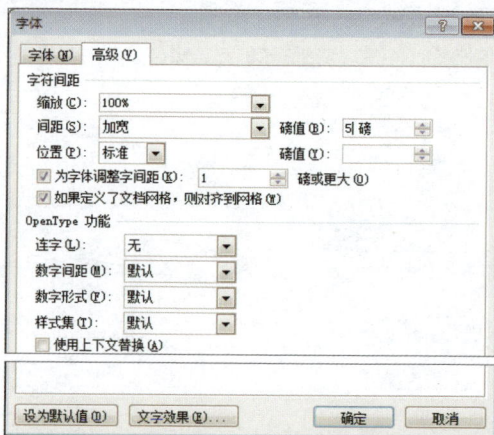

步骤04 选中的文本随即应用对话框中的设置加宽了字符间距。

1.2.2 设置段落格式

对于包含段落文本内容的文档，用户还需要设置段落格式，段落格式的设置包括设置段落对齐方式、段落缩进、行距、段落间距等。

❶ 设置段落对齐方式

用户可以根据需要将单个段落、多个段落或整个文档更改为需要的任何对齐方式。

步骤01 选中文本，打开在"开始"选项卡，在"段落"组中单击"居中"按钮。

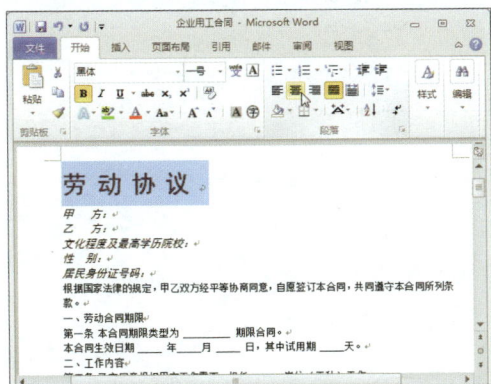

步骤02 选中的文本随即在文档中居中显示。

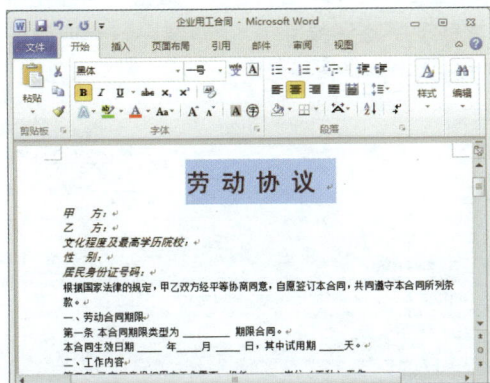

步骤03 移动到文档最后，右击选中的文本，在弹出的快捷菜单中选择"段落"选项。

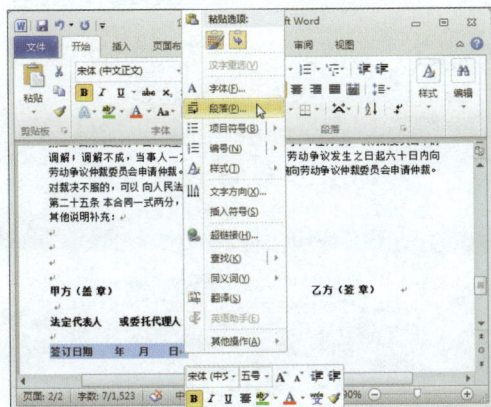

步骤04 弹出"段落"对话框，在"缩进和间距"选项卡中单击"对齐方式"下拉按钮，在展开的列表中选择"右对齐"选项。

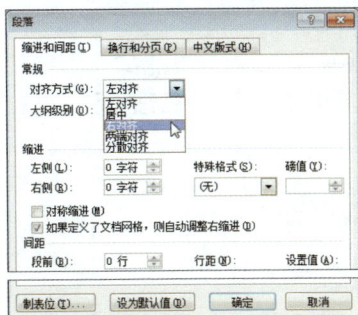

步骤05 单击"确定"按钮，关闭对话框，选中的文本已以右对齐的方式在文档中显示。

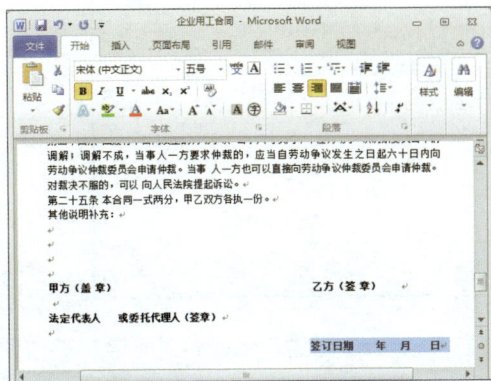

❷ 设置段落缩进

段落缩进包括首行缩进和悬挂缩进。也可以设置所有段落同时缩进，下面介绍段落缩进的方法。

步骤01 选中需要设置缩进的段落，在"开始"选项卡的"段落"组中单击"对话框启动器"按钮。

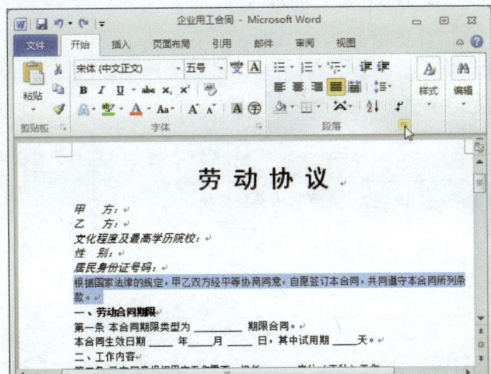

步骤02 弹出"段落"对话框，在"缩进和间距"选项卡中，单击"特殊格式"下拉按钮，展开的列表中有"首行缩进"和"悬挂缩进"两个选项。

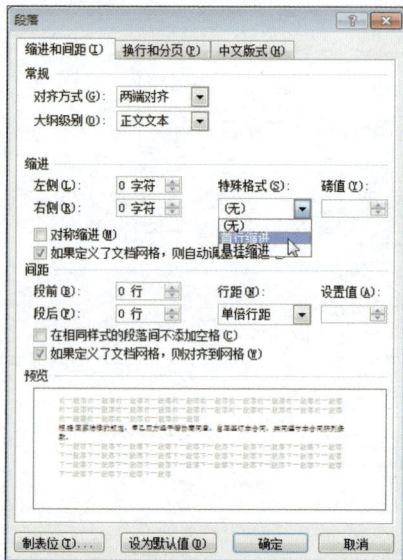

步骤03 选择了"首行缩进"选项后，"磅值"默认为"2字符"，单击"确定"按钮，关闭对话框。

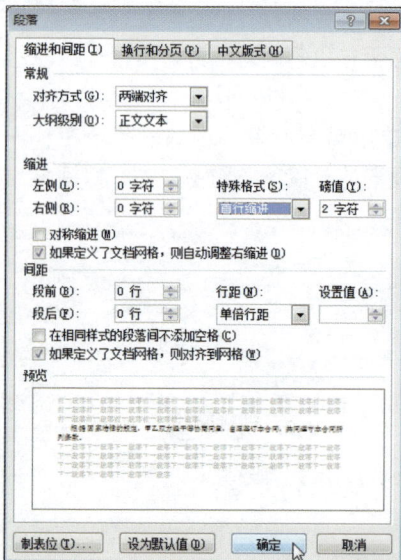

步骤04 选中的段落首行随即缩进了两个字符。

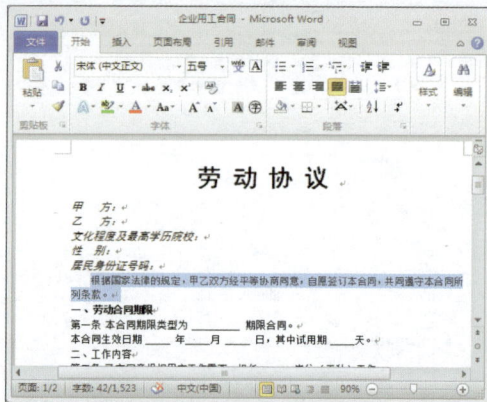

步骤05 选中文本后，若在"段落"对话框中选择了"悬挂缩进"，则自第一行之后的所有行均被缩进两个字符。

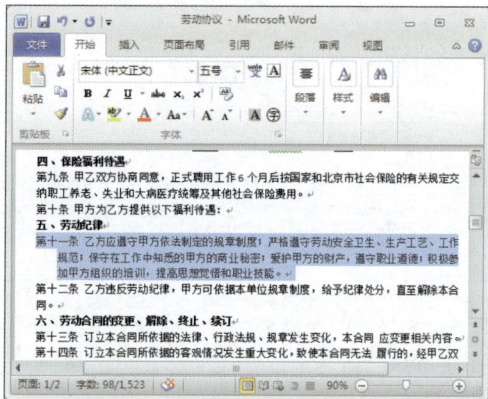

步骤06 选中文档中所有段落，单击功能区右下方的"标尺"按钮，显示标尺。

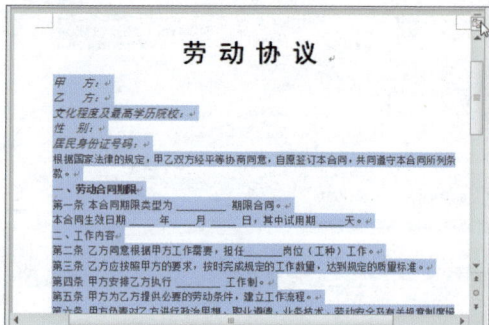

步骤07 按住鼠标左键，拖动水平标尺左侧的"左缩进"游标，可整体缩进选中的段落。

步骤 02 将弹出"段落"对话框，单击"行距"下拉按钮，在展开的列表中选择"固定值"选项。

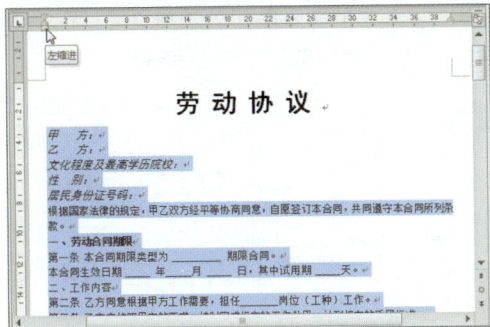

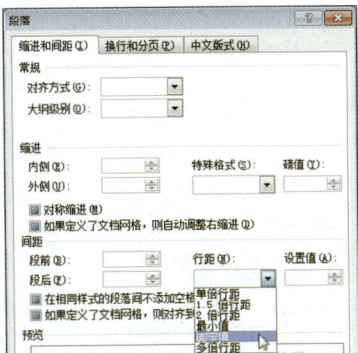

步骤 08 通过滑动水平标尺上的"首行缩进"、"悬挂缩进"和"右缩进"游标，可以设置相应的缩进。

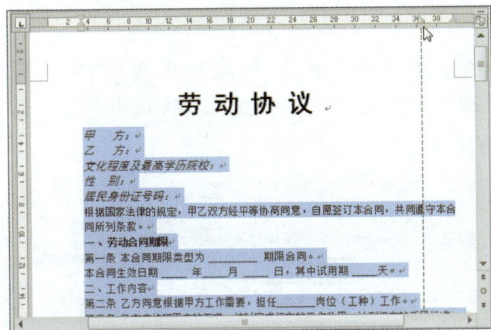

步骤 03 在"设置值"数值框中输入"20磅"，最后单击"确定"按钮。

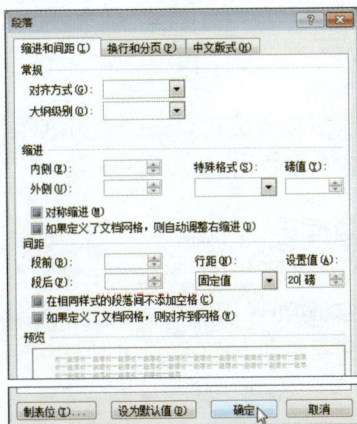

③ 设置行和段落间距

行距决定段落中各行文字间的垂直距离。段落间距决定段落上方或下方的间距量。下面介绍行距和段落间距的设置方法。

步骤 01 选中文档中所有行，切换至"开始"选项卡，单击"行和段落间距"下拉按钮，在展开的列表中可直接设置间距。这里选择"行距选项"选项。

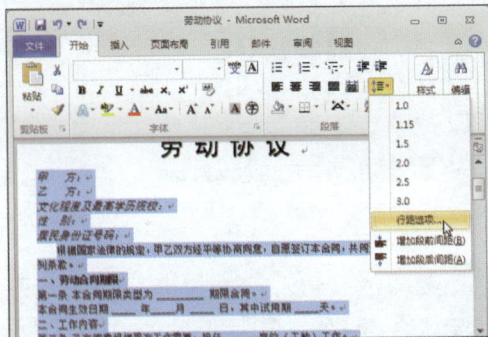

步骤 04 段间距的设置与行距设置相似。选中文档标题并右击，在弹出的快捷菜单中选择"段落"选项。

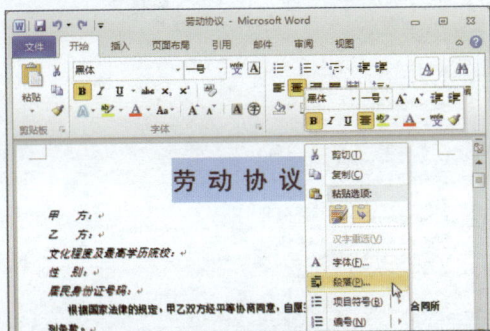

步骤05 弹出"段落"对话框，在"段前"和"段后"微调框中均将数值调整为"1行"，单击"确定"按钮。

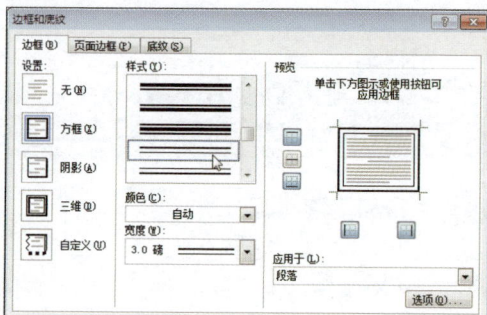

1.2.3 添加边框和底纹

为突出显示或者美化Word文档中的文本内容，可选择为文本添加边框和底纹。

❶ 添加文本边框

在编辑文档过程中用户可为文字设置不同样式和颜色的边框，用以强调重点内容。

步骤01 选中需要添加边框的文本，打开"开始"选项卡，在"段落"组中单击"边框"下拉按钮，在展开的列表中选择"外侧框线"选项。

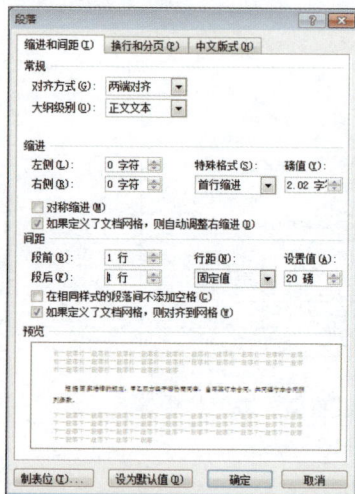

步骤02 选中的文本随即被添加边框，在"边框"下拉列表中选择"边框和底纹"选项。

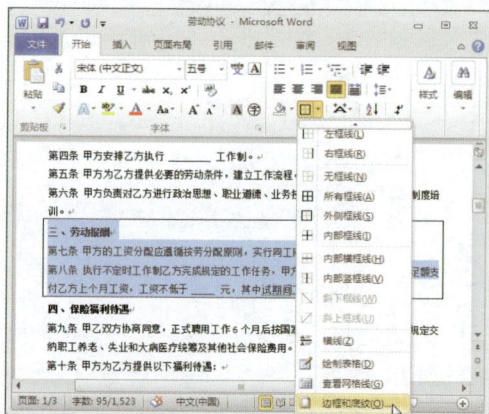

步骤03 弹出"边框和底纹"对话框，"在"边框"选项卡的"样式"列表框中选择合适的样式。

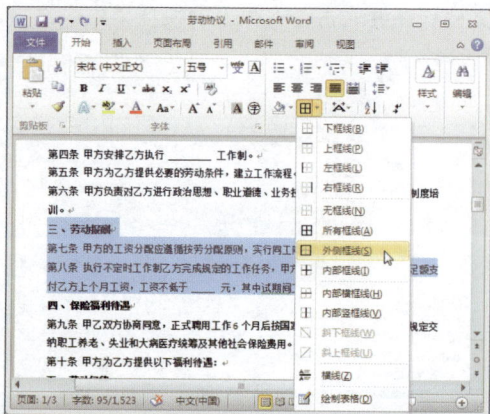

步骤04 单击"颜色"下拉按钮，在展开的列表中选择"红色"选项。

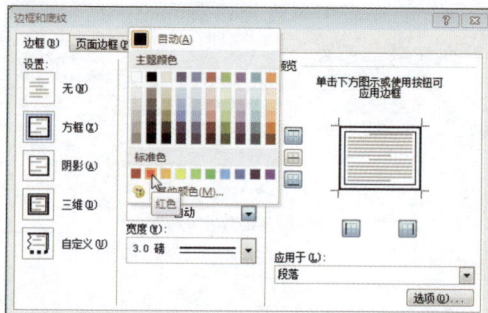

步骤05 单击"宽度"下拉按钮，在展开的列表中选择"6.0磅"选项。

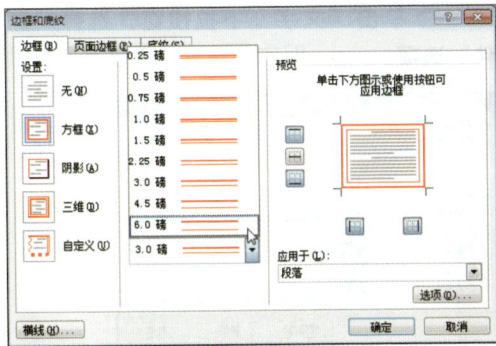

步骤 06 单击"确定"按钮，关闭对话框。选中的文本边框即被设置为指定样式。

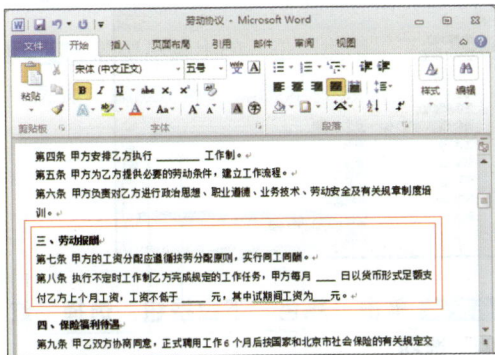

❷ 添加文本底纹

为文本添加底纹可以起到美化作用，下面将介绍为文本添加底纹的方。

步骤 01 在"开始"选项下的"段落"组中单击"边框"下拉按钮，在展开的列表中选择"边框和底纹"选项。

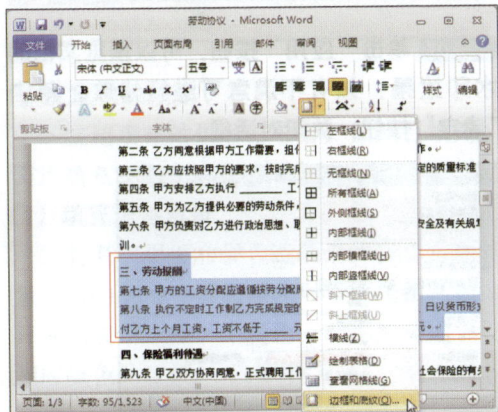

步骤 02 弹出"边框和底纹"对话框，打开"底纹"选项卡，单击"填充"下拉按钮，在展开的列表中选择合适的颜色。

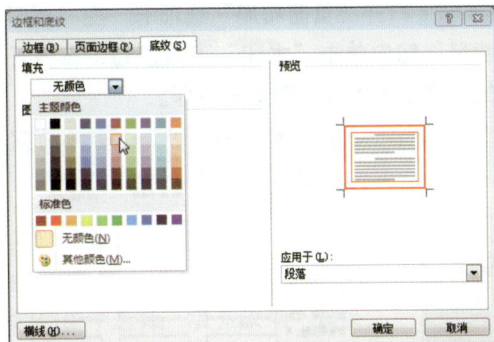

步骤 03 单击"样式"下拉按钮，在展开的列表中选择5%选项。单击"确定"按钮。

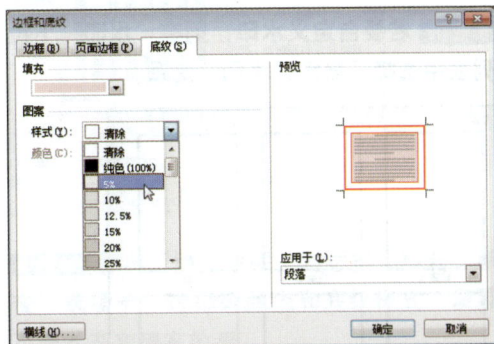

步骤 04 选中的文本即被添加了对话框中设置的底纹效果。

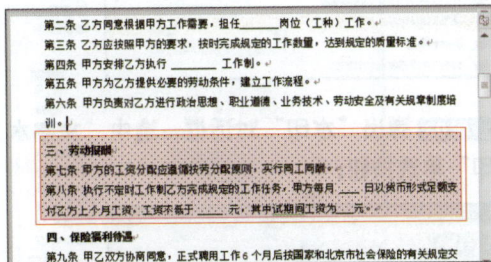

1.2.4　设置页面背景

为了使Word文档看上去更美观更具有趣味性，可以为文档设置背景。页面背景的形式非常丰富，下面进行详细的介绍。

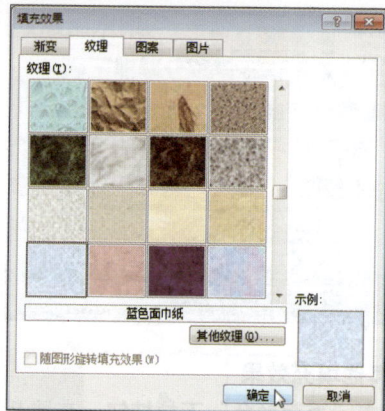

步骤04 打开"图案"选项卡，选择合适的"图案"，设置好"前景"和"背景"颜色，可以为页面设置相应的图案效果。

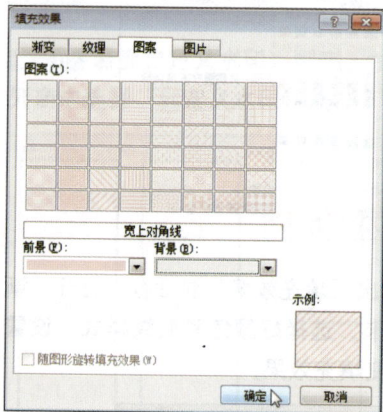

步骤05 打开"图片"选项卡，单击"选择图片"按钮。

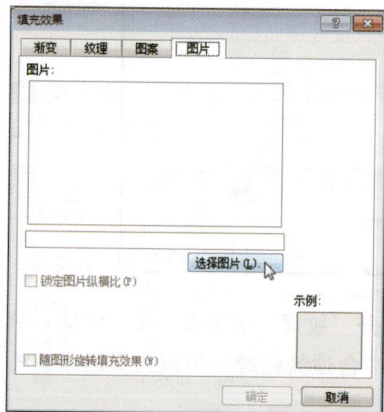

步骤06 在弹出的"选择图片"对话框中选中合适的图片，可以将该图片设置为文档页面背景。

1.2.5 文档视图

Word 2010共有5种文档视图模式，分别为页面视图、阅读版式视图、Web版式视图、大纲视图及草稿视图。它们作用各异，使用"视图"选项卡，或状态栏中的视图按钮可来回切换5种模式。下面详细介绍每种视图的作用。

❶ 页面视图

页面视图为Word 2010文档默认视图，包含页眉、页脚、图形对象、分栏设置、页边距等元素，显示的文档页面与打印时基本相同。打开文档，默认的文档视图即为页面视图，在该视图中可以对文档进行编辑、修改、输出、打印等一系列操作。

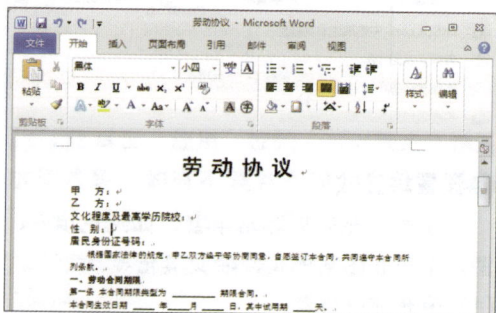

❷ 阅读版式视图

在阅读版式视图中可以执行信息检索、以不同颜色凸显文本、批注文本等，但不允许对文档进行编辑。

步骤01 打开"视图"选项卡，在"文档视图"组中单击"阅读版式视图"按钮。

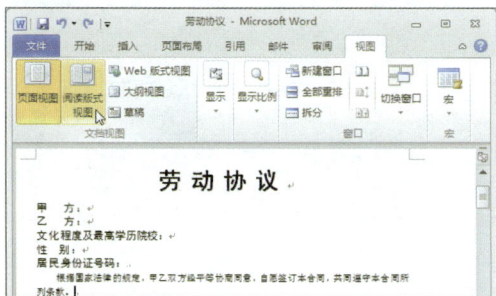

步骤02 即可切换到阅读版式视图，单击"关闭"按钮可退出。

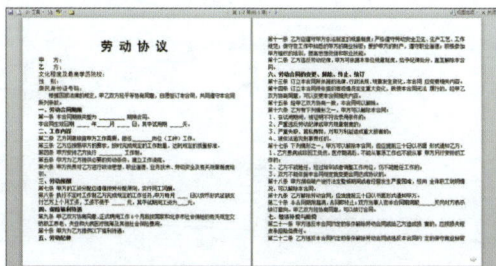

③ Web版式视图

Web版式视图以网页的形式显示Word 2010文档，不显示页码和章节号信息，该视图适用于发送电子邮件和创建网页。在"视图"选项卡的"文档视图"组中单击"Web版式视图"按钮，即可打开Web视图。

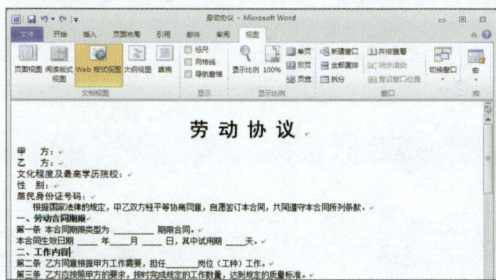

④ 大纲视图

大纲视图可创建大纲并检查Word文档结构，大纲视图简化了文本格式的设置，以便用户将精力集中在文档结构上。

步骤01 在"视图"选项卡中的"文档视图"组中单击"Web版式视图"按钮。

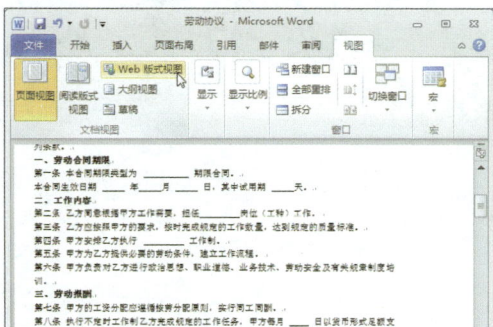

步骤02 在大纲视图中可以方便地展开和折叠各种层级的文档。单击"关闭大纲视图"按钮可关闭该视图。

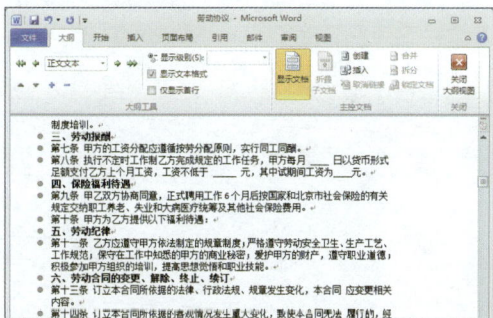

⑤ 草稿视图

草稿视图取消了页面边距、分栏、页眉页脚和图片等元素，仅显示标题和正文，是最节省计算机系统硬件资源的视图方式。

在"视图"选项卡的"文档视图"组中单击"草稿"按钮，即可打开草稿视图。

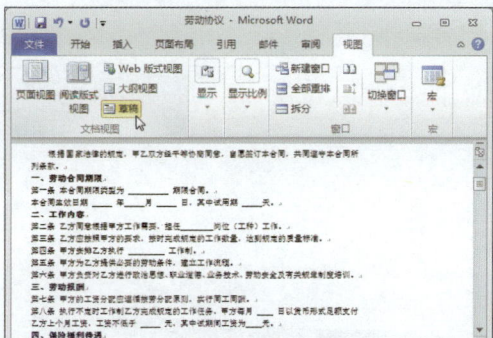

读书笔记

Chapter
02

Word文档的美化

本章概述

当你在阅读一个纯文本形式的Word文档时是否会觉得枯燥乏味？如果在文档中适当的位置插入图片、图形、艺术字、表格等元素，不仅可以更直观地体现想要表述的内容，还可以起到美化文档的作用。本章将详细介绍在Word文档中添加和编辑上述元素的方法。

本章要点

图片的插入

图片的编辑

图形的绘制

图形的美化

SmartArt图形的创建

SmartArt图形的编辑

2.1 制作假期出行计划

现在人们常说要来一场说走就走的旅行，说走就走是可以，但是如果你没有提前做好计划，恐怕在旅途中会出不少的麻烦，那么这个计划该如何制作才能又实用又美观呢？下面就来学习一下。

2.1.1 插入景区图片

在Word 2010文档中插入图片不仅可以美化文档还可以起到诠释文字的作用，提高读者的阅读兴趣。

步骤01 打开"开始"选项卡，在"插图"组中单击"图片"按钮。

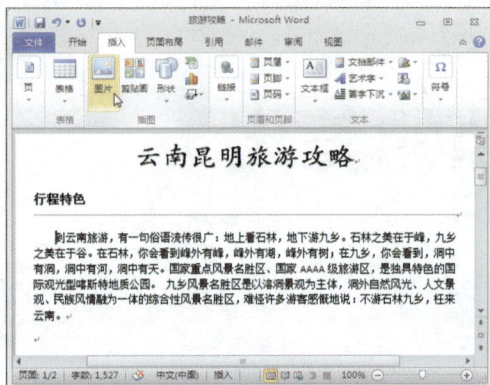

步骤02 弹出"插入图片"对话框，选中需要插入到文档中的图片，单击"插入"按钮。

办公助手 | **插入图片**

图片的插入可以美化Word文档，在选择图片时应尽量选择明暗度鲜亮的图片，视觉效果更佳。

步骤03 选中的图片随即被插入到文档中。默认的环绕方式为"嵌入型"。

步骤04 打开"图片工具-格式"选项卡，单击"位置"下拉按钮，在展开的下拉列表中选择"文字环绕"组中的"中间居左，四周型文字环绕"选项。

步骤05 将光标置于图片周围控制点上，按住鼠标左键，拖动鼠标调整图片大小。调整到合适大小后松开鼠标左键。

步骤06 将光标置于图片上方，按住鼠标左键，拖动鼠标将图片移动到文档中合适的位置即可。

步骤07 用户还可以单击"大小"组中的"对话框启动器"按钮，打开"布局"对话框，分别在"位置"和"大小"选项卡中设置图片的大小和位置。

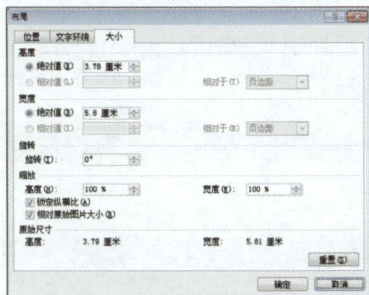

2.1.2 编辑景区图片

在文档中插入图片后还可对图片进行编辑，用户可以剪裁图片、删除图片背景等。

❶ 剪裁图片

当图片过大时，用户可以对图片的多余部分进行剪裁。为了使图片更漂亮，还可以将图片剪裁为指定形状。

（1）裁剪多余部分

步骤01 右击文档中所插入的图片，在弹出的快捷菜单中选择"大小和位置"选项。

步骤02 弹出"布局"对话框，打开"文字环绕"选项卡，选择"紧密型"选项，单击"确定"按钮。

步骤03 打开"图片工具-格式"选项卡，单击"裁剪"下拉按钮，在展开的列表中选择"裁剪"选项。

步骤04 图片周围出现了8个裁剪控制点，将光标置于需要裁剪的控制点上方。

步骤05 按住鼠标左键拖动鼠标，对图片进行裁剪。用同样的方法裁剪图片的其他区域。

步骤06 裁剪完成之后，再次单击"裁剪"按钮退出裁剪模式。

（2）将图片裁剪成指定形状

步骤01 选中图片，在"图片工具-格式"选项卡中单击"裁剪"下拉按钮，在展开的列

表中选择"裁剪为形状"选项，在下级列表中选择"云形"选项。

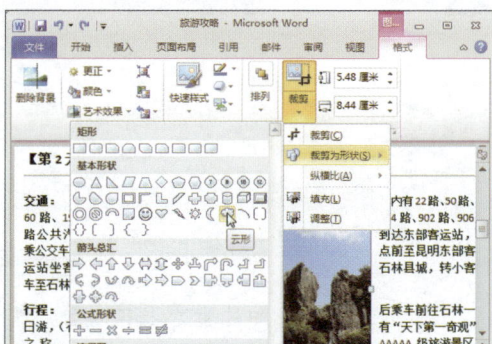

步骤02 选中的图片随即被裁剪为了"云形"的形状。

② 删除图片背景

在Word 2010中用户可以删除图片的背景，以突出图片的主题。

步骤01 向文档中插入图片并设置好环绕方式，打开"图片工具-格式"选项卡，单击"删除背景"按钮。

步骤02 激活"背景消除"选项卡，此时的图片呈编辑状态。

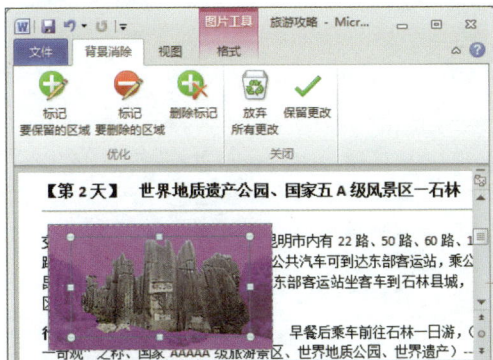

步骤03 拖动图片上方选取框，调整要删除的背景区域。单击"标记要保留的区域"按钮。

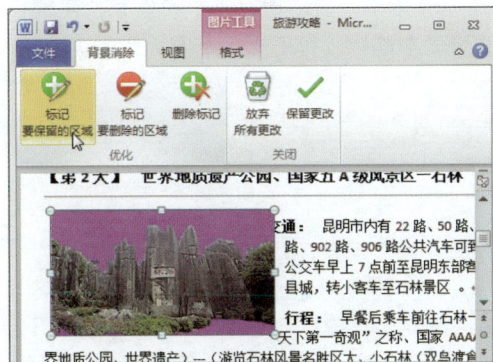

步骤04 将光标移动至图片上方，在需要保留的图片位置单击。

步骤05 单击"保留更改"按钮，退出删除背景模式。

步骤06 选中的图片背景随即被删除，只保留主体部分。

2.1.3 美化图片

图片被插入文档中后，还可以对图片进行一系列的美化工作，比如设置图片样式、为图片添加边框、设置艺术效果等。

❶ 快速设置图片样式

对于新手来说，使用的内置图片样式美化图片不仅可以达到很好的美化效果，还可实现快速设计的目的。

步骤01 选中图片，打开"图片工具-格式"选项卡，单击"其他"下拉按钮。

步骤02 在展开的列表中选中"简单框架，白色"选项。

步骤03 选中图片随即应用选中的快速样式。

❷ 为图片添加艺术效果

用户还可以为图片添加艺术效果，使图片看上去更有艺术范。

步骤01 选中新插入的图片，打开"图片工具-格式"选项卡，单击"图片样式"组中的"图片边框"下拉按钮，在展开的列表中选择"橙色"选项。

步骤02 单击"调整"组中的"艺术字效果"下拉按钮，在展开的列表中选择"十字图案蚀刻"选项。

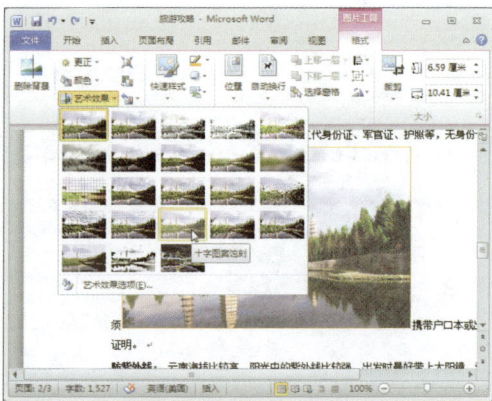

步骤03 单击"自动换行"下拉按钮，在展开的列表中选择"衬于文字下方"选项。

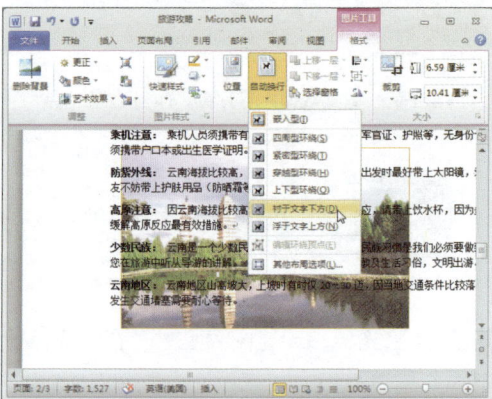

步骤04 将图片移动到合适的位置，并调整好大小。

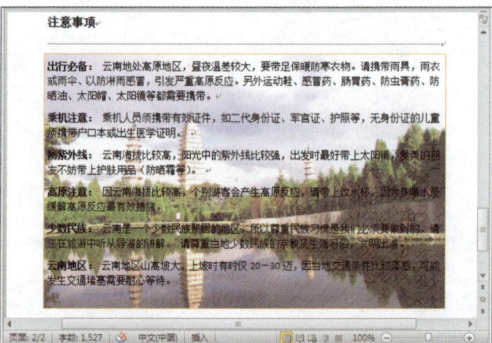

2.2 制作网站平台运行流程图

随着网络技术的不断发展和用户对网站功能性的需求不断提高，网站项目的设计和开发进入了需要强调流程和分工的时代，建立规范的、有效的、健壮的开发机制，才能适应用户不断变化的需要，达到预期的计划目标。网站平台的运行也有一定的体系，下面我们将在Word文档中制作网站平台运行流程图。

2.2.1 设计流程图标题

任何一份完整的文档都需要一个标题，在文档中制作流程图也不例外，下面介绍标题的制作方法。

步骤01 打开文档，打开"插入"选项卡，在"文本"组中单击"文本框"下拉按钮。

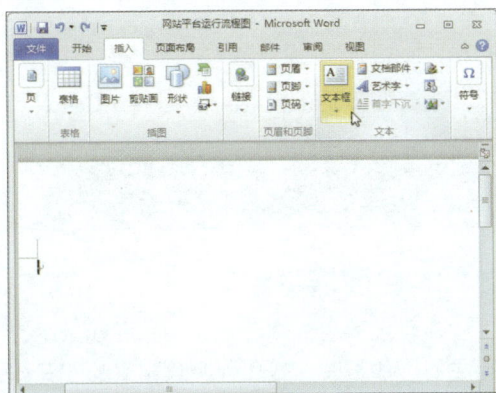

步骤02 在展开的下拉列表中可以选择一个内置的文本框样式，此处选择"绘制文本框"选项，手动绘制文本框。

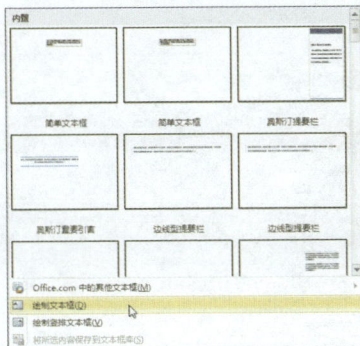

步骤03 按住鼠标左键拖动，在文档中绘制一个文本框，绘制到合适大小时松开鼠标。

步骤04 在文本框中输入文字"营销网站运营流程图"。

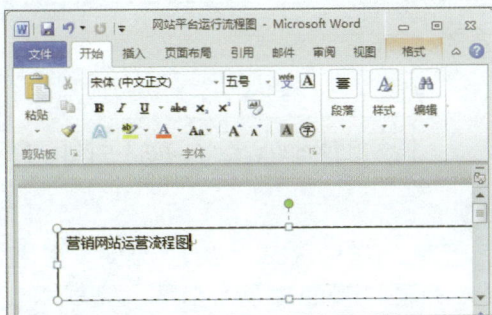

步骤05 选中文本框，打开"开始"选项卡，单击"字号"下拉按钮，在列表中选择"小初"选项。

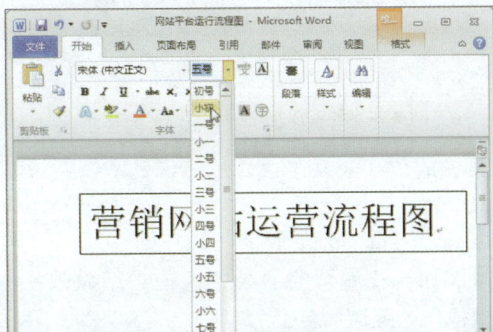

步骤06 在"开始"选项卡中的"段落"组中单击"居中"按钮。

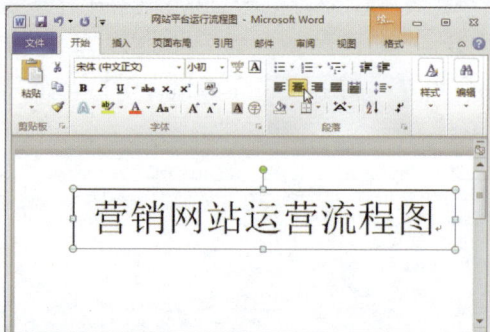

步骤07 单击切换至"绘图工具-格式"选项卡，单击"艺术字样式"组中的"其他"下拉按钮。

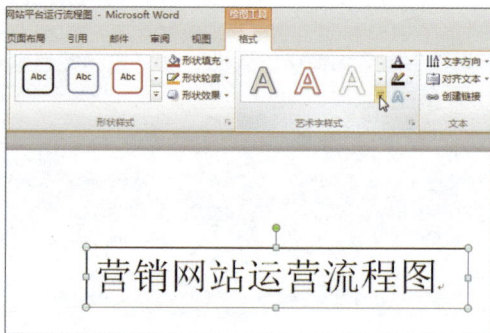

步骤08 在展开的列表中选择"渐变填充-橙色，强调文字颜色6，内部阴影"选项。

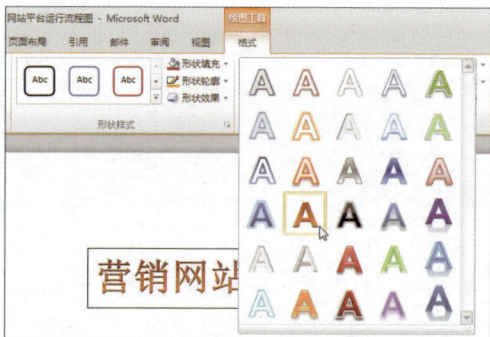

步骤09 单击"形状样式"组中的"其他"下拉按钮，在展开的列表中选择"细微效果-橄榄色，强调颜色3"选项。

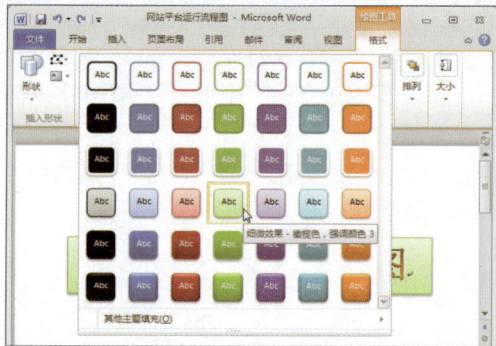

步骤10 流程图的标题即设置完成，调整好标题的位置即可。

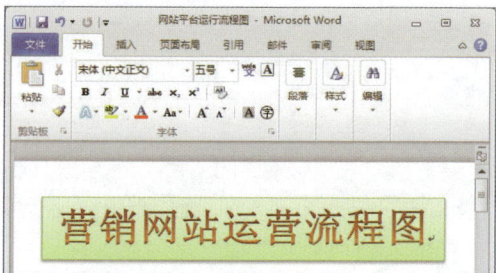

2.2.2 绘制流程图

　　流程图的主体部分是由图形和线条组合而成的，那么图形是如何制作出来的？又如何在图形上编辑文字呢？下面就对其进行详细的介绍。

步骤01 打开"插入"选项卡，在"插图"组中单击"形状"下拉按钮，在展开的列表中选择"新建绘图画布"选项。

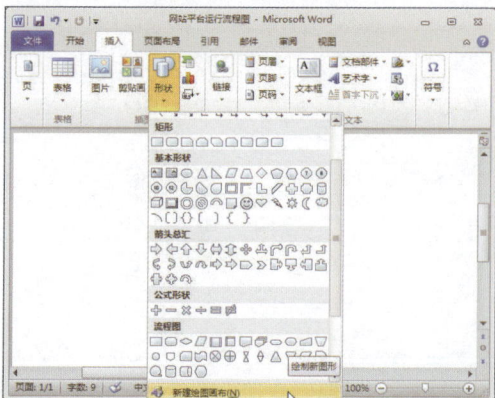

步骤 02 文档中随即被插入一个绘图画布，右击绘图画布，在弹出的快捷菜单中选择"其他布局选项"选项。

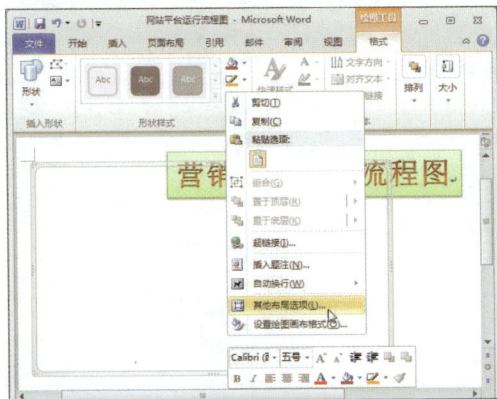

步骤 03 打开"布局"对话框，打开"文字环绕"选项卡，选择"浮于文字之上"选项，单击"确定"按钮。

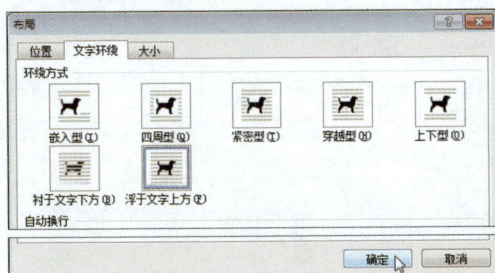

步骤 04 调整好画布的大小和位置，单击"插入"选项卡中"形状"下拉按钮，在展开列表的"流程图"组中选择"流程图：过程"选项。

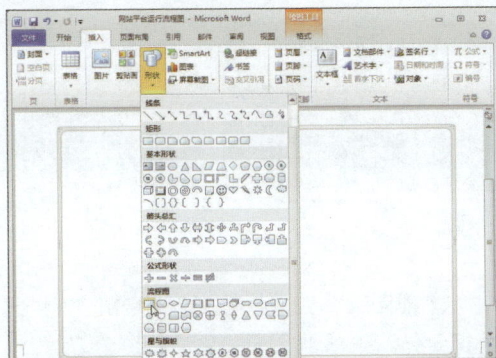

步骤 05 按住鼠标左键，拖动鼠标在画布上绘制流程图形状。

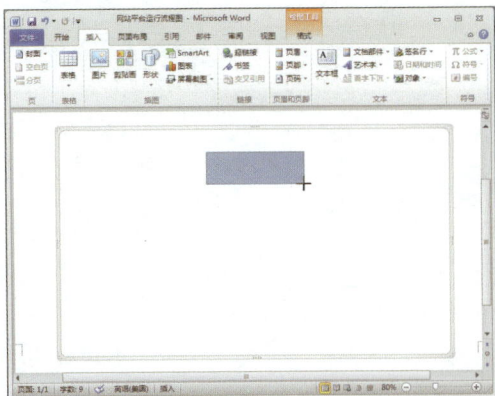

步骤 06 绘制完成之后，选中该形状，在按住Ctrl键的同时按住鼠标左键拖动，复制选中的形状。

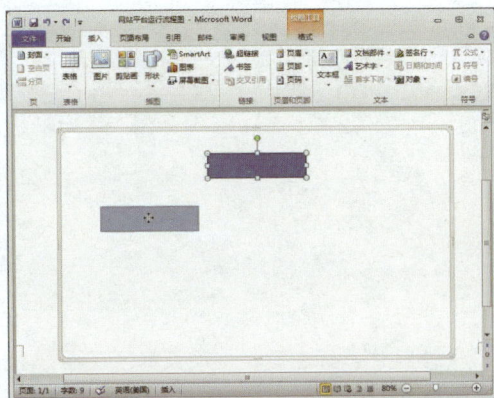

步骤 07 将光标置于图形控制柄上，按住鼠标左键拖动，旋转图形至垂直状态。

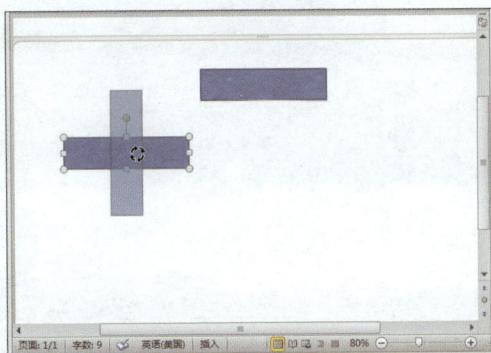

步骤 08 复制多个旋转过的图形，并将图形位置摆放好。

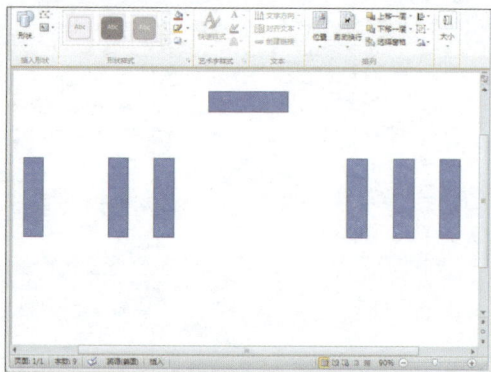

步骤 09 单击"形状"下拉按钮，在展开的列表中选择"直线"选项。

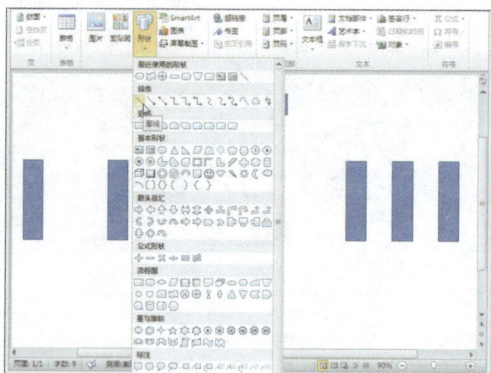

步骤 10 按住鼠标左键，拖动鼠标，在画布上绘制直线。

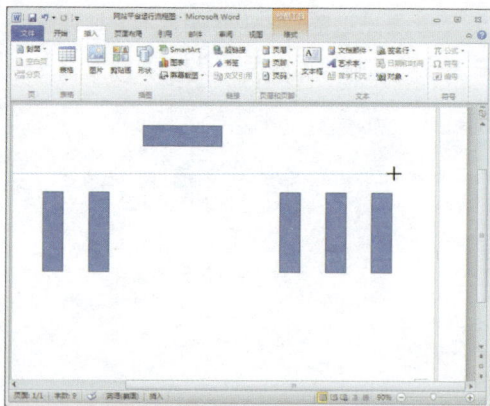

步骤 11 在最上方图形中输入文字，选中图形，单击"开始"选项卡中的"加粗"按钮。

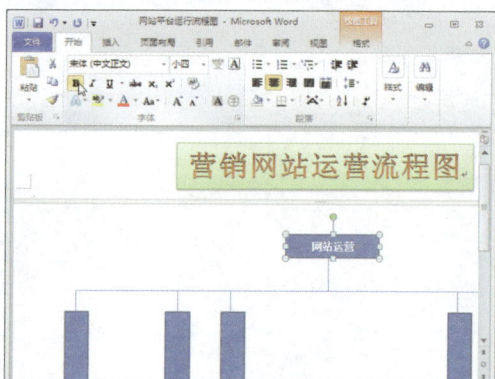

步骤 12 在旋转过方向的图形中输入文字，打开"绘图工具–格式"选项卡，单击"文字方向"下拉按钮，选择"将所有文字旋转270°"选项。

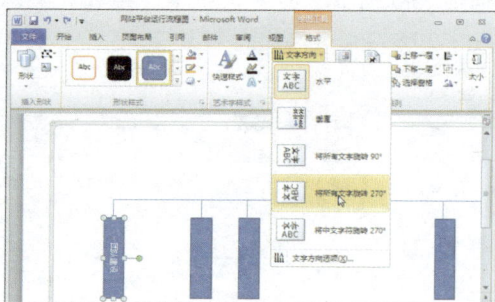

步骤 13 用以上述方法绘制其他图型，并输入文字。

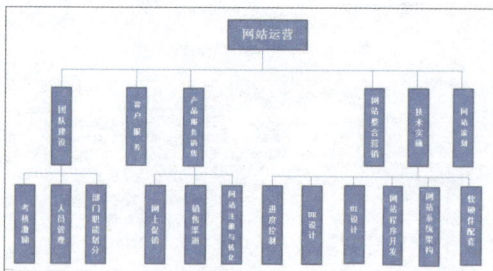

2.2.3 美化流程图

　　流程图绘制完成后，还需对图形和线条进行美化，下面就介绍美化流程图的方法。

步骤01 选中文档最上方图形，打开"格式"选项卡，在"形状样式"组中单击"形状填充"下拉按钮，选择"橙色"选项。

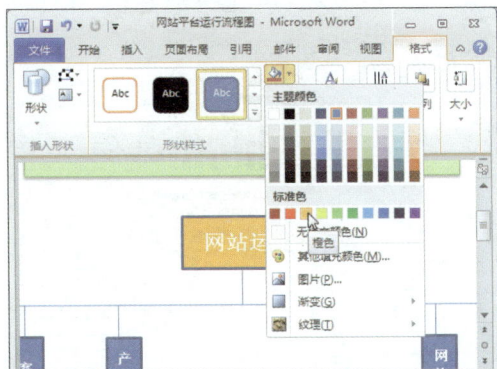

步骤02 单击"形状轮廓"下拉按钮，在展开的列表中选择"无轮廓"选项。

步骤03 单击"形状效果"下拉按钮，在展开列表中选择"预设"选项，在下级列表中选择"预设2"选项。

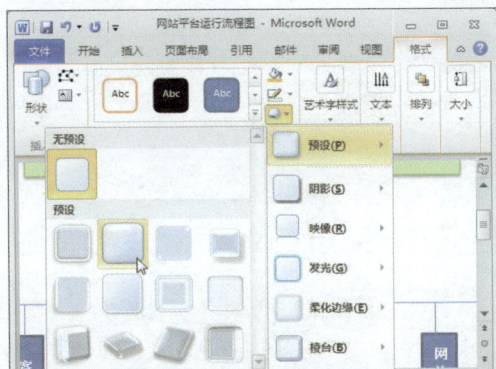

步骤04 按住Shift键，逐个单击第二排中的图形，将第二排的图形全部选中，单击"形状样式"组中的"其他"下拉按钮。

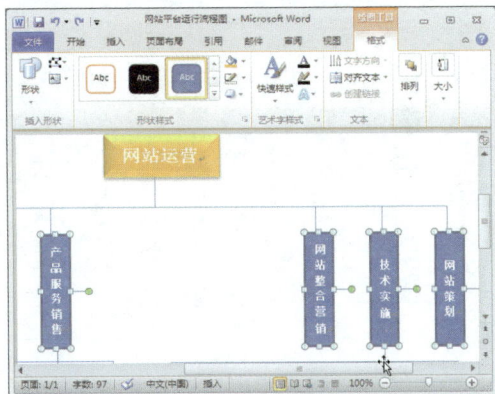

步骤05 在展开的列表中选择"细微效果-橄榄色，强调颜色3"选项。

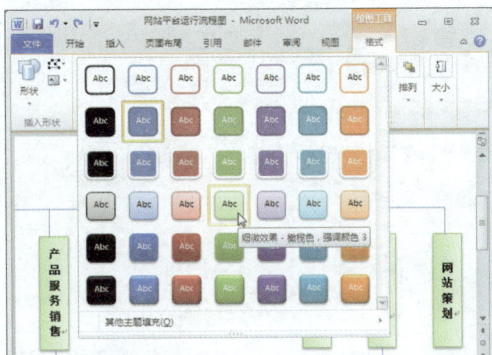

步骤06 单击"形状效果"下拉按钮，选择"阴影"选项，在其下级列表中选择"向左偏移"选项。

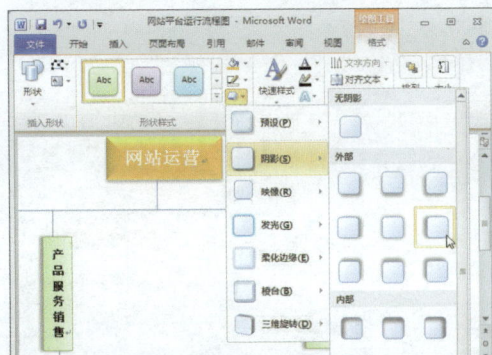

步骤07 按住Shift键选中最下方的所有图形，在"快速形状样式"列表中选择"细微效果-橙色，强调颜色6"选项。

步骤08 单击"形状效果"下拉按钮，选择"三维旋转"选项，在其下级列表中选择"离轴2左"选项。

步骤09 选中直线，单击"形状轮廓"下拉按钮，在展开的列表中选择"橙色"选项。

步骤10 再次打开"形状轮廓"下拉列表，选择"粗细"选项，在其下级列表中选择"1.5磅"选项。

步骤11 选中文档中的所图形，右击任意选中的图形，在弹出的快捷菜单中选择"组合"选项，在下级菜单中选择"组合"选项。

步骤12 至此流程图的制作全部完成。进入"文件"菜单中的打印预览页面可以查看整体效果。

2.3 制作特色课程表

　　课程表对于大家来说并不陌生，几乎每个人在学生时代都曾制作过课程表，无非就是先制作好表格，然后再将相应的课程添加进去。那么我们能不能制作出一份与众不同的课程表呢？下面让我们一起动手制作一份别具一格的课程表。

2.3.1 设计课程表页首

　　在制作课程表之前，先来制作课程表的标题，其具体操作方法如下。

步骤01 打开空白文档，打开"页面布局"选项卡，在"页面设置"组中单击"纸张方向"下拉按钮，在展开的列表中选择"横向"选项。

步骤02 在文档中输入文字"课程表"，选中文字，打开"开始"选项卡，在"字体"组中单击"字号"下拉按钮，在展开的列表中选择"小初"选项。

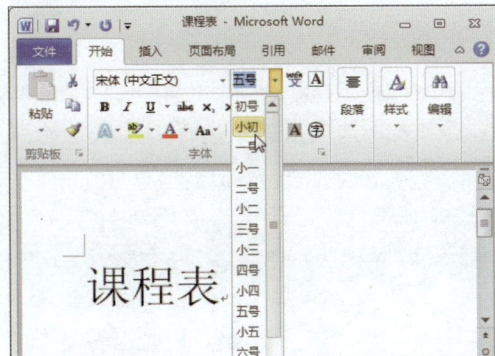

步骤03 单击"字体"下拉按钮，在展开的列表中选择"华文隶书"选项。

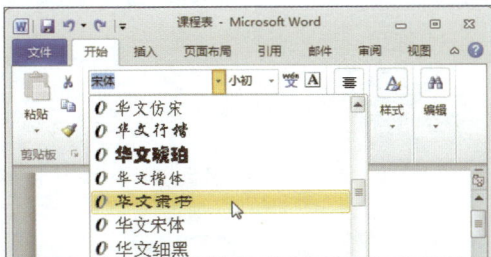

步骤04 保持文本选中状态，单击"字体"组中的"加粗"按钮。

步骤05 单击"文本"效果下拉按钮，在展开的列表中选择"渐变填充-黑色，轮廓-白色，外部阴影"选项。

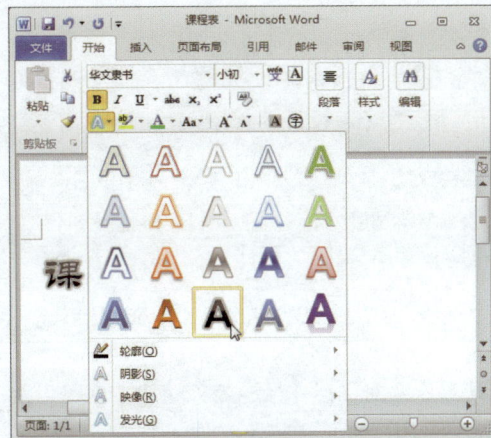

步骤06 在"段落"组中单击"居中"按钮，将标题调整为居中显示。

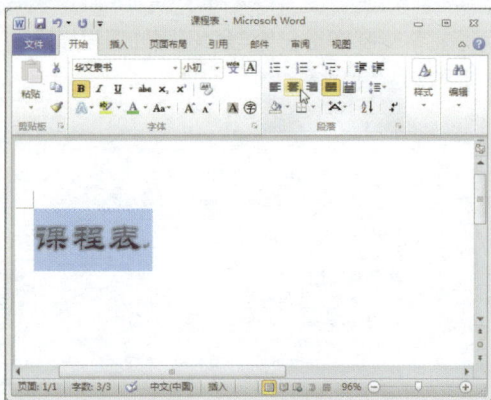

步骤07 单击"段落"组中的"中文版式"下拉按钮，在展开的列表中选择"调整宽度"选项。

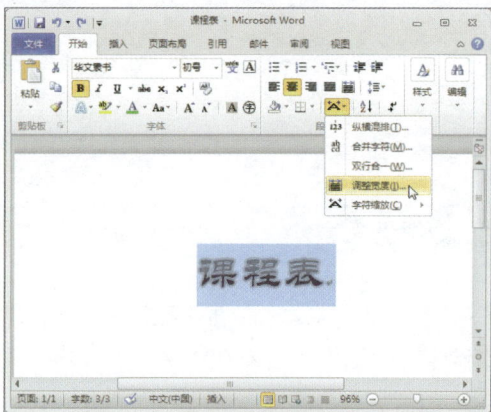

步骤08 打开"调整宽度"对话框，调整"新文字宽度"微调框中的数值为"5字符"，单击"确定"按钮。

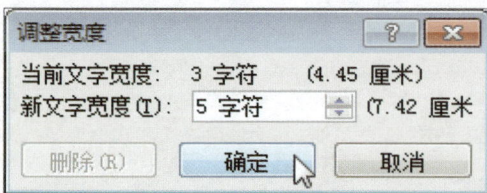

步骤09 返回文档，标题名称随即被调整为相应宽度。

2.3.2 设计课程表页面

下面我们将通过插入SmartArt图形制作课程表，插入SmartArt图形，方便用直观的方式交流信息。Word 2010中的SmartArt图形包括列表、流程、循环、层次结构、关系、矩阵、棱锥图及图片8种类型。

❶ 插入SmartArt图形

下面介绍插入列表型SmartArt图形制作课程表的方法。

步骤01 打开"插入"选项卡，在"插图"组中单击"SmartArt"按钮。

步骤02 打开"选择SmartArt图形"对话框，在"列表"选项面板中选择"层次结构列表"选项。

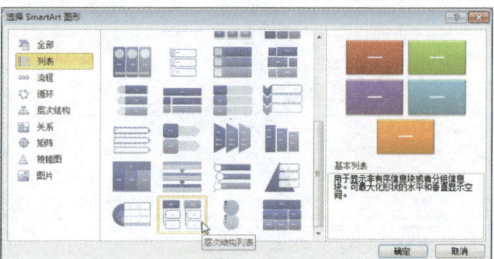

步骤03 单击"确定"按钮,关闭"选择SmartArt图形"对话框。

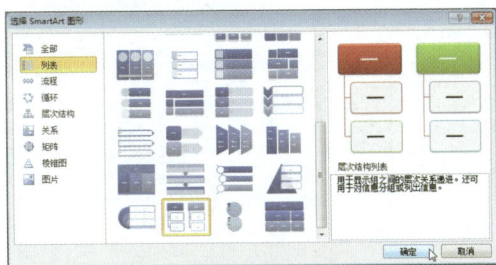

步骤04 相应类型的SmartArt图形随即被插入到文档中。

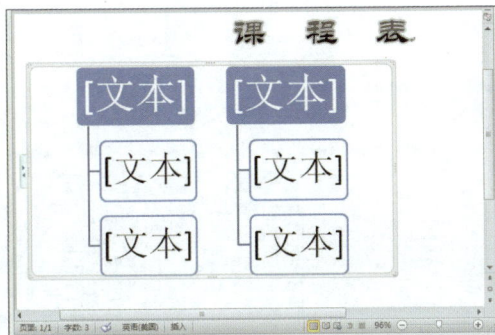

步骤05 右击SmartArt图形,在弹出的快捷菜单中选择"其他布局选项"选项。

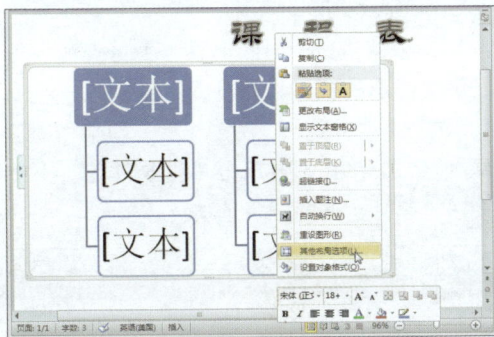

步骤06 打开"布局"对话框,单击切换至"文字环绕"选项卡,在"环绕方式"组中单击选择"浮于文字之上"选项,然后单击"确定"按钮即可。

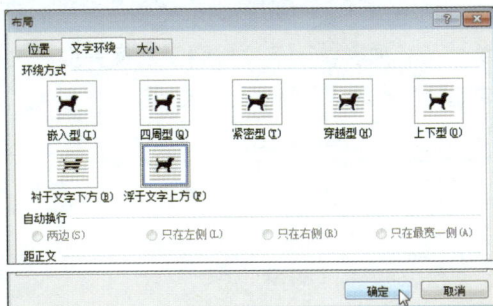

❷ 编辑SmartArt图形

插入SmartArt图形后,需要根据设计主题对图形进行编辑。

步骤01 选中下图所示形状,打开"SmartArt工具-设计"选项卡,单击"创建图形"组中的"添加形状"按钮。

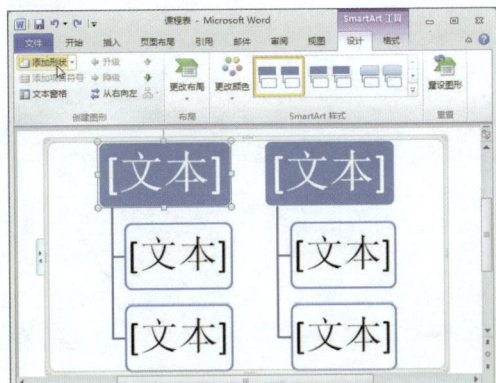

步骤02 选中图形组中即被添加了一个图形,继续单击"添加形状"按钮,向图形组中添加更多的形状。

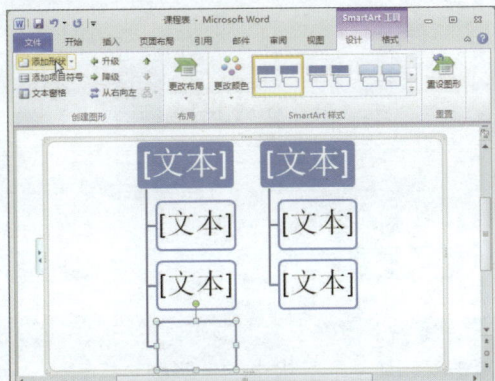

步骤03 选中左侧一组图形中的最顶端图形，单击"添加形状"下拉按钮，在展开的列表中选择"在后面添加形状"选项。

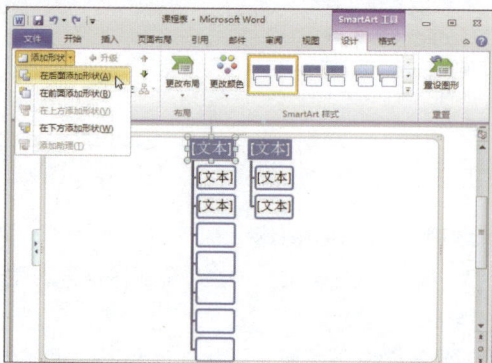

步骤04 选中图形的后面被添加了一个形状。

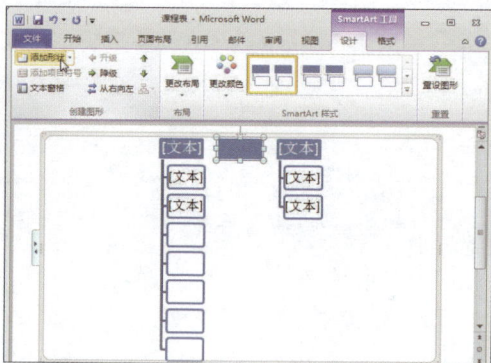

步骤05 参照以上步骤继续添加图形，最终形成七行五列的格式。

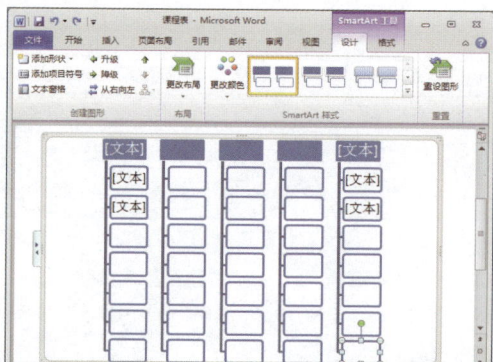

步骤06 若要删除多余图形，则选中该图形，单击"创建图形"组中的"降级"按钮。

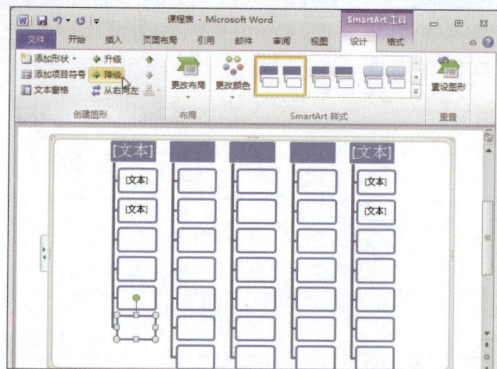

步骤07 单击"创建图形"组中的"文本窗格"按钮，在打开的文本窗格中的项目符号后输入课程信息。

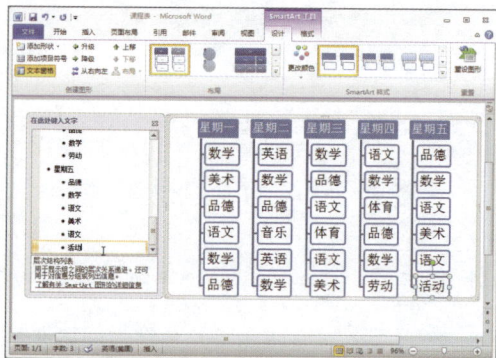

❸ SmartArt图形的美化

为了使SmartArt图形看上去更美观，可以更改图形的颜色，并设置图形样式。

步骤01 选中SmartArt图形，在"SmartArt工具-设计"选项卡中单击"更改颜色"下拉按钮，选择合适的颜色选项。

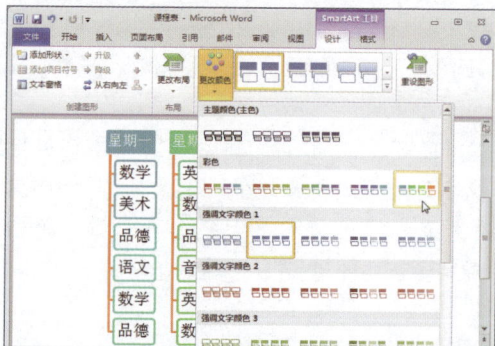

步骤02 单击"SmartArt样式"组中的"其他"下拉按钮，在展开列表中选择"嵌入"选项。

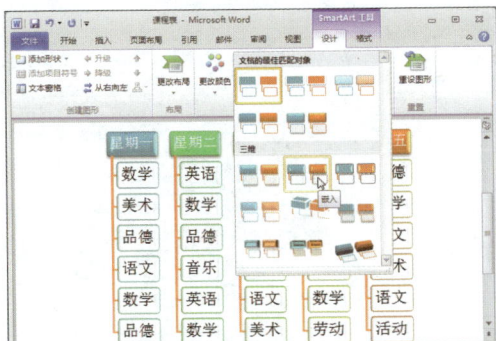

步骤03 打开"SmartArt工具-格式"选项卡，单击"形状样式"组中的"形状填充"下拉按钮，在展开的列表中选择合适的填充色。

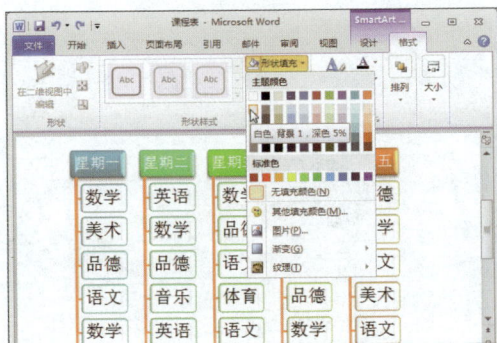

步骤04 至此，SmartArt图形课程表的颜色和外观就设置完成了。

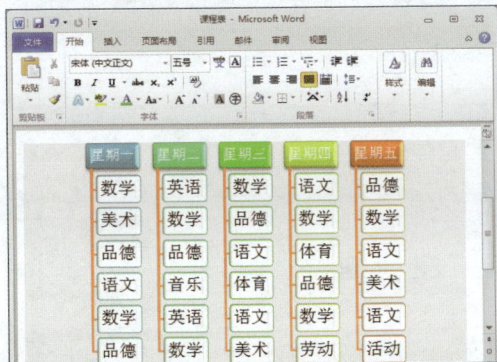

步骤05 用户还可以通过"更改布局"下拉列表中的选项，修改课程表的样式。

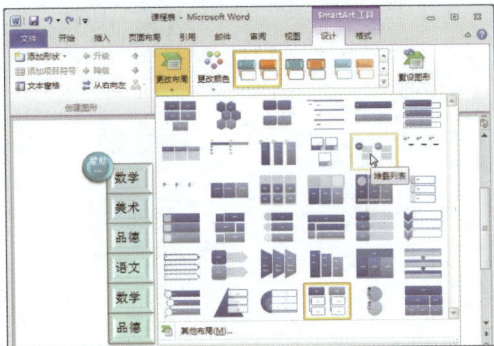

步骤06 下图为修改为"堆叠列表"布局的图形样式。

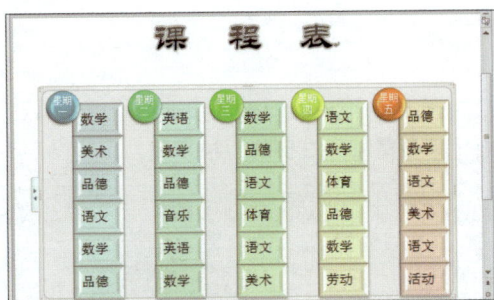

2.3.3 添加特色励志语

课程表制作好之后，为了激励学习还可以在适当的位置添加励志语言。

① 插入剪贴画

在Word 2010中除了可以插入外部图片，也可以插入系统内置的剪贴画。下面介绍插入剪贴画的具体步骤。

步骤01 打开"插入"选项卡，在"插图"组中单击"剪贴画"按钮。

步骤02 在文档右侧弹出"剪贴画"窗格。在"搜索文字"文本框中输入关键字，单击"搜索"按钮。

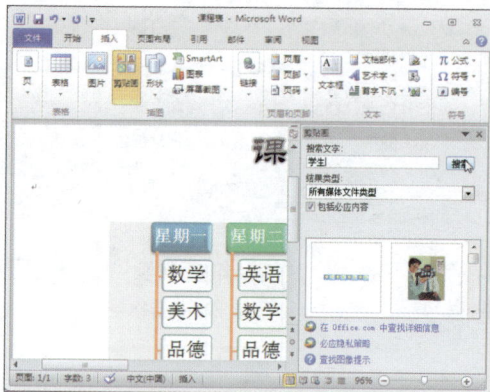

步骤03 列表框中随即出现搜索到的相关剪贴画，单击剪贴画右侧的下拉按钮。

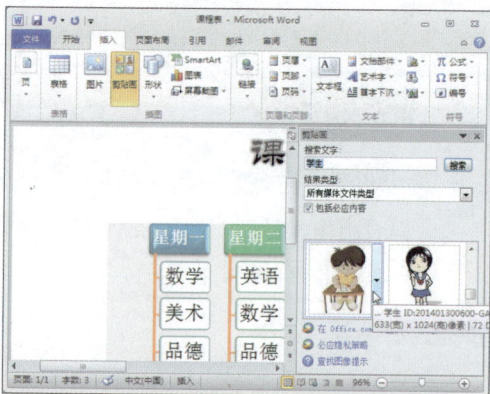

步骤04 在展开的列表中选择"插入"选项，向文档中添加剪贴画。

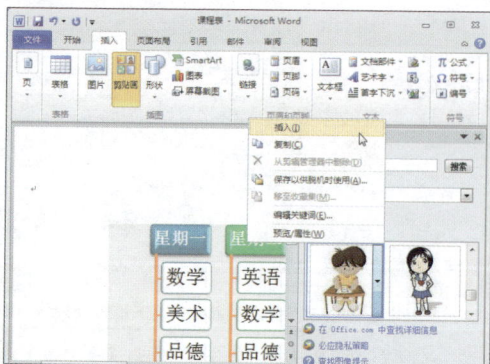

步骤05 选中的剪贴画随即被插入到文档中。单击"剪贴画"窗格的"关闭"按钮。

步骤06 右击剪贴画，在弹出的快捷菜单中选择"自动换行"选项，在其下级列表中选择"浮于文字上方"选项。

步骤07 调整好剪贴画的大小，将其拖动至合适的位置即可。

2 添加竖排文本

在文档中插入横排文本框后，经过设置可以使文本框中的文本垂直显示。但是这样操作会很麻烦，用户可以直接在文档中插入竖排文本框。

步骤 01 打开"插入"选项卡，在"文本"组中单击"文本框"下拉按钮。

步骤 02 在展开的列表中选择"绘制竖排文本框"选项。

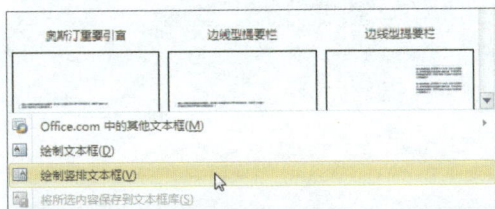

步骤 03 单击并按住鼠标左键不放，拖动鼠标在文档中绘制一个竖排文本框。

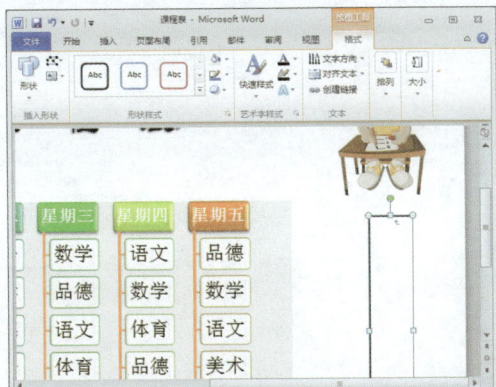

步骤 04 在文本框中输入文本"课上落下一分钟，课下需花双倍功。"然后选中文本框。

步骤 05 打开"开始"选项卡，单击"字体"组中的"字体"下拉按钮，在展开的列表中选择"华文楷体"选项。

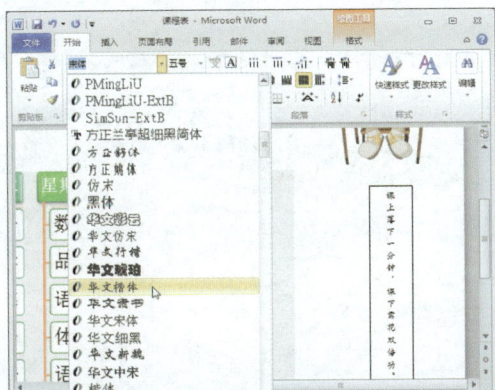

步骤 06 保持文本框为选中状态，单击"字体"组中的"加粗"按钮。

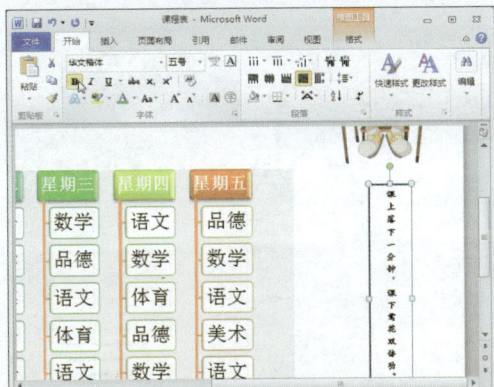

步骤 07 单击"字体"组中的"增大字号"按钮，将文本字号增大。

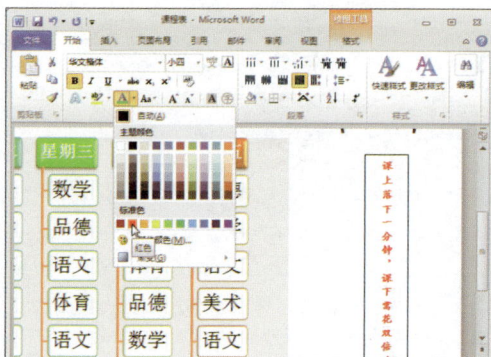

步骤 08 打开"绘图工具-格式"选项卡，在"形状样式"组中单击"形状轮廓"下拉按钮，在展开的列表中选择"红色"选项。

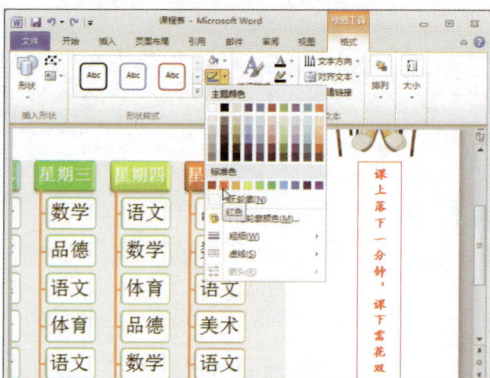

步骤 09 再次打开"形状轮廓"下拉列表，选择"粗细"选项，在其下级列表中选择"2.25磅"选项。

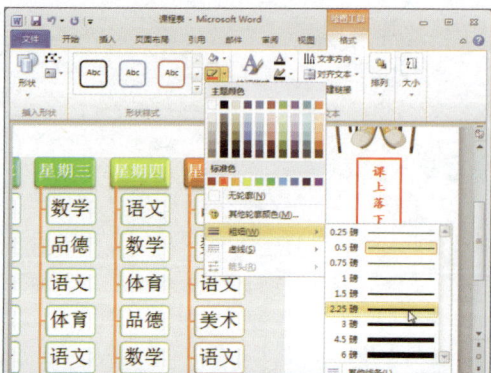

步骤 10 在"形状样式"下拉列表中选择"虚线"选项，在下级列表中选择"圆点"选项。

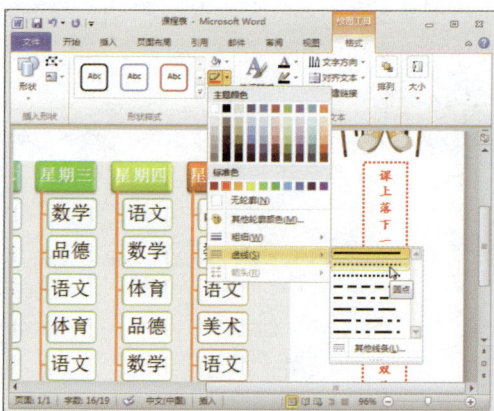

步骤 11 一份具有特色的课程表就制作完成了，在打印预览页面可以查看制作效果。

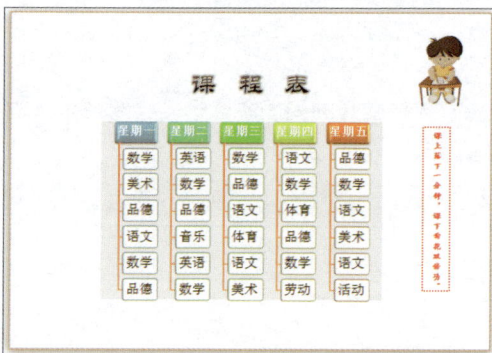

Chapter

03

文档表格的处理

本章概述

大家都知道使用Excel能够制作各种表格，其实Word中也有一些简单的制表功能，利用Word的制表功能，可以轻松创建各种类型的表格，比如插入指定行数和列数的表格，插入设置好样式的内置表格，手动绘制表格，插入Excel表格等，在添加表格之后为了增强阅读性，还可以对表格进行美化。

本章要点

表格的创建

表格的编辑

行高的调整

列宽的调整

表格数据的处理

斜线表头的制作

表格的美化

3.1 制作个人求职简历

对于正在找工作的人来说，求职简历是必不可少的，求职简历做得好不好，将直接影响面试官对你的评判。那么如何制作一份吸引人眼球的简历呢？下面将介绍如何制作出一份属于自己的独一无二的求职简历。

3.1.1 创建表格

在Word 2010中创建表格的方法有很多种，用户可以通过表格命令按钮创建不同类型的表格。

❶ 使用对话框插入

在"插入表格"对话框中设置好行数和列数，即可直接向文档中插入相应行数和列数的表格，下面介绍具体操作方法。

步骤01 打开"插入"选项卡，单击"表格"下拉按钮，在展开的列表中选择"插入表格"选项。

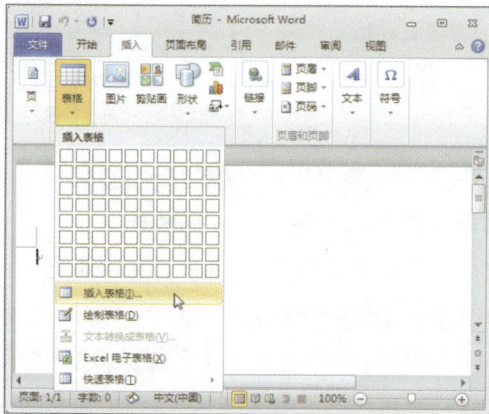

步骤02 打开"插入表格"对话框，在"列数"数值框中输入5，在"行数"数值框中输入8，单击"确定"按钮。

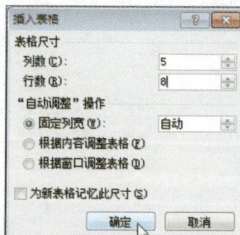

步骤03 返回文档，此时文档中即被插入了一个8行5列的表格。

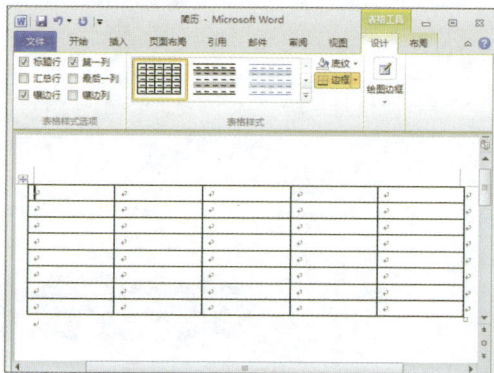

❷ 插入行与列

如果用户需要制作的表格行数和列数都不是很多，就可以选择用鼠标拖动的方法快速向文档中插入表格。

步骤01 在"插入"选项卡中单击"表格"下拉按钮，在展开的列表中直接用鼠标选取行数和列数。

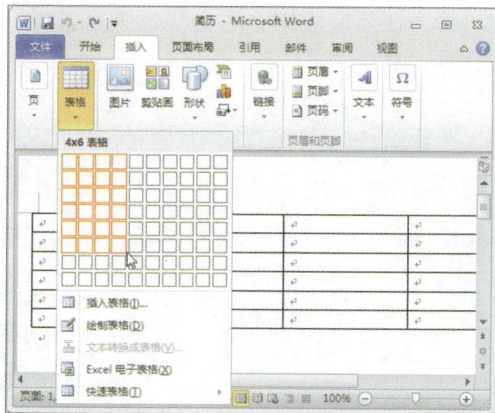

步骤02 单击鼠标，文档中即被插入了相应行数与列数的表格。

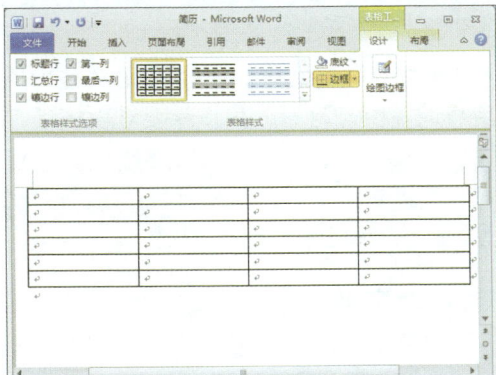

❸ 绘制表格

如果用户对表格的格式有特殊要求，可以手动绘制需要的表格。

步骤 01 打开"插入"选项卡，单击"表格"下拉按钮，在展开的列表中选择"绘制表格"选项。

步骤 02 为了提高手绘表格的精确度，绘制表格的时候可以参照标尺单击"标尺"按钮打开标尺。

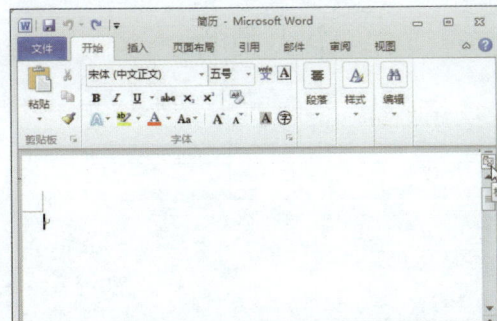

步骤 03 将光标移动至文档中，按住鼠标左键拖动鼠标，绘制表格外框线。

步骤 04 绘制好外框线后松开鼠标左键，继续在外框线内绘制表格的行与列。

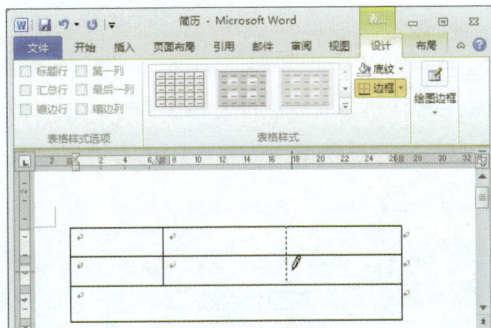

办公助手　插入Excel表格

如果需要在Word表格中处理大量数据形式的文本，并需要对数据进行运算，这时候可以选择向文档中插入Excel表格。其方法是单击"插入"选项卡中的"表格"下拉按钮，在展开的列表中选择"Excel电子表格"选项即可。

❹ 插入快速内置表格

Word 2010中内置了一些常用的设置了样式的表格，为了节约时间，可以直接选用这些表格。

步骤01 单击"表格"下拉按钮，在下拉列表中选择"快速表格"选项，在展开的下级列表中选择"矩阵"选项。

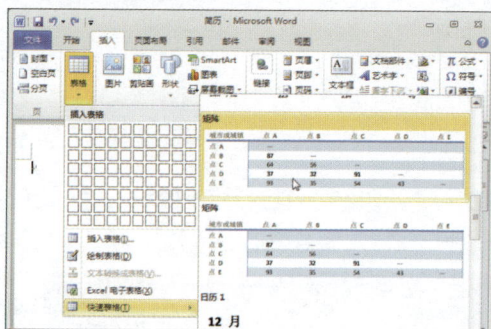

步骤02 选中的表格随即被插入到文档中，用户只需要根据需要对表格中的内容进行修改即可。

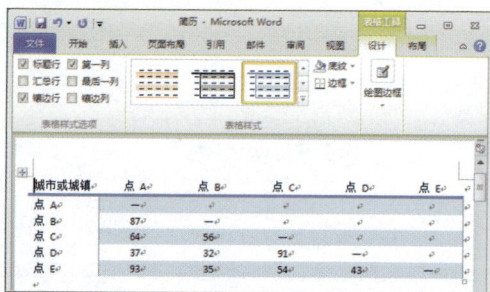

步骤03 若要删除表格，则单击表格左上角的"全选"按钮，将表格选中，按Delete键即可将表格删除。

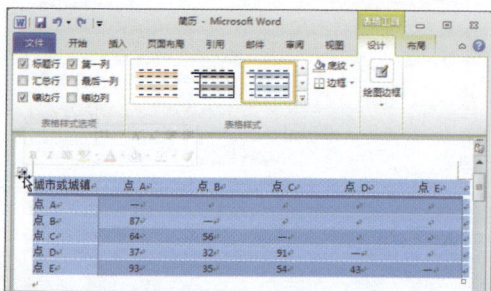

3.1.2 表格的基本操作

直接插入到文档中的表格往往不能满足用户的需要，这时候用户就要对表格进行编辑，编辑表格的内容包括添加或删除行与列、合并或拆分单元格、调整行高与列宽等。这些都属于表格的基本操作。

❶ 插入行与列

表格中的行与列如果容纳不下文本，可以向表格中插入行和列。

步骤01 将光标置于第一行的任意单元格内，打开"表格工具-布局"选项卡，在"行和列"组中单击"在上方插入"按钮。

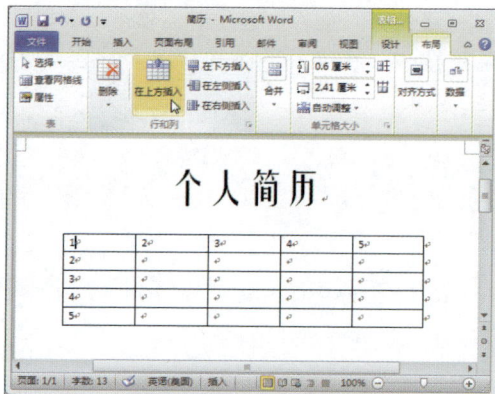

步骤02 光标所在行的上方随即被插入一个新的行。

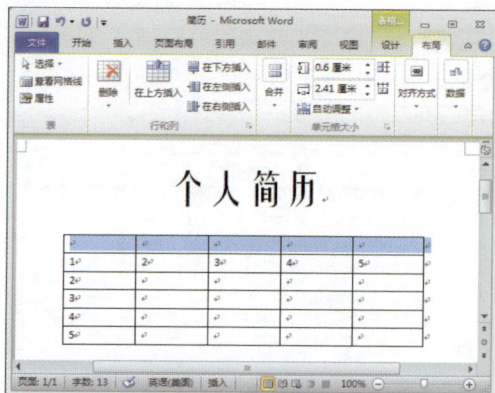

步骤03 将光标置于第二行中的任意单元格内，单击"行和列"组中的"在下方插入"按钮。

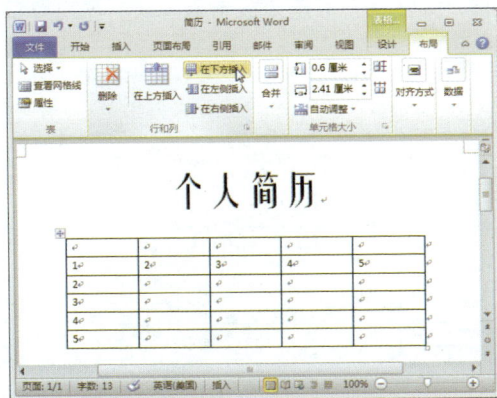

步骤04 光标所在行下方随即被插入新的行。

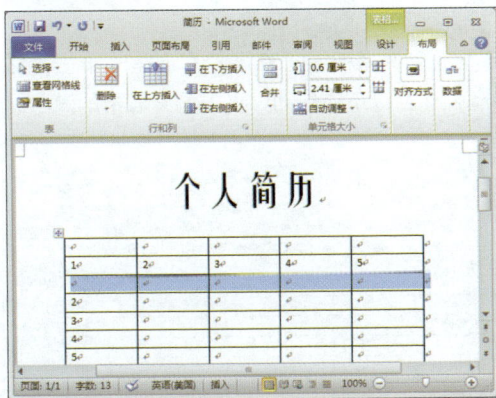

步骤05 将光标置于第一列中的任意单元格内，单击"行和列"组中的"在左侧插入"按钮。

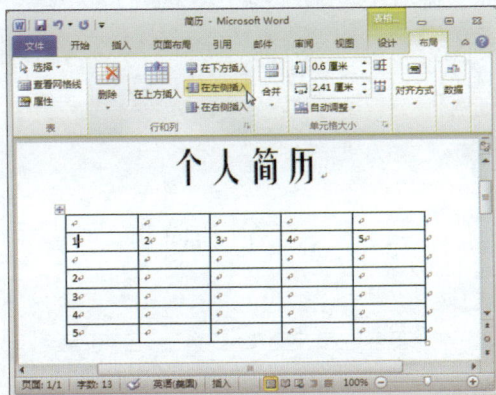

步骤06 光标所在列的左侧随即被插入一个新的列。

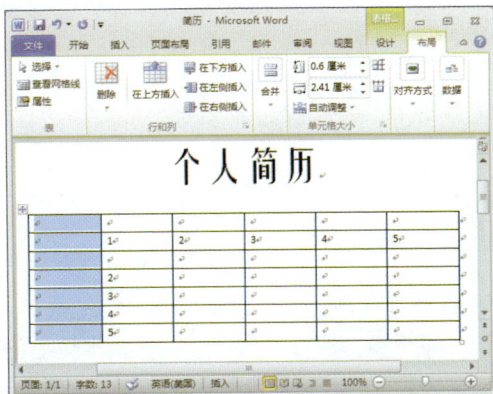

步骤07 将光标置于第二列中的任意单元格内，单击"行和列"组中的"在右侧插入"按钮。

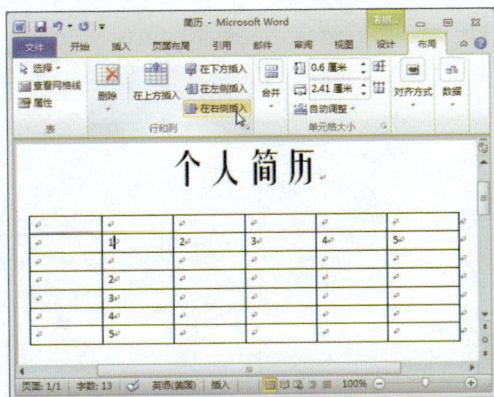

步骤08 光标所在列的右侧随即被插入一个新的列。

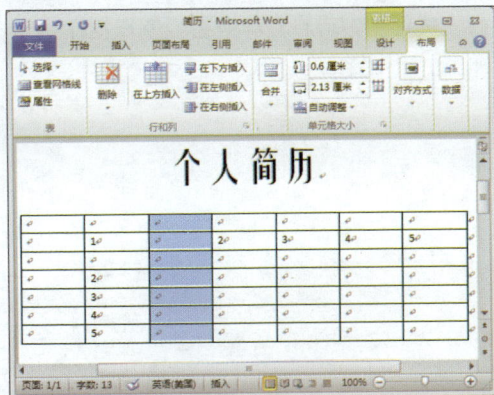

步骤 09 用户还可以单击"行和列"组中的"对话框启动器"按钮，打开"插入单元格"对话框，通过选择"整行插入"或"整列插入"单选按钮，可向表格中插入行和列。

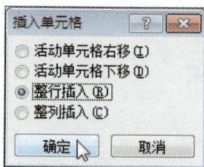

2 删除行与列

对于多余的行和列，可以直接删除，下面介绍删除行和列的方法。

步骤 01 将光标置于需删除的列内，打开"表格工具-布局"选项卡，单击"删除"下拉按钮，在展开的列表中选择"删除列"选项，即可将光标所在列删除。

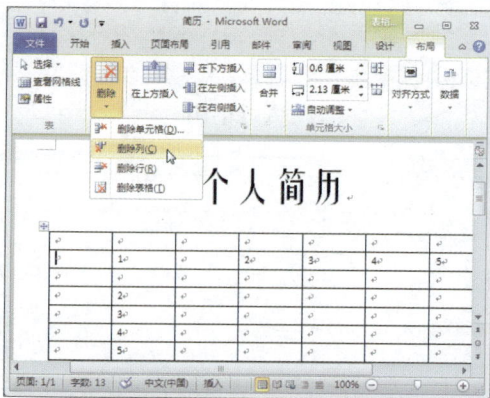

步骤 02 若在"删除"下拉列表中选择"删除行"选项，则可将光标所在的整行删除。

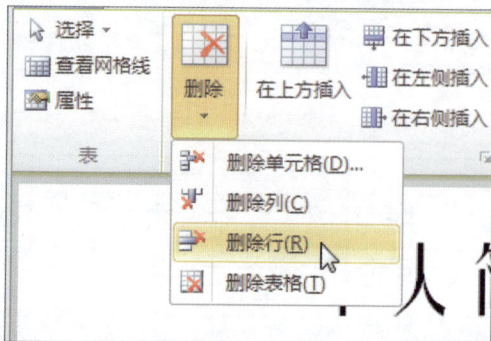

步骤 03 选中整个行或整个列，按Backspace键也可快速删除选中的行和列。需要注意的是，选中整行时需要连同表格外的换行符一起选中。

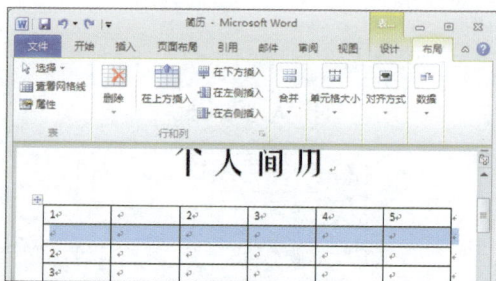

3 调整表格大小及位置

为了使表格适用文档页面，还可对表格的大小和位置进行调整。

步骤 01 将光标置于表格的右下角，单击并按住鼠标左键不放拖动，可以调整表格的大小。

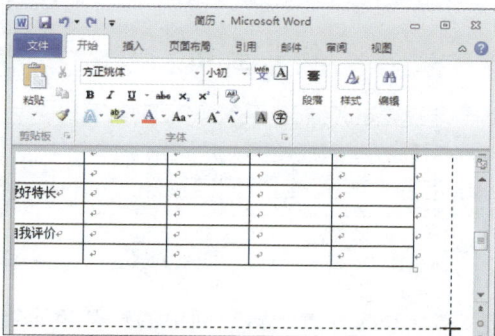

步骤 02 单击并按住表格左上角的全选按钮不放，拖动鼠标可以移动表格位置。

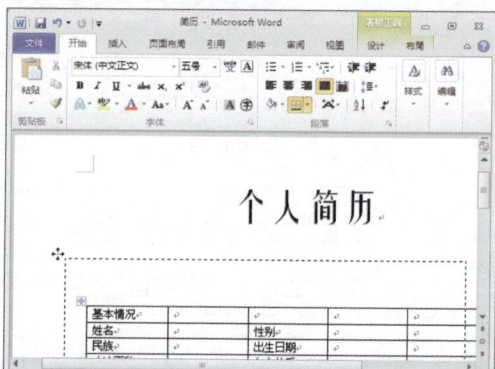

步骤 03 单击"表格工具-布局"选项卡中的"自动调整"下拉按钮，在展开的列表中选择"根据窗口自动调整表格"选项，可根据文档页面自动调整到最佳比例。

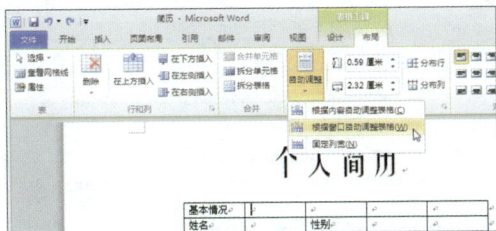

④ 单元格的合并和拆分

受所输文本的限制，有时候需要对表格中的单元格进行合并或拆分，下面将介绍合并和拆分单元格的方法。

步骤 01 选中需要合并的单元格，打开"表格工具-布局"选项卡，单击"合并"组中的"合并单元格"按钮。

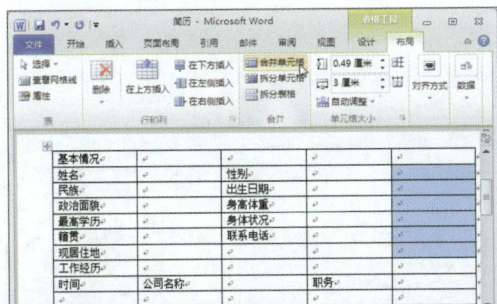

步骤 02 选中的单元格随即被合并。右击选中的单元格，在弹出的快捷菜单中选择"合并单元格"选项，也可将单元格合并。

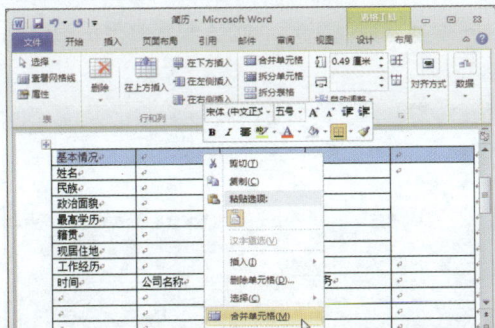

步骤 03 选中需要拆分的单元格，打开"表格工具-布局"选项卡，单击"合并"组中的"拆分单元格"按钮。

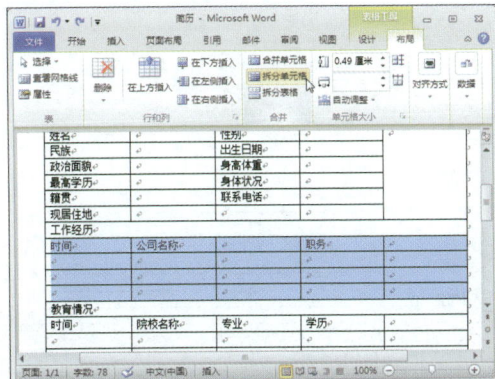

步骤 04 打开"拆分单元格"对话框，在微调框中输入"行数"和"列数"值，单击"确定"按钮。

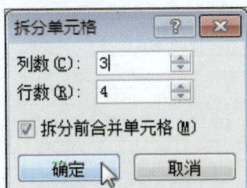

步骤 05 选中的单元格随即被拆分成相应的行数和列数。

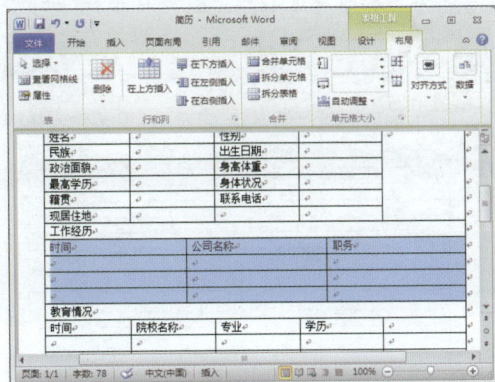

⑤ 调整行高和列宽

在编辑表格的时候往往需要根据表格内容调整行高和列宽。

（1）鼠标拖动调整

步骤01 将光标置于需要调整高度的行的边线上方，光标将变为"➕"形状。

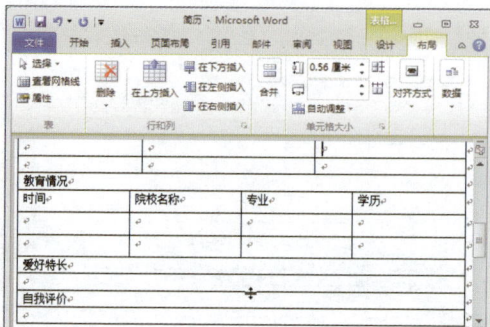

步骤02 单击并按住鼠标左键不放，拖动鼠标调整行的高度。

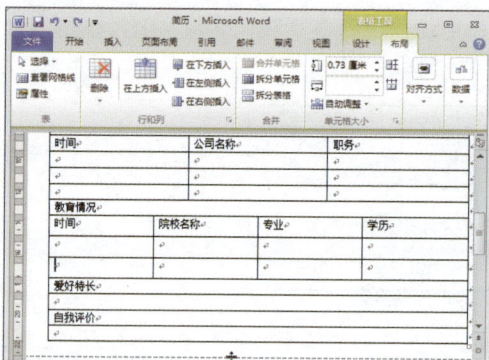

步骤03 调整到合适的高度时松开鼠标即可。

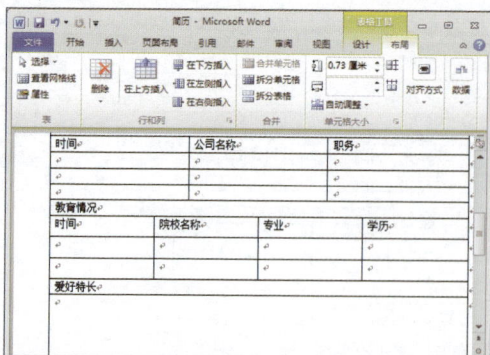

步骤04 同理，调整列宽时，将光标置于列的边线上，光标变为"➕"形状时单击并按住鼠标左键不放，拖动鼠标调整列宽。

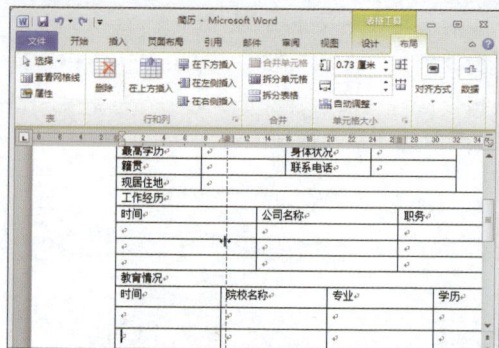

（2）指定行高和列宽

步骤01 选中单元格，单击"单元格大小"组中的"对话框启动器"按钮。

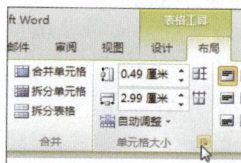

步骤02 打开"表格属性"对话框，打开"行"选项卡，勾选"指定高度"复选框，在微调框中输入高度值。

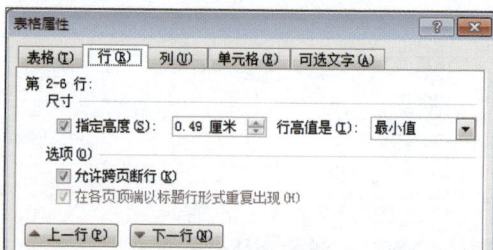

步骤03 切换至"列"选项卡，勾选"指定宽度"复选框，在微调框中输入宽度值。单击"确定"按钮即可将单元格设置为指定的行高和列宽。

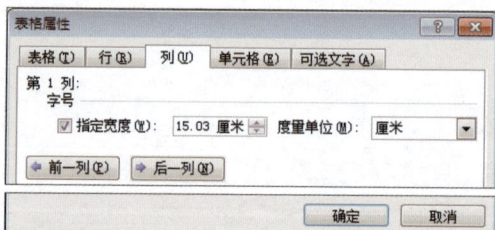

步骤04 在"表格工具-布局"选项卡"单元格大小"组中输入"高度"和"宽度"数值，也可以精确调整行高和列宽。

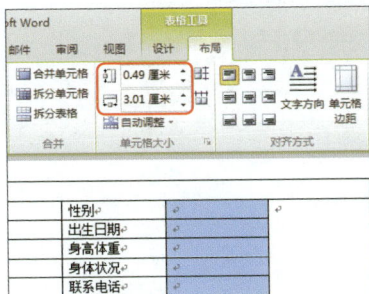

3.1.3 美化表格

如果想要让你的简历在众多求职者的简历中脱颖而出，给面试官留下特殊的印象，就必须将简历做得漂亮。

❶ 设置文本格式和对齐方式

为表格中的文字设置合适的字体格式和对齐方式，会让整个表格看上去更清爽整洁。

步骤01 选中整个表格，打开"开始"选项卡，在"字体"组中单击"字体"下拉按钮，选择"黑体"选项。

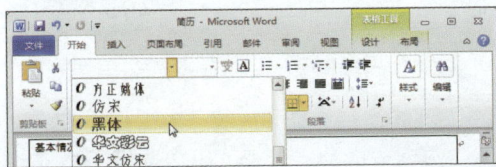

步骤02 右击表格，在弹出的快捷菜单中选择"单元格对齐方式"选项，在其下级菜单中选择"中部两端对齐"选项。

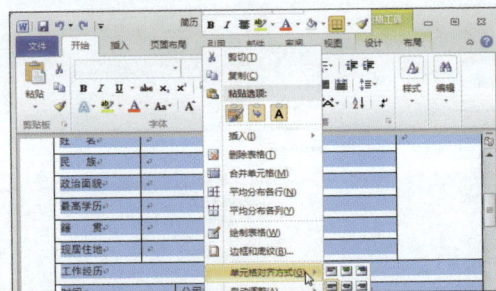

步骤03 按住Ctrl键，同时选中多个文本，在"开始"选项卡的"字体"组中单击"增大字号"按钮，增大文本的字号。

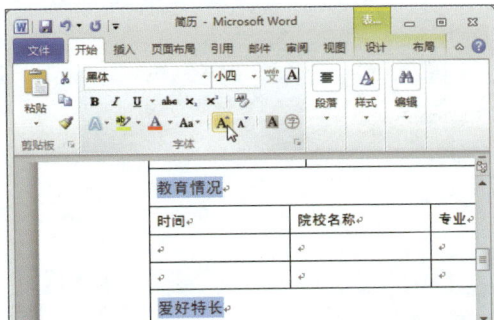

步骤04 在"字体"组中单击"加粗"按钮，加粗选中的文本。

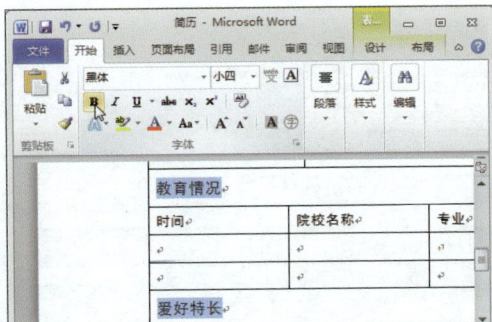

❷ 设置表格样式

设置表格样式可以使表格瞬间变得不一样。用户既可以使用内置表格样式，也可以自定义表格样式。

（1）使用表格样式

步骤01 打开"设计"选项卡，在"表格样式"组中单击"其他"下拉按钮，在展开的列表中选择合适的样式。

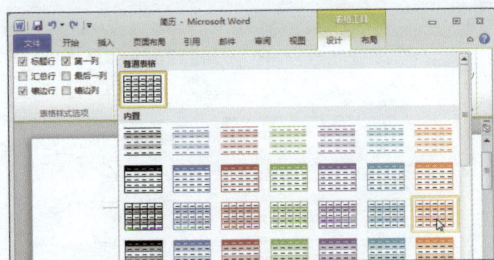

步骤02 文档中的表格随即应用选中的样式。

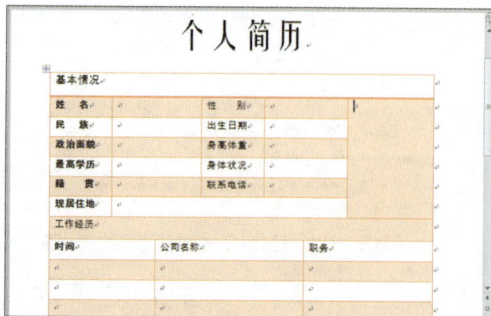

步骤03 若要删除表格样式，则在"表格样式"列表中选择"清除"选项。

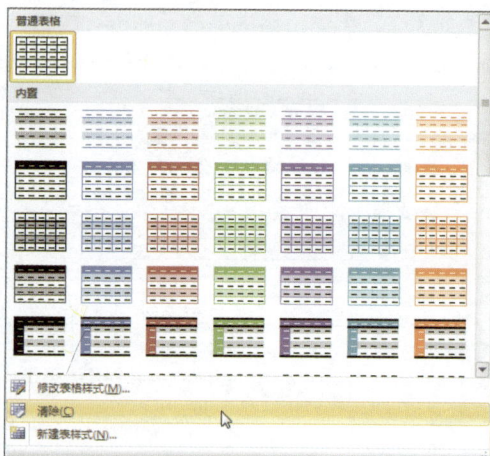

（2）设置边框和底纹

步骤01 将光标置于需要设置底纹的单元格中，打开"设计"选项卡，单击"表格样式"组中的"底纹"下拉按钮，在展开的列表中选择合适的颜色。

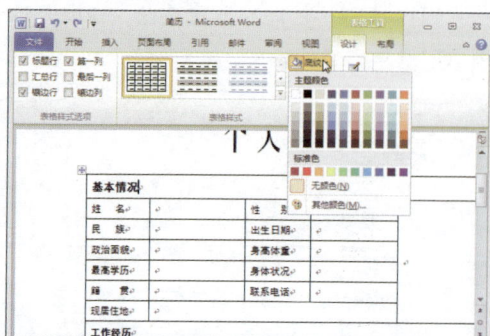

步骤02 用上述方法为表格中的其他单元格添加底纹。

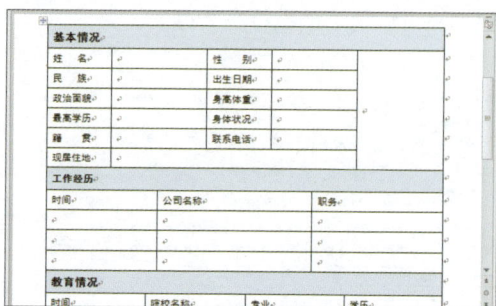

步骤03 单击"表格样式"组中的"边框"下拉按钮，在展开的列表中选择"边框和底纹"选项。

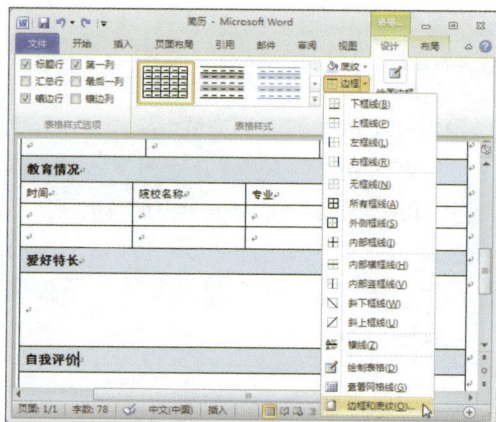

步骤04 弹出"边框和底纹"对话框，在"边框"选项卡中的"设置"组中选择"方框"选项。单击"宽度"下拉按钮，选择"1.5磅"选项。单击"确定"按钮。

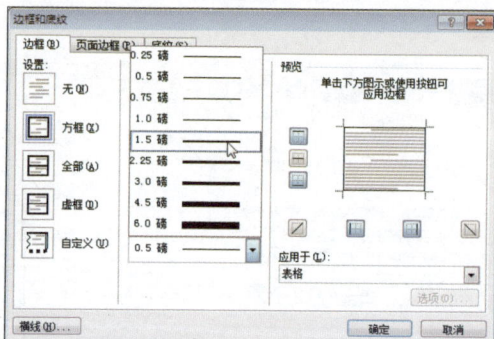

步骤 05 单击"边框"下拉按钮，再次选择"设置边框和底纹"选项。

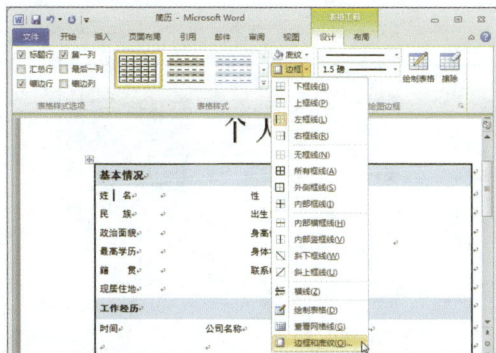

步骤 06 在"边框"选项卡中的"样式"组中选择一个虚线样式。

步骤 07 单击"颜色"下拉按钮，在展开的列表中选择"深蓝，文字2，淡色80%"选项。单击"确定"按钮。

步骤 08 选中表格，在"边框"下拉列表中选择"内部框线"选项。

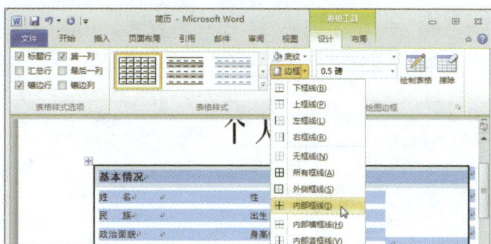

步骤 09 至此，表格的底纹和边框效果就设置完成了。

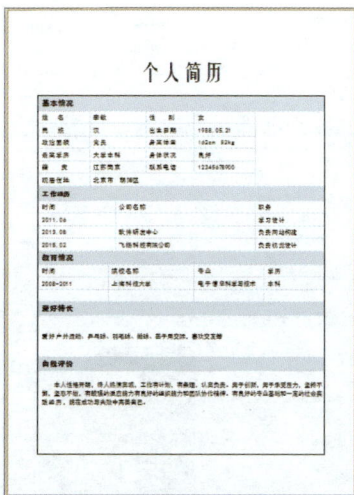

3.1.4　设计个人照片

简历制作完成之后还需要插入求职者的照片才算完整，插入照片之后还需要根据表格的大小对照片进行调整。下面介绍在简历中插入图片的方法。

步骤 01 将光标置于需要插入照片的单元格内，打开"插入"选项卡，在"插图"组中单击"图片"按钮。

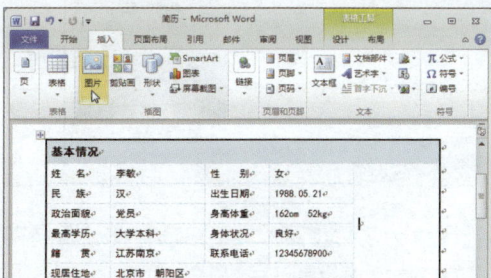

步骤 02 弹出"插入图片"对话框，选中图片，单击"插入"按钮。

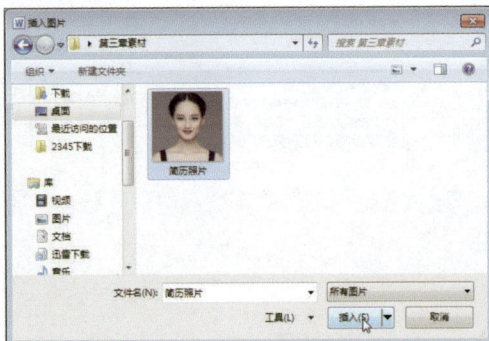

步骤 03 选中的图片随即被插入到单元格中。

步骤 04 用鼠标拖动图片周围控制点，将图片缩小至单元格可以容纳的大小。

步骤 05 为了防止图片轻易移动，此处保持图片的环绕方式为默认的"嵌入型"。

3.1.5 设计简历封面

　　为了使个人简历更加完善，还需要为简历设计一个封面。用户既可以使用内置的封面，也可以自己动手设计一个封面。

❶ 使用内置封面

　　Word 2010内置了很多封面样式，用户可以使用内置样式作为简历封面。

步骤 01 打开"插入"选项卡，单击"页"组中的"封面"下拉按钮，在展开的列表中选择"新闻纸"选项。

步骤 02 个人简历随即被添加了选中的封面，在封面中输入标题和其他相关内容即可。

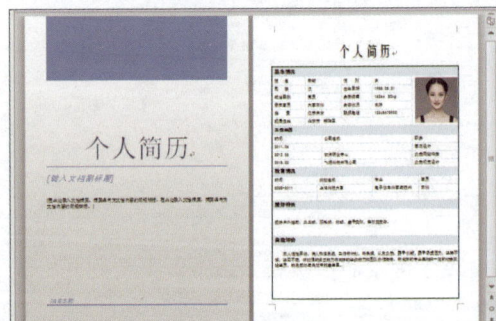

步骤 03 若要删除封面，则再次打开"封面"下拉列表，选择"删除当前封面"选项即可。

步骤 03 弹出"插入图片"对话框，选择好图片，单击"插入"按钮。

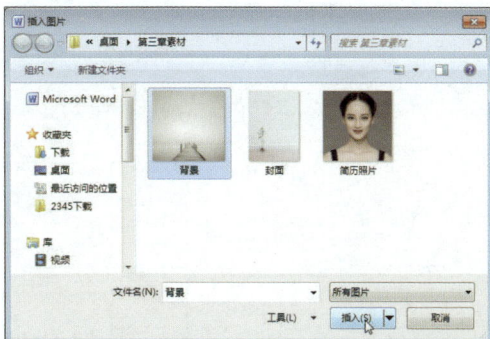

② 自定义封面

用户也可自己动手制作一份只属于自己的封面，下面就介绍自定义简历封面方法。

（1）设计封面

步骤 01 将光标置于文档的第一个字之前，打开"插入"选项卡，在"页"组中单击"分页"按钮。

步骤 02 前面即被插入了一个空白页，将光标置于该页中，单击"插入"选项卡中的"图片"按钮。

步骤 04 选中的图片随即被插入到文档中。右击图片，在弹出的快捷菜单中选择"大小和位置"选项。

步骤 05 弹出"布局"对话框，打开"文字环绕"选项卡，选择"浮于文字之上"选项，单击"确定"按钮。

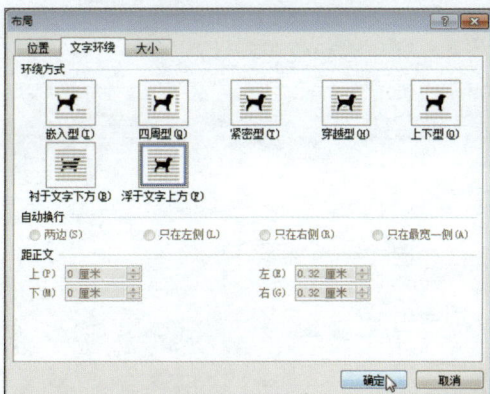

步骤06 将图片调整至和页面同样大小，在"插入"选项卡中单击"文本框"下拉按钮，选择"绘制文本框"选项。

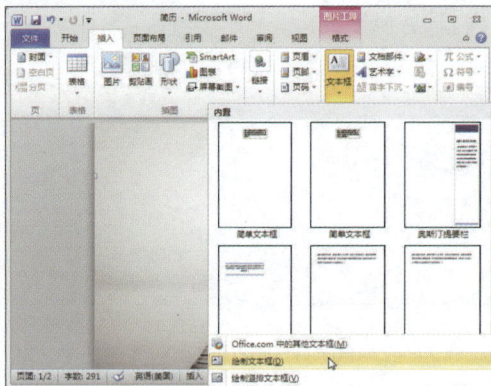

步骤07 按住鼠标左键在图片上方绘制一个文本框，并在文本框中输入文字"求职简历"。

步骤08 选中文本框，打开"开始"选项卡，单击"字体"下拉按钮，选择"楷体"选项。

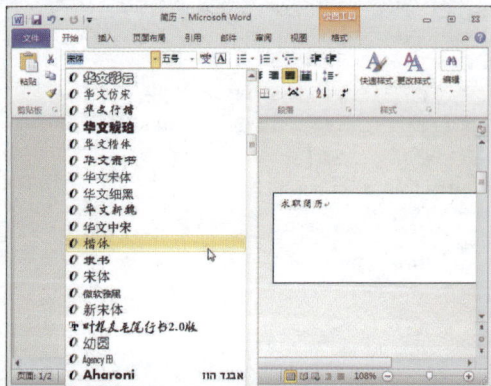

步骤09 单击"字号"下拉按钮，在展开的列表中选择"初号"选项。

步骤10 单击"字体颜色"下拉按钮，在展开的列表中选择"深蓝，文字2，淡色40%"选项。

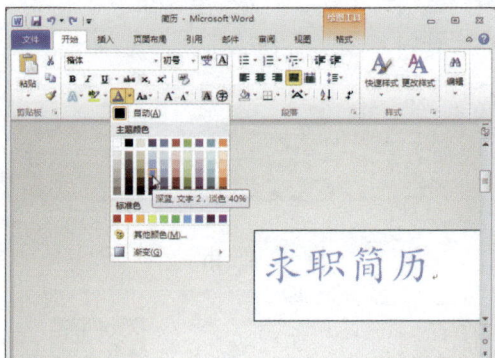

步骤11 打开"绘图工具-格式"选项卡，单击"形状样式"组中的"形状填充"下拉按钮，在展开列表中选择"无填充颜色"选项。

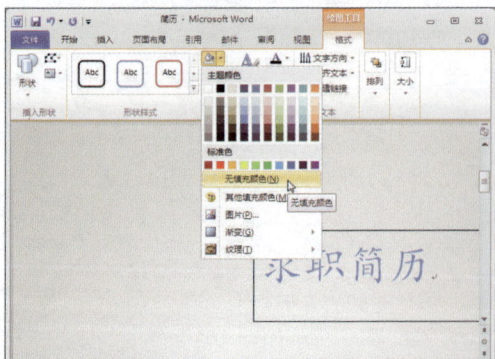

步骤12 单击"形状轮廓"下拉按钮，在展开的列表中选择"无轮廓"选项。

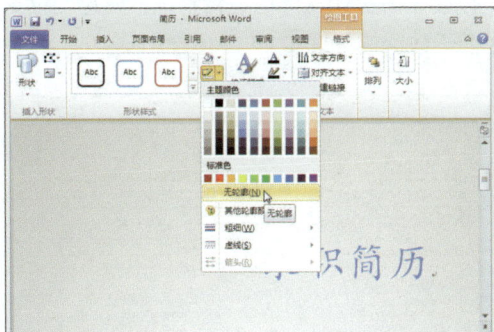

步骤13 参照以上步骤向封面中添加其他文本内容。

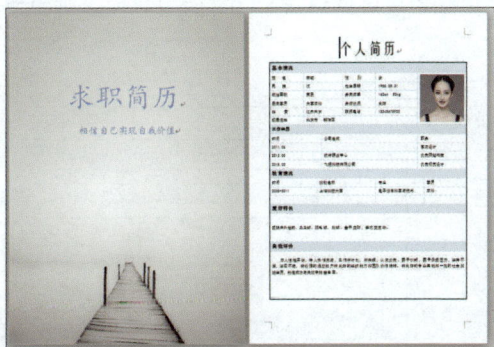

（2）封面的保存和删除

步骤01 封面设置完成之后，按住Shift键选中封面中的所有对象，打开"插入"选项卡，单击"封面"下拉按钮，在展开的列表中选择"将所选内容保存到封面库"选项。

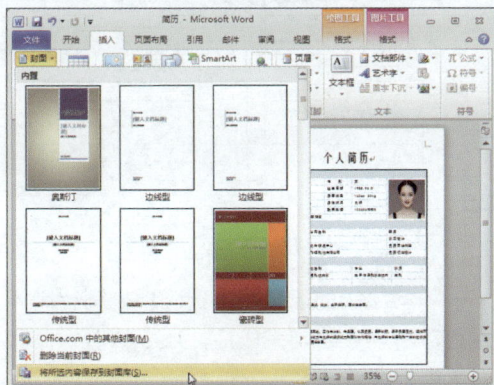

步骤02 弹出"新建构建基块"对话框，在"名称"文本框中输入文本"简历封面"，单击"确定"按钮即可将封面保存。

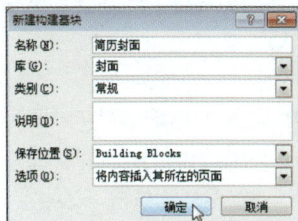

步骤03 若要删除自定义封面，则打开"封面"下拉列表，右击自定义封面，在弹出的快捷菜单中选择"整理和删除"选项。

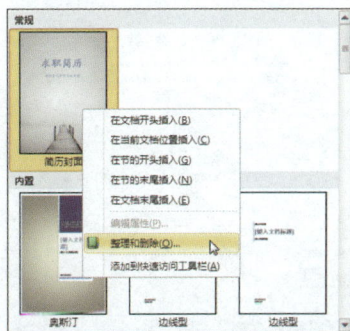

步骤04 弹出"构建基块管理器"对话框，自定义封面已呈选中状态，单击"删除"按钮。

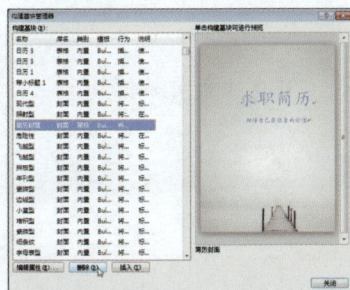

步骤05 弹出一个询问对话框，单击"是"按钮，即可将封面删除。

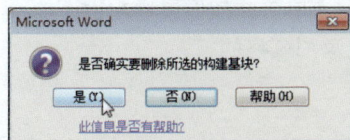

3.2 制作公司月度收支表

公司内部每到月底都会统计本月的收支情况，以便了解公司实际的经营状况，将月度收支情况制作成表格不仅可以一目了然地查看数据，也便于数据的管理。

3.2.1 绘制表格

在Word文档中插入表格时，对于非常规的表格可以使用手动绘制的方法插入。

步骤01 打开"插入"选项卡，单击"表格"下拉按钮，在展开的列表中选择"绘制表格"选项。

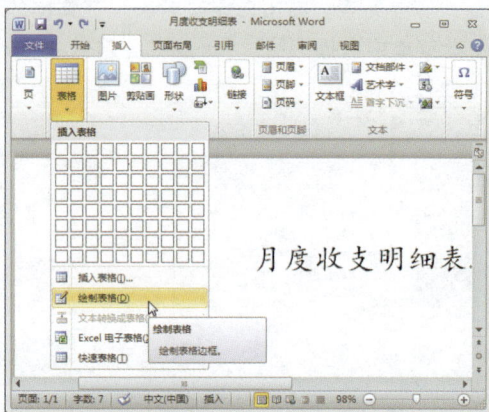

步骤02 将光标移动至文档中，单击并按住鼠标左键不放，拖动鼠标绘制表格外边框。

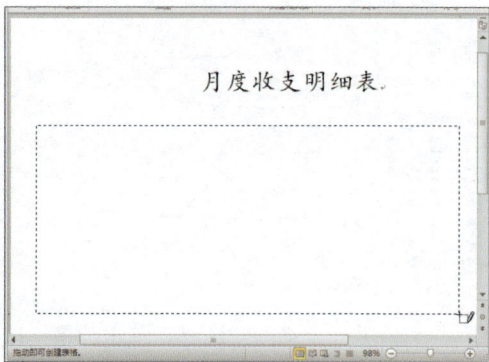

步骤03 在边框内单击并按住鼠标左键不放，绘制水平线，添加表格的行。

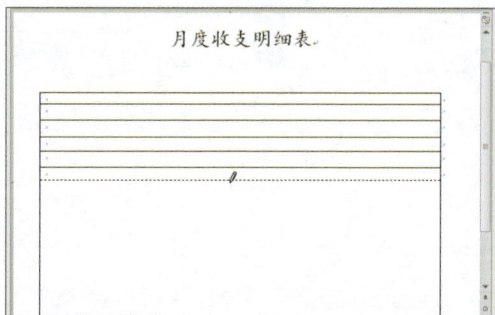

步骤04 在边框内绘制垂直线向表格内添加列。

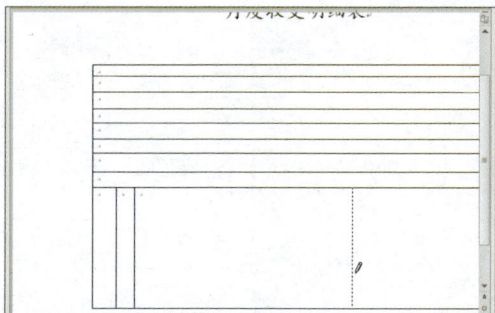

步骤05 绘制好表格后，在文档空白处单击，退出绘制模式。

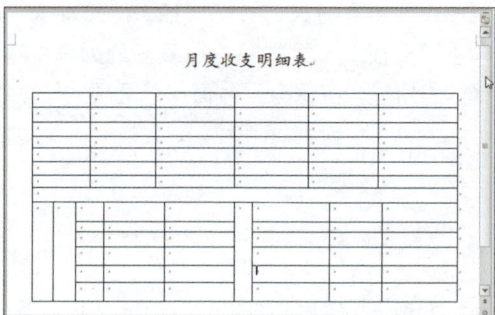

3.2.2 设置表格行高和列宽

手动绘制的表格很难精确地控制行高和列宽，所以在绘制完成后，还应该对行高和列宽进行调整。

步骤01 选中整个表格，打开"表格工具-布局"选项卡，在"单元格大小"组中单击"分布列"按钮，即可平均分布表格中的列。

步骤02 选中需要单独设置高度的行并右击，在弹出的快捷菜单中选择"表格属性"选项。

步骤03 弹出"表格属性"对话框，打开"行"选项卡，在"指定高度"微调框中输入行高值，单击"确定"按钮。

步骤04 选中需要单独设置列宽的单元格，右击，在弹出的快捷菜单中选择"表格属性"选项。

步骤05 弹出"表格属性"对话框，打开"列"选项卡，勾选"指定宽度"复选框，单击"度量单位"下拉按钮，选择"厘米"选项。

步骤06 在"指定宽度"微调框中输入列宽值，单击"确定"按钮。

步骤 07 将光标置于两列的分隔线上方，光标变为 "⊪" 形状时按住鼠标左键拖动鼠标，调整列宽。

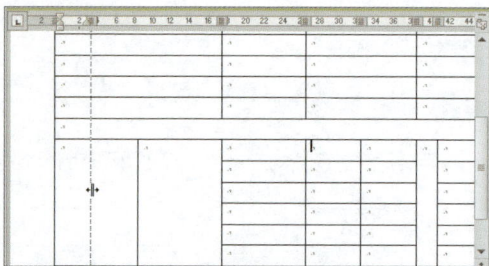

步骤 08 选中拥有相同格式的单元格，单击 "表格工具-布局" 选项卡 "单元格大小" 组中的 "分布列" 按钮，将选中的列平均分布。

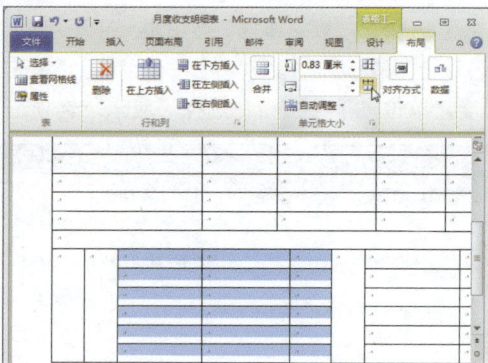

3.2.3 制作斜线表头

当需要在一个单元格内输入两种信息时，就需要使用斜线将信息分隔开来，这种中间含有斜线的单元格一般是作为表头使用的。下面介绍斜线表头的制作方法。

步骤 01 将光标置于需要添加斜线的单元格内，打开 "表格工具-设计" 选项卡，单击 "表格样式" 组中的 "边框" 下拉按钮。

步骤 02 在展开的下拉列表中选择 "斜下框线" 选项。

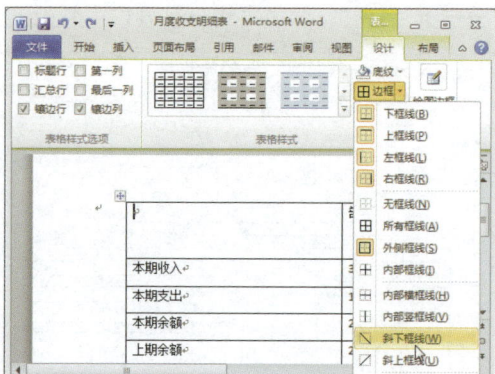

步骤 03 选中的单元格内随即被添加了一条斜下框线。

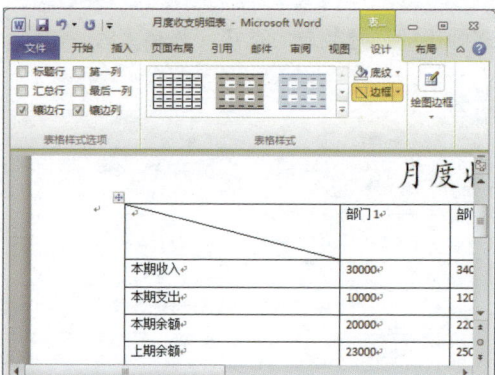

步骤 04 在单元格内输入文字 "款项分类"，将光标置于第一个字之前，连续按空格键，将文本向后移动。

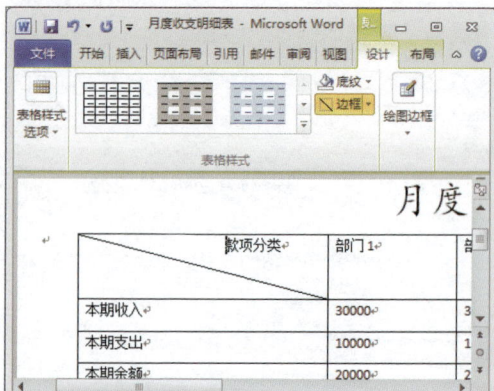

步骤 05 将文本移动至单元格最右侧，将光标置于文本最后，按Enter键换行，输入文本"收支分类"，将光标置于该文本第一个之前，按Backspace键，将位于下方的文本移至最左侧。

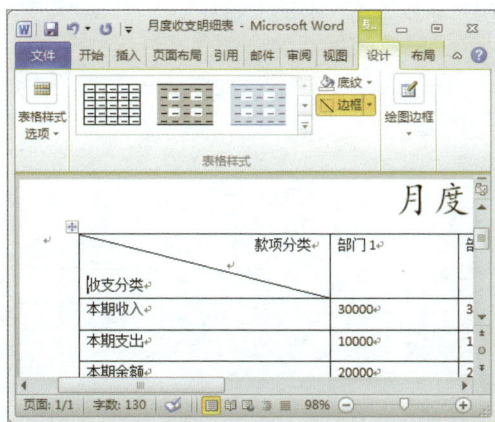

步骤 06 也可以使用绘制表格命令，直接在单元格内绘制斜线。

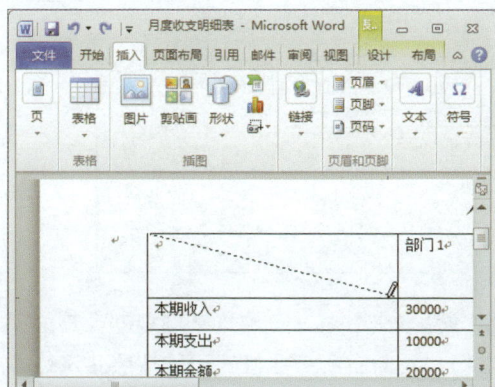

3.2.4 表格数据的处理

在表格中输入内容后还应该对内容的对齐方式、字体格式等进行设置。对于数据信息，除了手动计算结果外，还可以利用公式计算的方法获取数值。

❶ 设置文本格式

用户需要根据表格结构和文本内容设置文本的对齐方式和文本格式。

步骤 01 选中表格，打开"布局"选项卡，在"对齐方式"组中单击"水平居中"按钮。

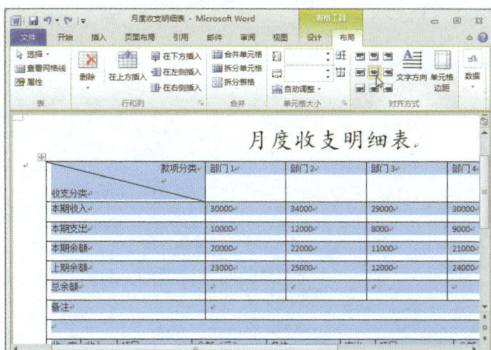

步骤 02 保持表格为选中状态，切换到"开始"选项卡，在"字体"组中单击"增大字体"按钮，增大文字的字号。

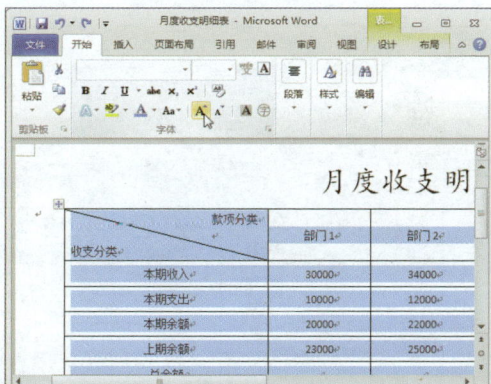

步骤 03 按住Ctrl键选中需要加粗显示的表格内容，单击"字体"组中的"加粗"按钮。

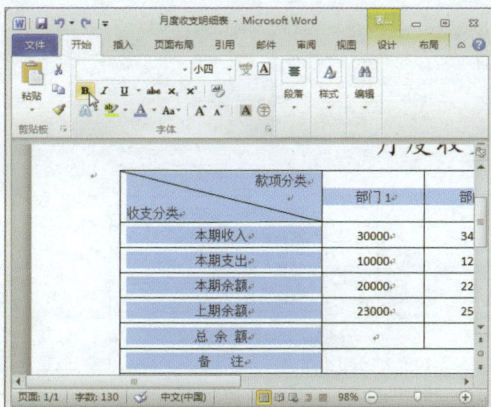

步骤04 选中表格左下角单元格中的文本，打开"页面布局"选项卡，单击"页面设置"组中的"文字方向"下拉按钮。

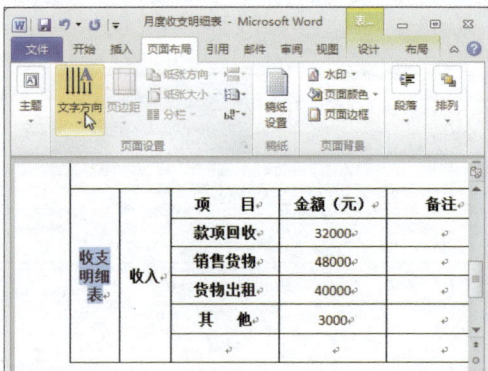

步骤05 在展开的下拉列表中，选择"垂直"选项。

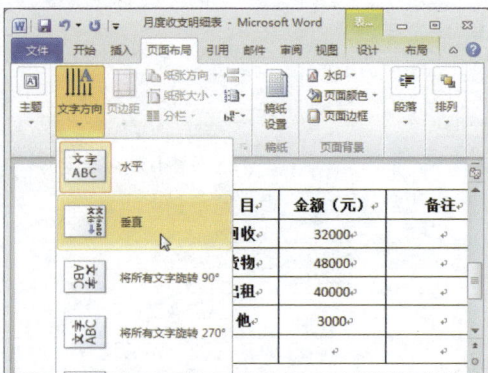

步骤06 选中的文本随即在单元格中以垂直方向显示。

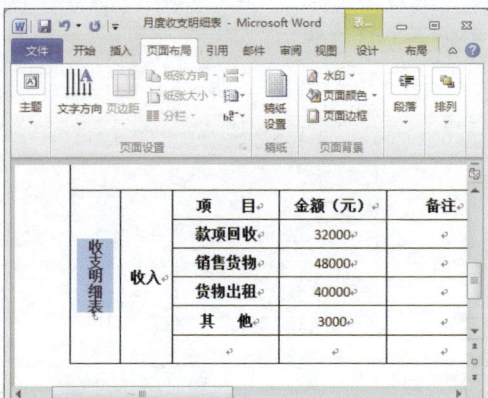

② 在表格中使用公式

在Word 2010的表格中也可以使用公式对数据进行运算，下面介绍具体操作方法。

步骤01 将光标置于"总计"下方的单元格中，打开"表格工具-布局"选项卡，在"数据"组中单击"公式"按钮。

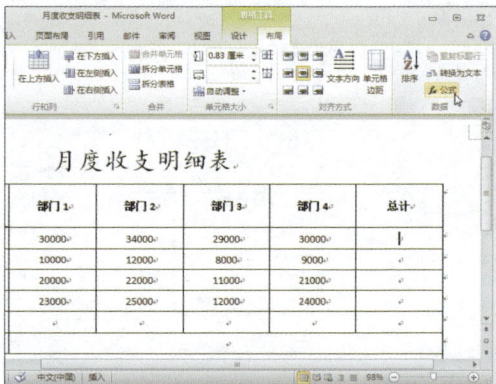

步骤02 弹出"公式"对话框，在"公式"文本框中输入求和公式"=SUM(LEFT)"，单击"确定"按钮。

步骤03 光标所在单元格内随即自动计算出了本行自左向右所有数值的和。按照此法计算其他行中值的和。

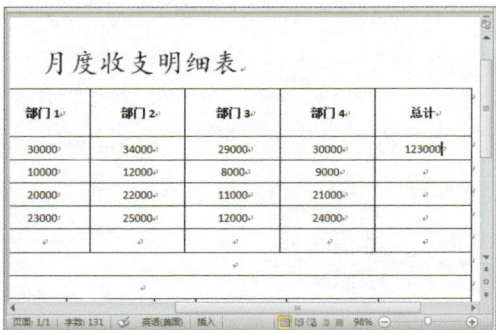

步骤 04 将光标置于一列数值中的最后一个单元格，在"表格工具－布局"选项卡中的"数据"组中单击"公式"按钮。

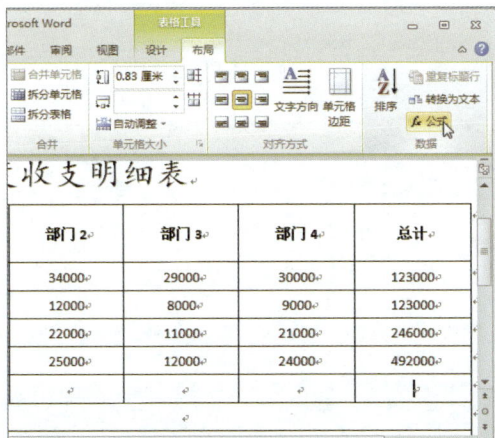

步骤 05 弹出"公式"对话框，在"公式"文本框中输入"＝SUM(ABOVE)"，单击"确定"按钮。

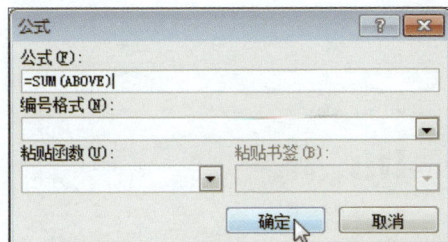

步骤 06 单元格中随即自动计算出本列中所有数值的和。按照此方法计算出其他列中数值的和。

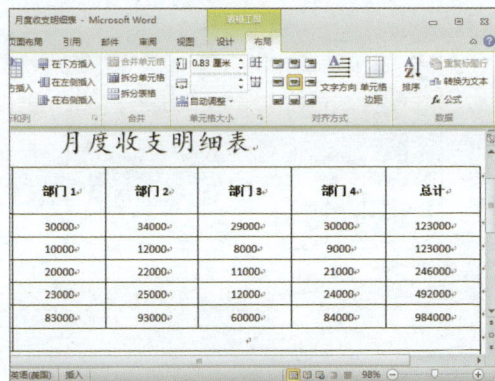

3.2.5 表格的后期处理

表格及其内部数据制作完成之后，为了美观可以对表格的边框进行处理，然后为表格添加底纹。

步骤 01 选中表格并右击，在弹出的快捷菜单中选择"边框和底纹"选项。

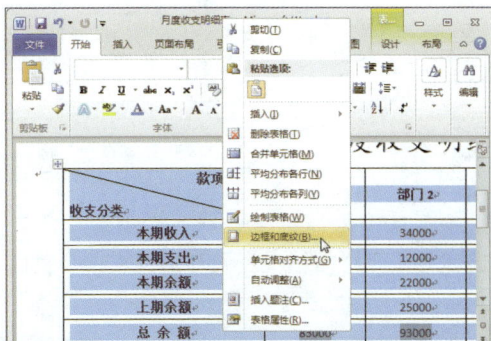

步骤 02 弹出"边框和底纹"对话框，在"边框"选项卡中的"设置"列表中选中"方框"选项，在"样式"列表中选择"双波浪线"。

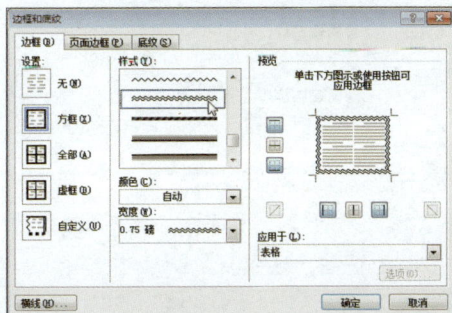

步骤 03 在"设置"列表中选择"自定义"选项，在"样式"组中选中一个虚线样式。

步骤04 在"预览"页面中分别单击"田"和"田"按钮。

步骤05 切换到"页面边框"选项卡，单击"艺术型"下拉按钮，在展开的列表中为页面选择一个合适的边框样式。

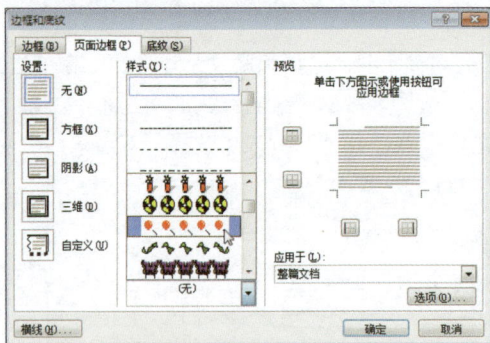

步骤06 打开"底纹"选项卡，单击"填充"组中的下拉按钮，在展开的列表中选择"红色，强调文字颜色2，淡色80%"选项。

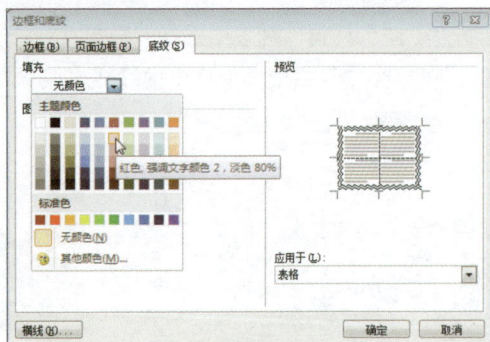

步骤07 在"图案"组中单击"样式"下拉按钮，在展开的下拉列表中选择"浅色上斜线"选线。

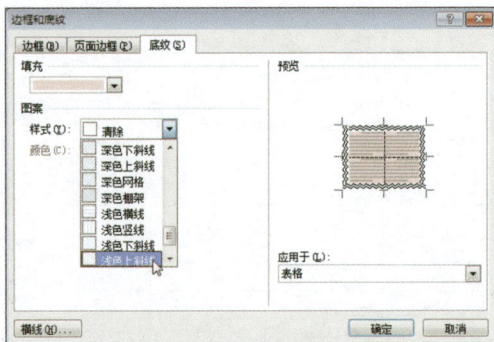

步骤08 单击"颜色"下拉按钮，在展开的列表中选择"蓝色，强调文字颜色1，淡色80%"选项。

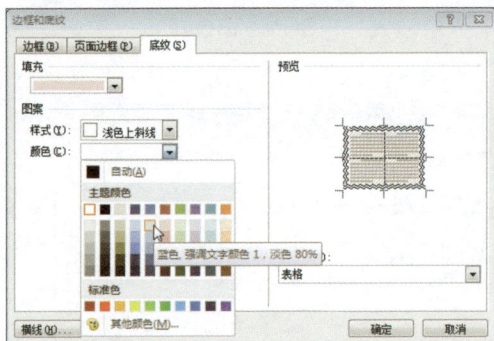

步骤09 单击"确定"按钮，关闭对话框。工作月度收支表的后期处理就完成了。

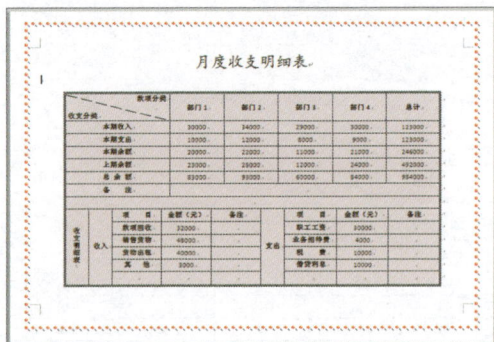

Chapter
04

文档的高级操作

本章概述

在前面的章节中我们学习了如何创建文档，以及对文档中的文字、图片、图形、表格等对象进行编辑的方法。本章我们要学习的是文档的高级操作，包括利用模板和样式快速设置文档格式，对文档编排一些特殊的版式和格式，在审阅文档时添加批注，修订文档等。

本章要点

样式的应用

目录的引用

项目符号的添加

项目编号的设置

脚注尾注的添加

页码的添加

4.1 排版毕业论文

毕业生毕业之前的最后一项功课是撰写毕业论文，毕业论文作为学生学业完成情况的重要考核标准，将直接影响学生是否能够顺利毕业。每一个面临毕业的学生都应该认真撰写毕业论文，并设置好文档格式，进行合理的排版，最后装订成册。

4.1.1 使用样式

在Word 2010中可以使用样式来设置文档的格式，以便轻松快速地在整个文档中统一应用一组格式选项。

❶ 使用快速样式

使用样式库中的样式可以快速设置标题、引文和其他文本的格式。

步骤01 选中整篇文档，打开"开始"选项卡，然后在"样式"组中单击"其他"下拉按钮。

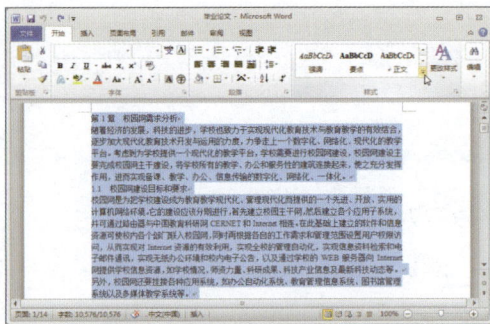

步骤02 在展开的列表中选择"列出段落"选项。文档中所有段落随即以首行缩进2个字符的样式显示。

❷ 自定义样式

如果内置样式没有用户想要的格式选项，可以对现有样式进行自定义。

步骤01 选中需要自定义样式的文本，打开"开始"选项卡，在"样式"组中单击"对话框启动器"按钮。

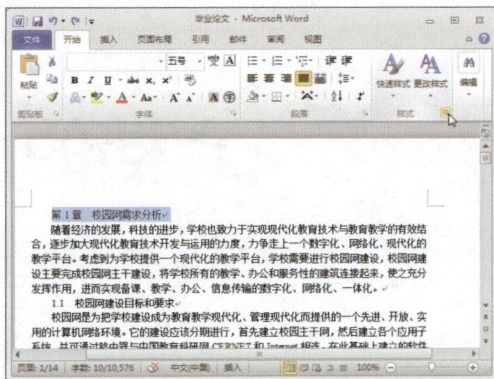

步骤02 弹出"样式"窗格，单击"新建样式"按钮。

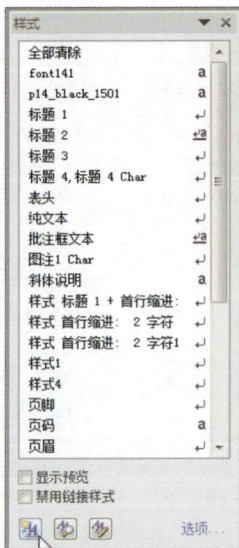

步骤 03 打开"根据格式设置创建新样式"对话框，在"名称"文本框中输入"章节标题"。

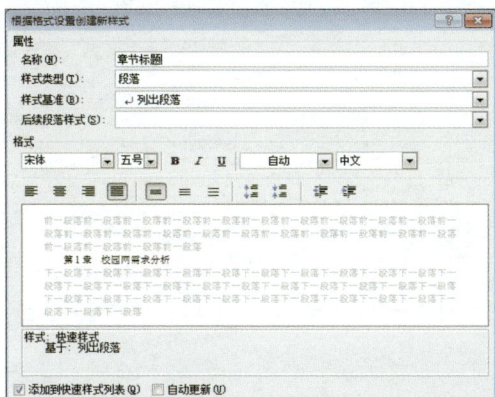

步骤 04 单击"格式"组中的"字体"下拉按钮，在展开的列表中选择"黑体"选项。

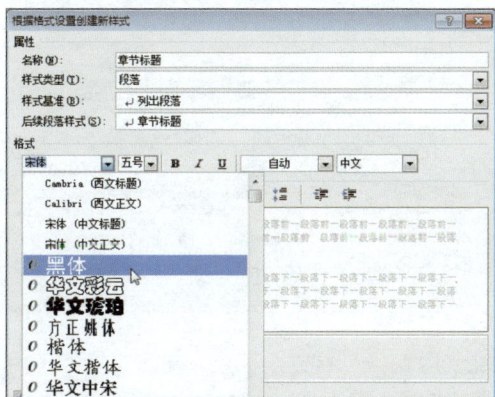

步骤 05 单击"字号"下拉按钮，在展开的列表中选择"小二"选项。

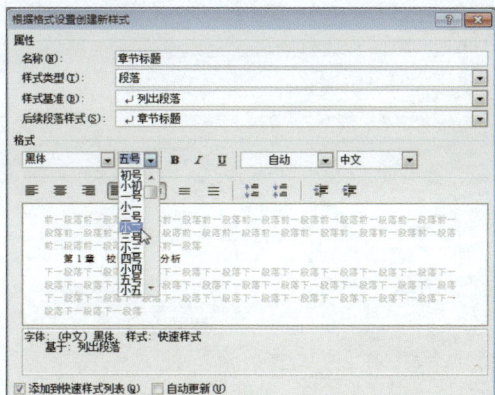

步骤 06 单击"格式"下拉按钮，在展开的列表中选择"段落"选项。

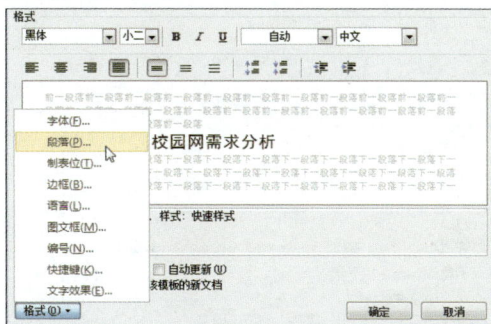

步骤 07 打开"段落"对话框，在"缩进和间距"选项卡中单击"对齐方式"下拉按钮，在下拉列表中选择"居中"选项。

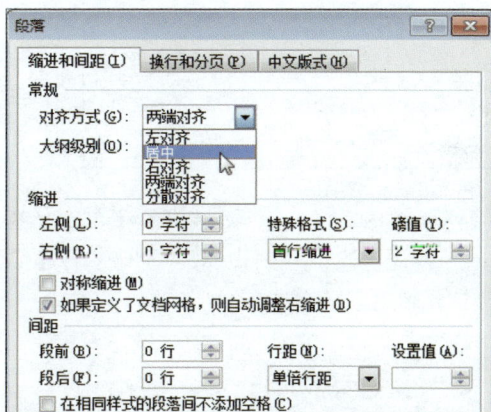

步骤 08 单击"特殊格式"下拉按钮，选择"无"选项。

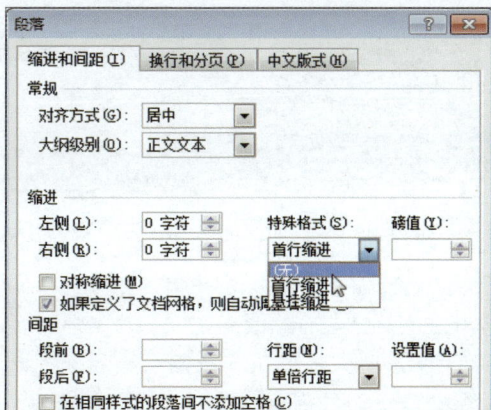

步骤09 在"间距"组中设置"段前"间距为"1"行，"段后"间距为"1.5"行，单击"确定"按钮关闭对话框。

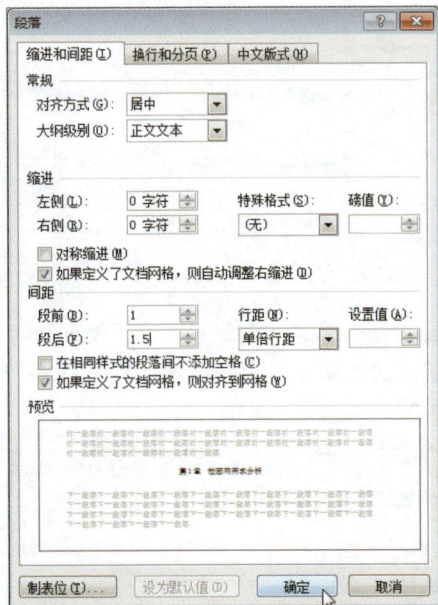

步骤02 文本随即应用"标题2"样式，单击"样式"组中的"对话框启动器"按钮。

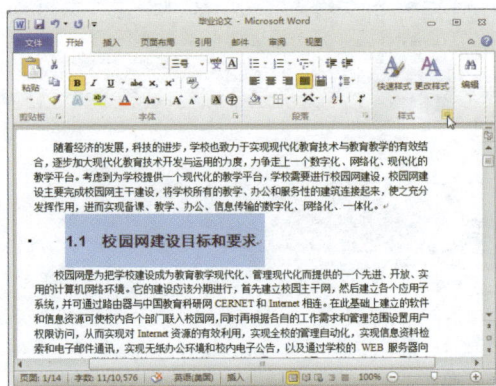

步骤10 此时"样式"窗格中新增了自定义的"章节标题"样式。关闭窗格，选中的标题随即应用该自定义样式。

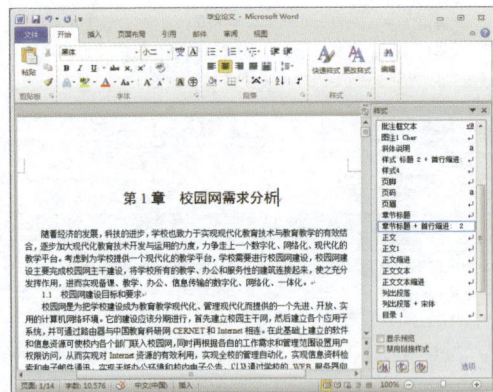

步骤03 打开"样式"窗格。单击文本所使用样式选项右侧的下拉按钮，在展开的列表中选择"修改样式"选项。

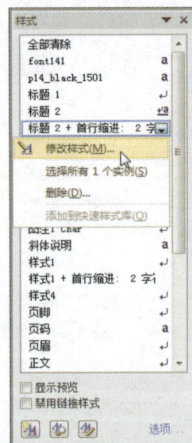

❸ 修改样式

除了自定样式，用户也可以在原有样式基础上对样式进行修改。

步骤01 选中文本，在"开始"选项卡中的"快速样式"下拉列表中选择"标题2"选项。

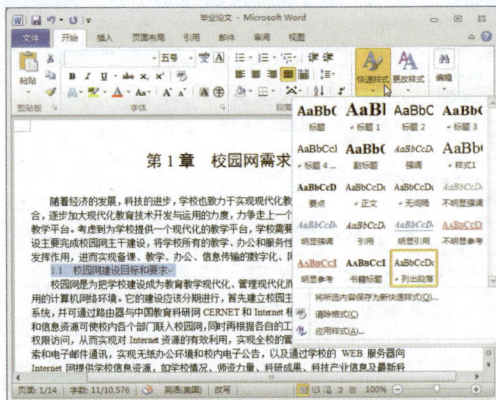

步骤 04 弹出"修改样式"对话框，修改字号为"小三"，取消文字加粗，对齐方式选择为"左对齐"，单击"格式"下拉按钮，选择"段落"选项。

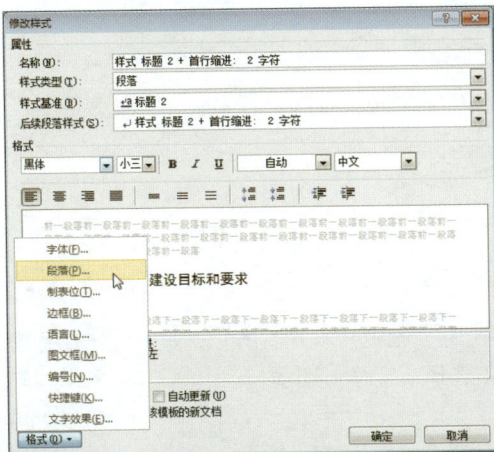

④ 使用格式刷复制样式

对于拥有很多下级标题的文档来说，逐个设置标题样式很麻烦，这时可以使用"格式刷"快速复制标题样式。

步骤 01 选中文档中的标题，在"开始"选项卡"剪贴板"组中单击"格式刷"按钮。

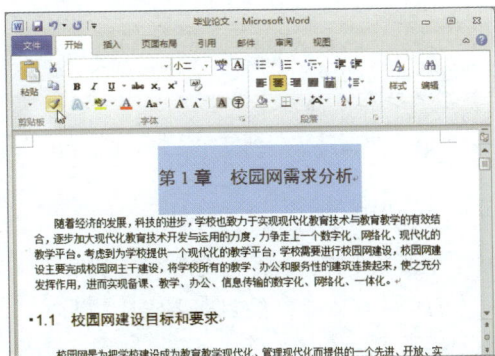

步骤 05 弹出"段落"对话框。在"缩进"组中单击"特殊格式"下拉按钮，选择"无"选项。单击"确定"按钮。

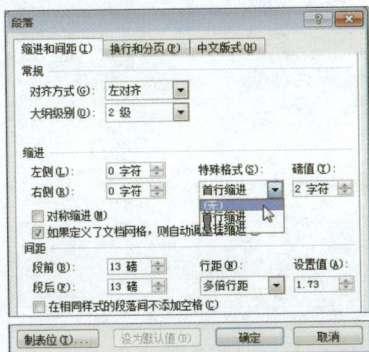

步骤 02 光标变为"▵"形状，单击并按住鼠标左键不放，拖动鼠标选中文本。

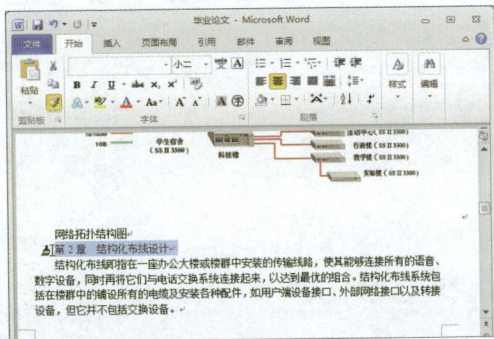

步骤 06 应用了"标题2"样式的文本随即被修改。

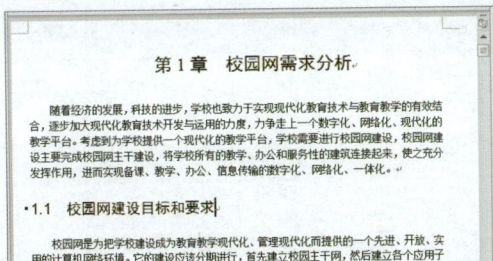

步骤 03 松开鼠标左键，选中的文本即被修改为格式刷复制的样式。

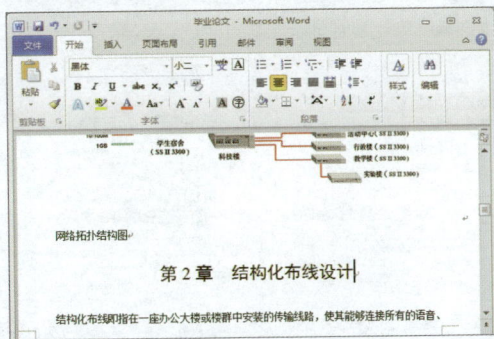

步骤04 若双击"格式刷"按钮，则可让格式刷复制样式连续刷新其他不同位置的文本。再次单击"格式刷"按钮可退出格式刷功能。

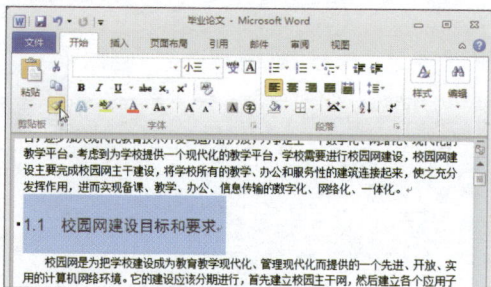

4.1.2 设计文档封面

　　毕业论文在装订的时候还需要为其设计一个封面，毕业论文的封面要求简洁明了，主要用于显示论文题目、班级、姓名、指导老师、完成时间等内容。

步骤01 将光标置于文档第一个字之前，打开"插入"选项卡，在"页"组中单击"空白页"按钮。

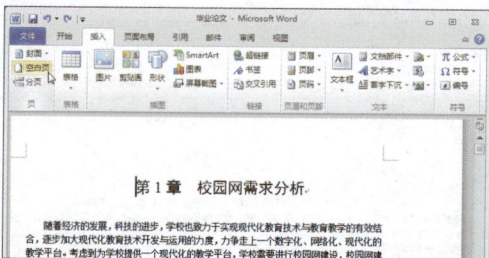

步骤02 在文档的第一页之前即被插入一个新的空白页。

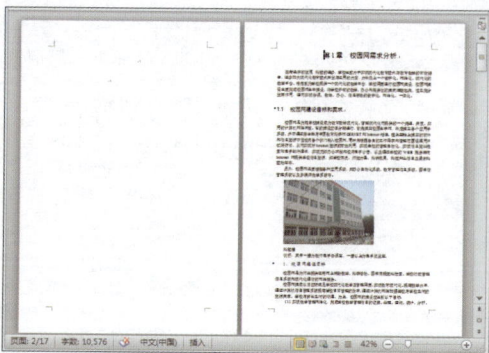

步骤03 在空白页中输入文本"毕业论文"，并将该文本格式设置为"宋体"、"二号"、"加粗"。

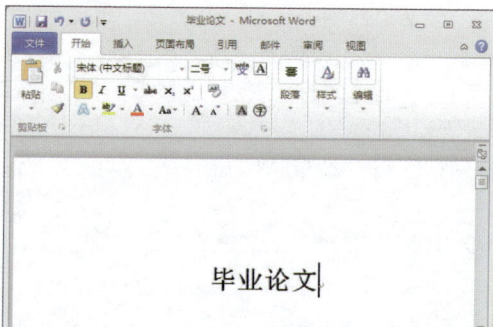

步骤04 选中文本并右击，在弹出的快捷菜单中选择"字体"选项。

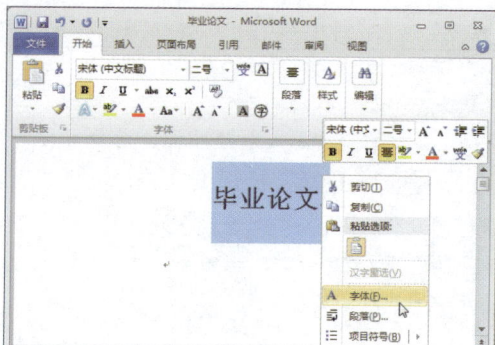

步骤05 弹出"字体"对话框，打开"高级"选项卡，在"字符间距"组中设置"磅值"为"5"，单击"确定"按钮。

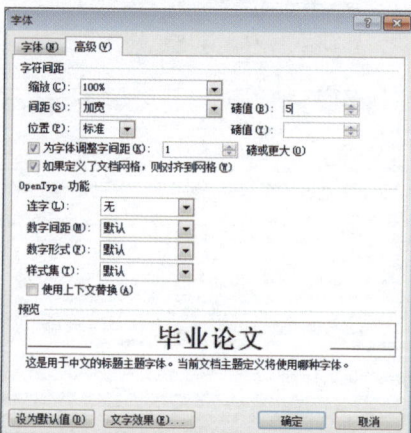

步骤06 将光标置于文本第一个字之前，连续按Enter键将文本位置向下移动。

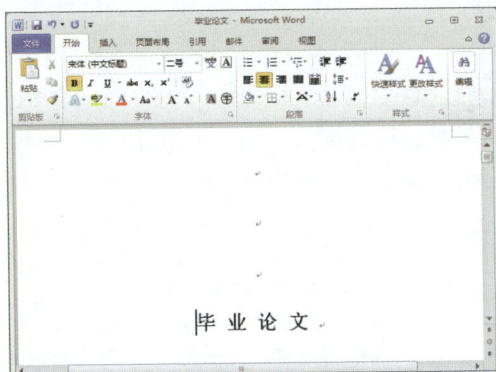

步骤07 将光标置于文本最后一个字之后，连续按Enter键，输入文本"论文题目"，选中该文本然后右击，在弹出的快捷菜单中选择"字体"选项。

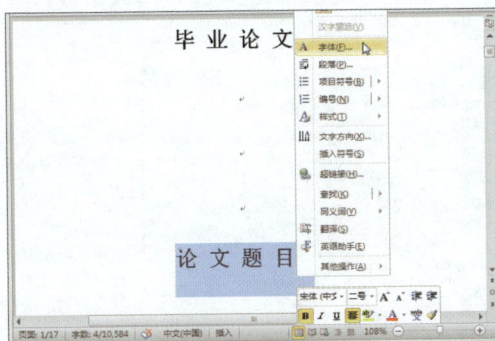

步骤08 弹出"字体"对话框，打开"高级"选项卡，单击"间距"下拉按钮，选择"标准"选项。

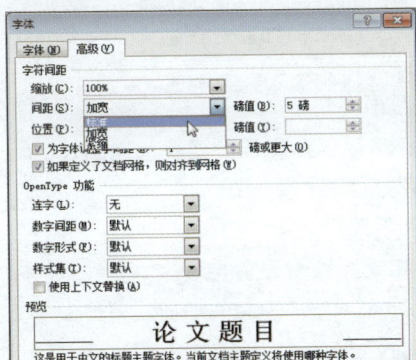

步骤09 切换到"字体"选项卡，设置"中文字体"为"宋体"，"字形"为"常规"，"字号"为"三号"，单击"确定"按钮。

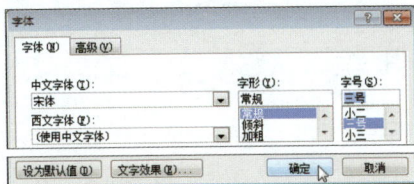

步骤10 在"论文题目"文本之后输入"校园网综合布线系统设计"文本，然后将其选中，在"开始"选项卡"字体"组中单击"下划线"按钮，在文字下方添加下划线。

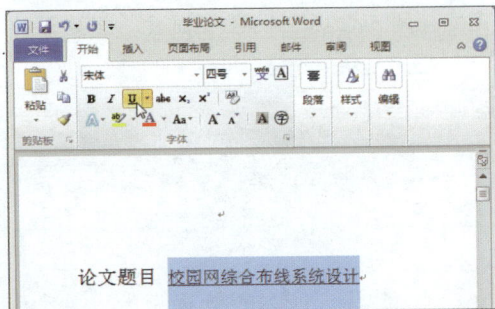

步骤11 继续在封面中输入其他文本信息，最后调整好文本的对齐方式即可。

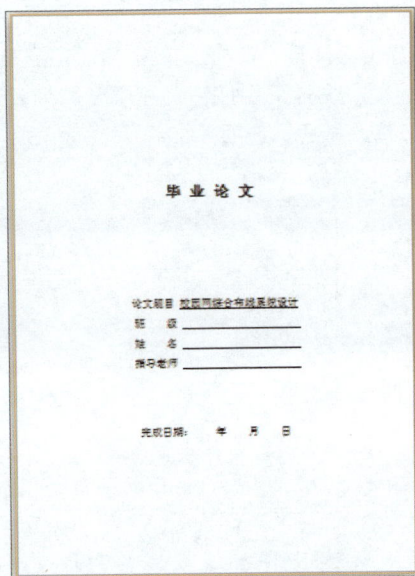

4.1.3 插入并编辑目录

对于包含多级标题的长篇文档来说，添加目录可以快速检索文档全部内容，并能够轻松查找所需的内容。下面我们就来学习目录的插入和编辑方法。

❶ 设置大纲级别

Word的目录提取基于大纲级别和段落样式。大纲级别就是段落所处层次的级别编号，在Word 2010中，内置的标题样式分别对应大纲级别，例如"标题1~标题5"分别对应大纲级别1~大纲级别5。

步骤01 将光标置于最高级别标题文本中，打开"开始"选项卡，在"样式"组中单击"对话框启动器"按钮。

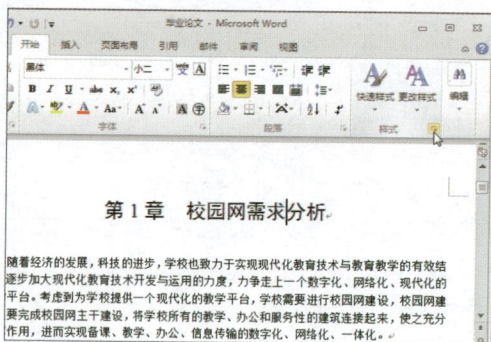

步骤02 弹出"样式"窗格，单击该标题所使用样式选项右侧的下拉按钮，在展开的列表中选择"修改样式"选项。

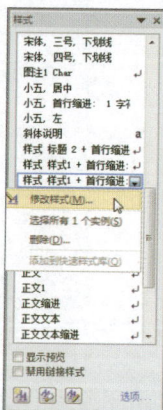

步骤03 弹出"修改样式"对话框，单击"格式"下拉按钮，在展开的列表中选择"段落"选项。

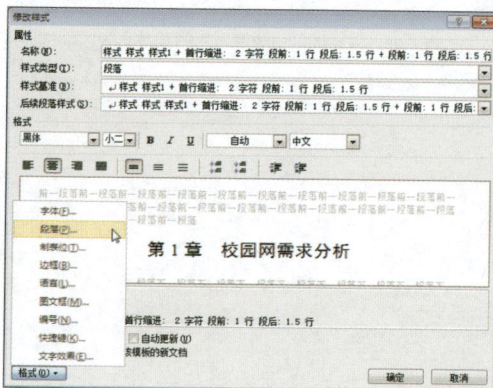

步骤04 弹出"段落"对话框，单击"大纲级别"下拉按钮，在展开的列表中选择"1级"选项。参照此方法设置其他标题的大纲级别。

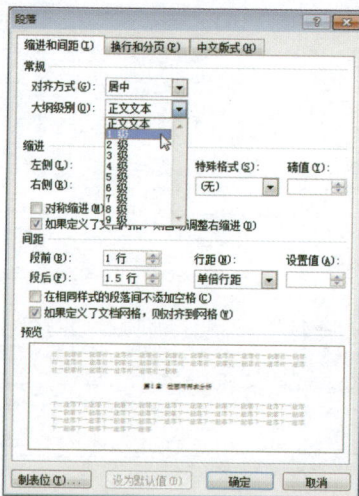

❷ 插入目录

用户可以根据文档的性质选择插入手动目录或者是插入自动目录。

（1）插入手动目录

步骤01 将光标置于正文的第一个字之前，打开"引用"选项卡，在"目录"组中单击"目录"下拉按钮。

（2）插入自动目录

步骤01 在"目录"下拉列表中选择"自动目录1"选项。

步骤02 在展开的下拉列表中选择"手动目录"选项。

步骤03 光标之前即被插入了一个目录，用户需要手动在目录中输入各级标题的名称。

步骤02 文档中将根据设置好的大纲级别的标题自动生成完整的目录。

步骤03 选中标题"目录"，设置字号为"小三"、"加粗"并"居中"显示。右击标题，选择"段落"选项。

步骤04 打开"段落"对话框，在"缩进和间距"选项卡中设置"段前"和"段后"间距均为"0.5行"，单击"确定"按钮。

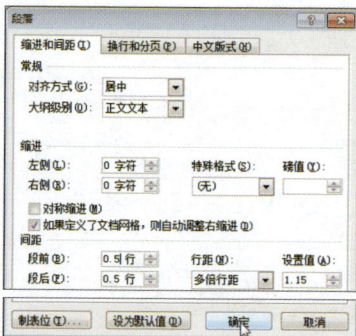

❸ 更新目录

在添加目录之后如果又向文档中输入了新内容，为了让新内容在目录中显示，需要及时更新目录。

步骤01 向文档中插入"摘要"内容，并设置好摘要标题的样式和大纲级别。

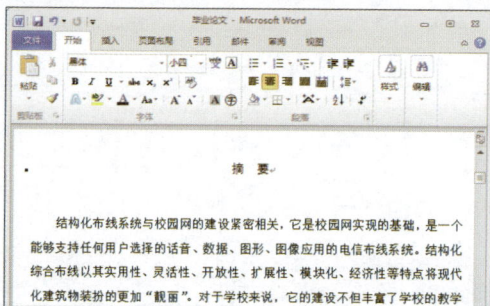

步骤02 单击目录左上角的"更新目录"按钮。

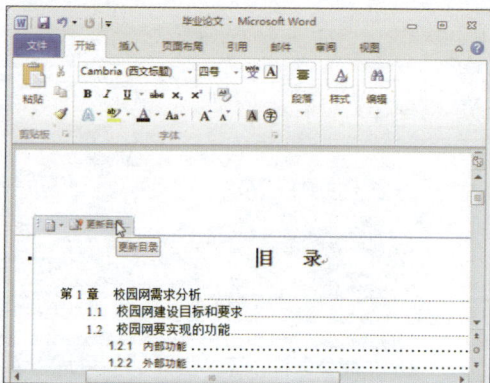

步骤03 弹出"更新目录"对话框，选中"更新整个目录"单选按钮，然后单击"确定"按钮。

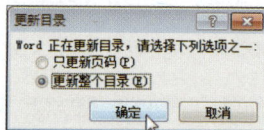

步骤04 目录随即被更新，出现了新增的"摘要"内容。

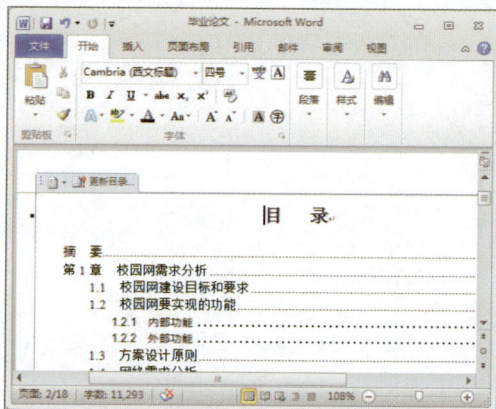

4.1.4 插入项目符号和编号

为了使文档变得层次分明，更易阅读，可以为文档中的段落添加项目符号或编号。

❶ 添加编号

在Word 2010中不仅可以使用编号库中的编号，还可以根据需要自定义编号样式。

步骤01 选中文档中的段落，在"开始"选项卡的"段落"组中单击"编号"下拉按钮。

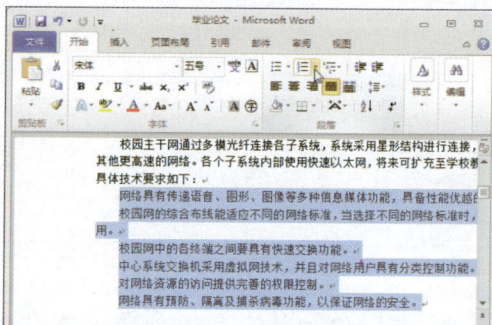

步骤02 在展开的列表"编号库"中可以选择合适的编号。此处选择"定义新编号格式"选项。

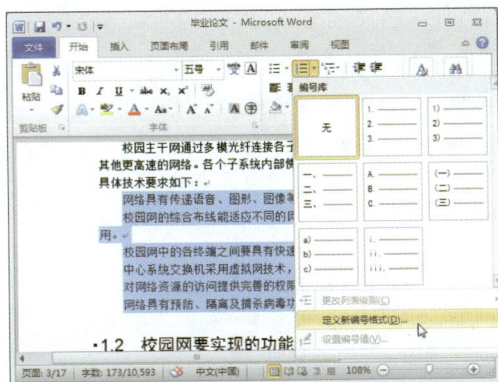

步骤03 打开"定义新编号格式"对话框,单击"编号样式"下拉按钮,选择合适的编号样式。

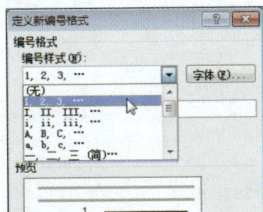

步骤04 单击"字体"按钮,打开"字体"对话框,在"字体"选项卡中设置"字形"为"倾斜","字体颜色"为"深红"。单击"确定"按钮。

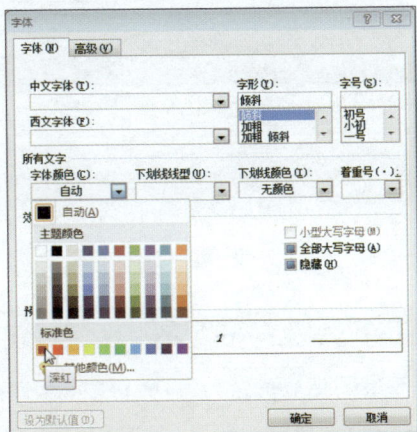

步骤05 返回"定义新编号格式"对话框,在"编号格式"文本框中修改格式。单击"确定"按钮。

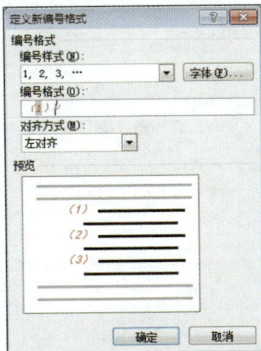

步骤06 再次打开"编号"下拉列表,选择自定义的编号样式即可应用该样式。

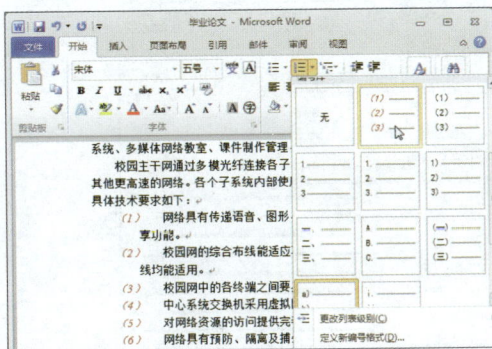

❷ 添加项目符号

为了让文档段落看上去更舒适美观,可以在段落开始处添加项目符号。

步骤01 选中段落,在"开始"选项卡下的"段落"组中单击"项目符号"下拉按钮,在展开的列表中选择合适的项目符号。

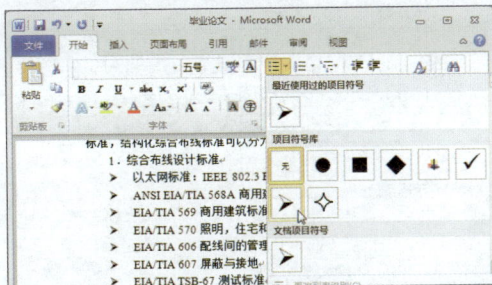

步骤02 若对项目符号库中的符号不满意，可以单击"定义新项目符号"选项。

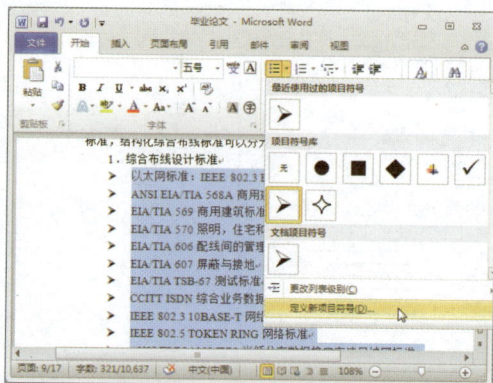

步骤03 弹出"定义新项目符号"对话框，单击"符号"按钮。

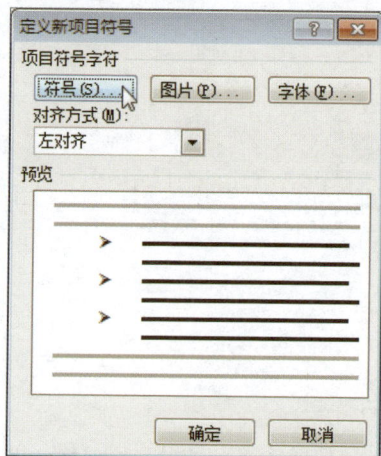

步骤04 在弹出的"符号"对话框中即可选择其他合适的符号作为项目符号。

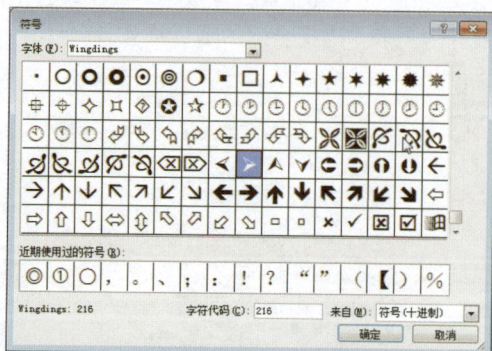

步骤05 若在"定义新项目符号"对话框中单击"图片"按钮，可以打开"图片项目符号"对话框，在该对话框中可选择合适的图片作为项目符号。也可以单击"导入"按钮，导入计算机中的图片作为项目符号。

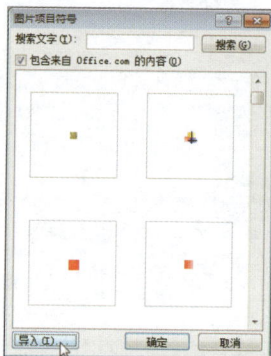

4.1.5 插入页码

为包含很多页的长篇文档设置页码，不仅便于查找内容，也可以方便整理文档，下面将介绍为毕业论文插入页码的方法。

❶ 插入分隔符

由于毕业论文的封面和目录是不需要添加页码的，所以需要使用分隔符将他们与文档的正文分隔开。

步骤01 将光标置于摘要内容的第一个字之前，打开"页面布局"选项卡，在"页面设置"组中单击"分隔符"下拉按钮。

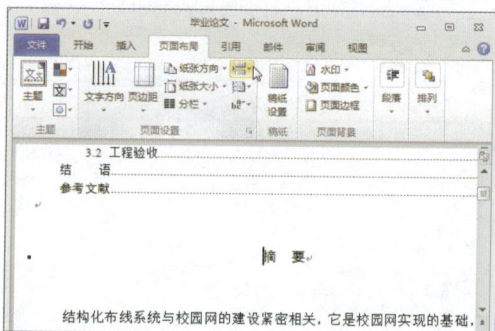

步骤02 在展开列表的"分节符"组中选择"下一页"选项。

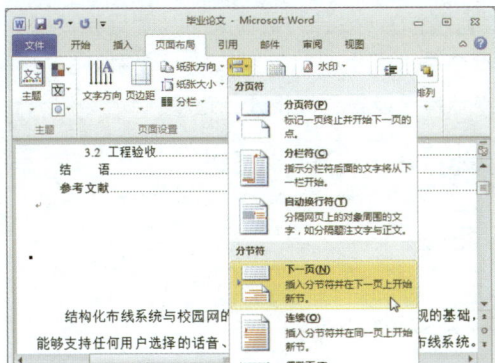

步骤03 摘要内容随即被分隔到下一页中。此后在分隔符位置后的页面中进行任何编辑都不会对分隔符之前的页面产生影响。

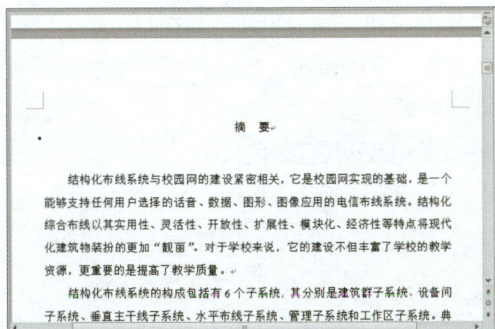

❷ 插入页码

　　使用Word 2010可从文档的第一页开始插入页码，也可以从指定位置开始插入页码。

（1）从第一页开始插入页码

步骤01 打开"插入"选项卡，在"页眉和页脚"组中单击"页码"下拉按钮，在展开的列表中选择"页面底端"选项。

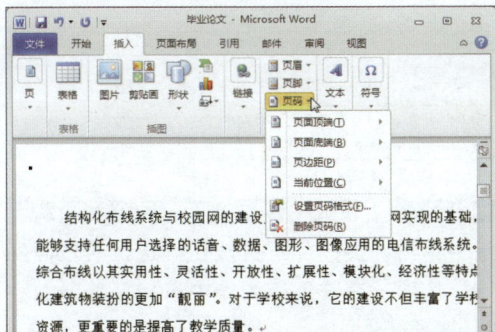

步骤02 在展开的下级列表中选择"普通数字2"选项。

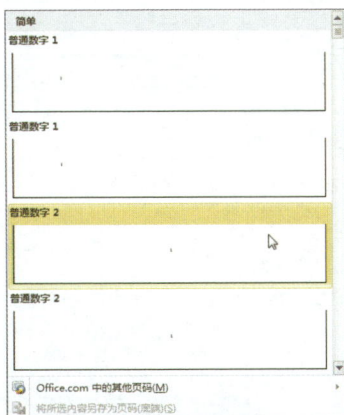

步骤03 单击"关闭页眉和页脚"按钮，文档自第一页开始即被插入了页码。

步骤04 若要删除页码，则再次单击"页码"下拉按钮，选择"删除页码"选项即可。

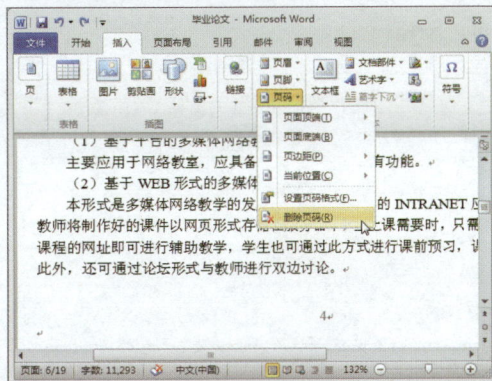

（2）从指定位置开始插入页码

步骤01 在"摘要"所在页的页眉处双击，激活页眉。

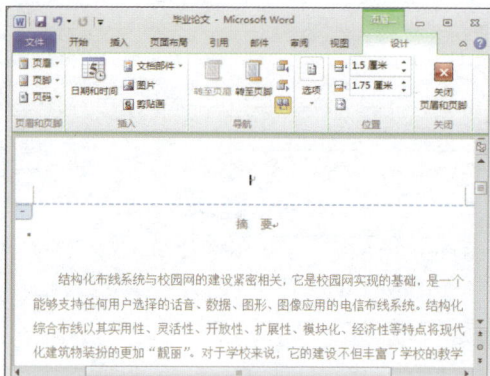

步骤02 打开"页眉和页脚工具-设计"选项卡，在"导航"组中单击"链接到前一条页眉"按钮。

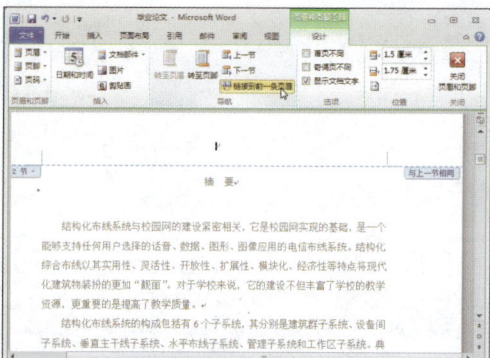

步骤03 将光标移至页脚中，单击"设计"选项卡下"导航"组中的"链接到前一条页眉"按钮。

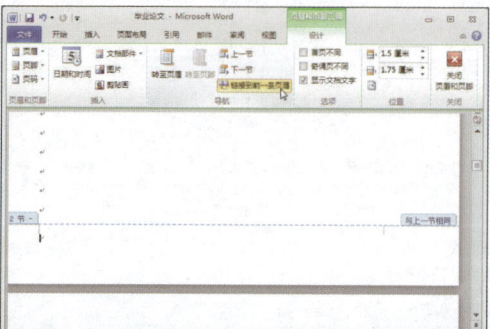

步骤04 在"设计"选项卡下"页眉和页脚"组中单击"页码"下拉按钮，在展开的列表中选择"设置页码格式"选项。

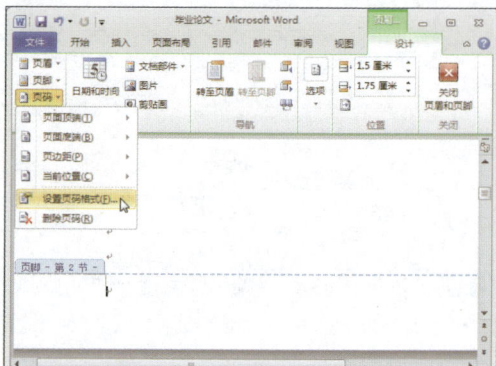

步骤05 弹出"页码格式"对话框，单击"编号格式"下拉按钮，在展开的列表中选择合适的格式。

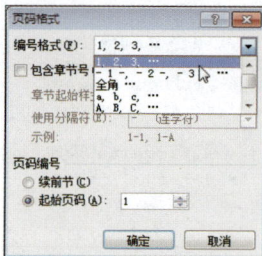

步骤06 在"页码编号"组中选中"起始页码"单选按钮，在右侧微调框中输入"1"，单击"确定"按钮。

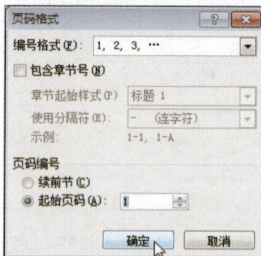

步骤07 在"设计"选项卡下"页眉和页脚"组中单击"页码"下拉按钮，选择"页面底端"选项，在其下级列表中选择"普通数字2"选项。

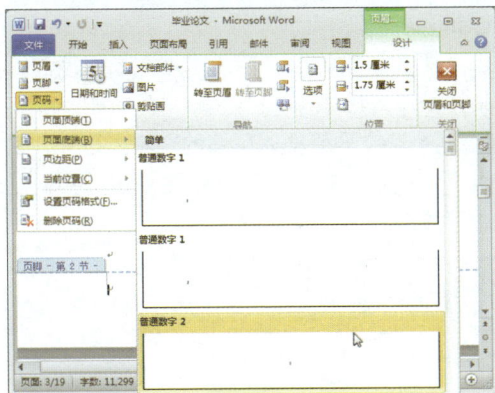

步骤08 单击"关闭页眉和页脚"按钮，退出页眉和页脚编辑状态。此时的页码即是从"摘要"页开始编码。

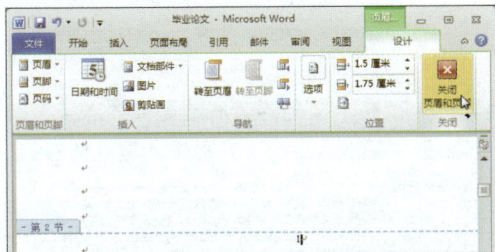

4.1.6 插入题注、脚注和尾注

为了有利于读者对文档的阅读和理解，可以插入题注、脚注和尾注，对特定对象进行描述说明。

① 插入题注

题注是对象下方显示的一行文字，用于描述该对象。

步骤01 选中文档中的图片，打开"引用"选项卡，在"题注"组中单击"插入题注"按钮。

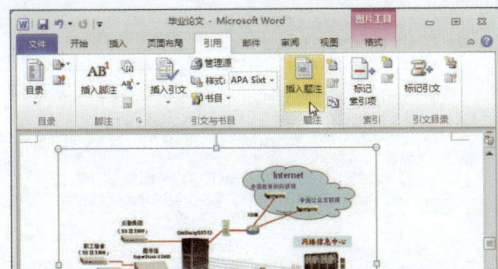

步骤02 弹出"题注"对话框，单击"新建标签"按钮。

步骤03 弹出"新建标签"对话框，在"标签"文本框中输入文本"网络拓扑结构图"，单击"确定"按钮。

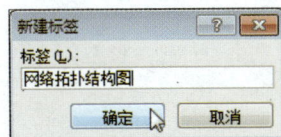

步骤04 返回"题注"对话框，单击"确定"按钮。

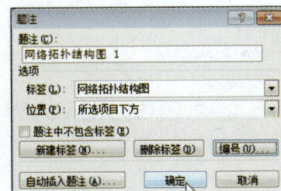

步骤05 返回文档，此时选中图片的下方即被自动插入了题注。

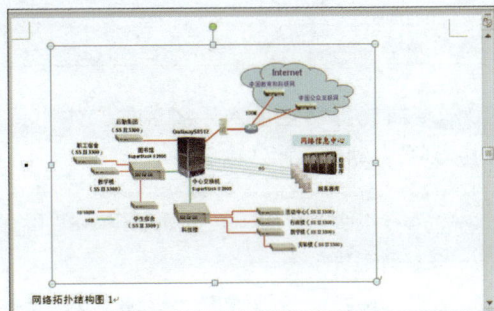

② 插入脚注

脚注和尾注都是用来对文档中某个内容进行解释说明或列出引文出处的，脚注通常插入在页面底部。

步骤01 选中需要插入脚注的文本，打开"引用"选项卡，在"脚注"组中单击"插入脚注"按钮。

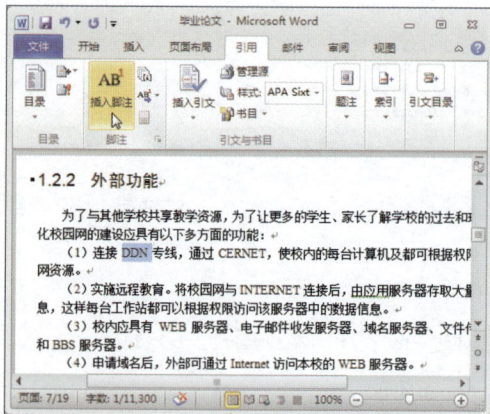

步骤02 在选中文本所在页的底部即被插入了一条分隔线，在分隔线下方可输入脚注内容。

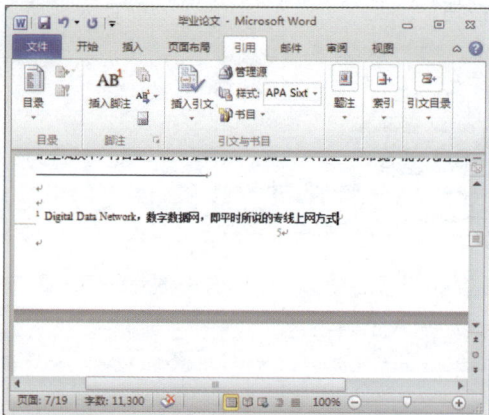

步骤03 将光标移至插入了脚注的文本附近时，则会自动显示脚注内容。

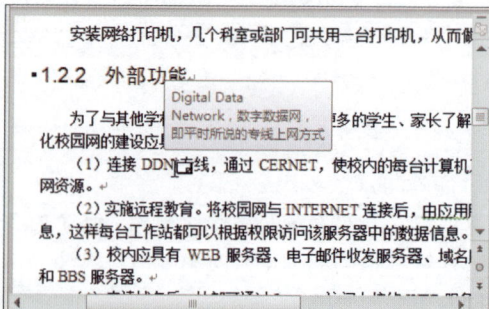

③ 插入尾注

尾注一般位于文档的末尾，插入尾注的具体操作方法如下：

步骤01 选中需要插入尾注的文本，打开"引用"选项卡，在"脚注"组中单击"插入尾注"按钮。

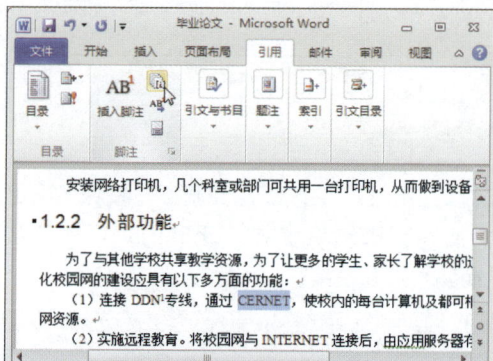

步骤02 在整个文档的最底端即被插入了一条分隔线，在分隔线的下方可输入尾注内容。

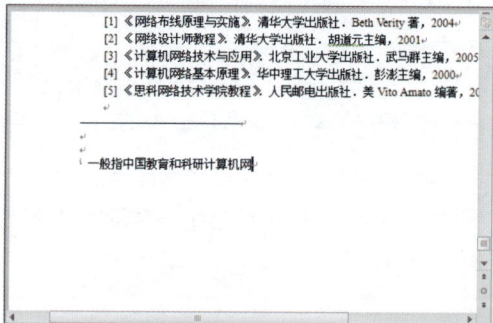

步骤03 将光标移至插入了尾注的文本附近时，会自动显示尾注内容。

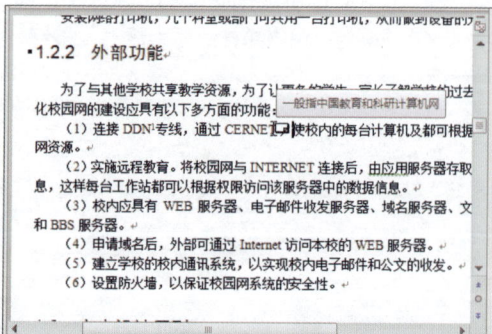

步骤 04 若要删除尾注上方的分隔线，则打开"视图"选项卡，在"文档视图"组中单击"草稿"按钮。

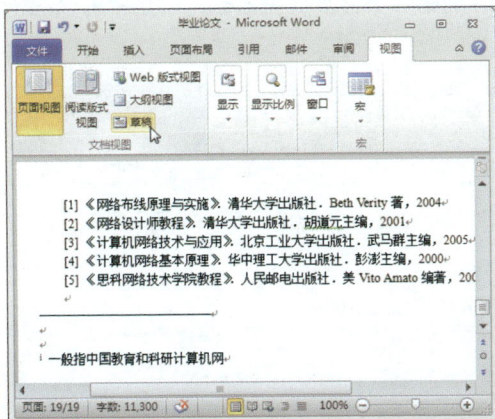

步骤 05 切换至草稿视图模式，按下Ctrl+Alt+D组合键，激活"尾注"标题栏。

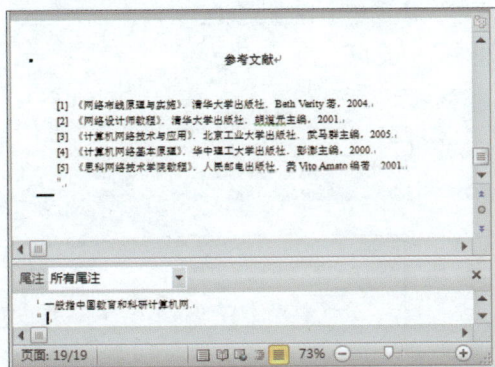

步骤 06 单击"尾注"下拉按钮，在展开的列表中选择"尾注分隔符"选项。

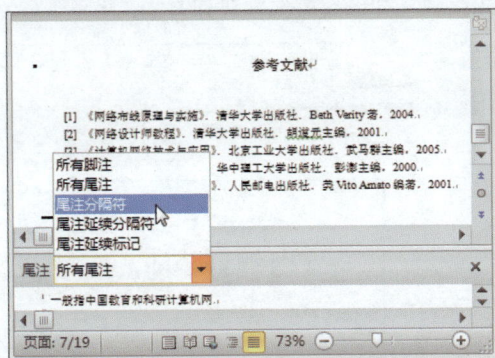

步骤 07 在"尾注"标题栏下方的编辑框中会出现一条分隔符。

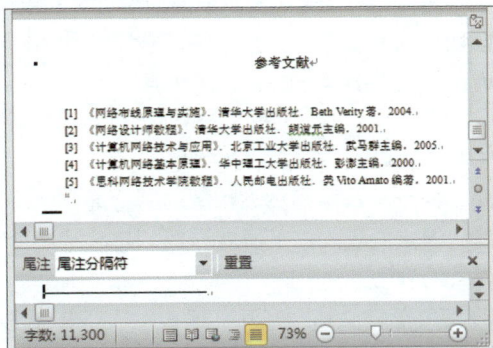

步骤 08 选中该分隔线，按Delete键即可将分隔线删除。在"视图"选项卡中单击"页面视图"按钮。

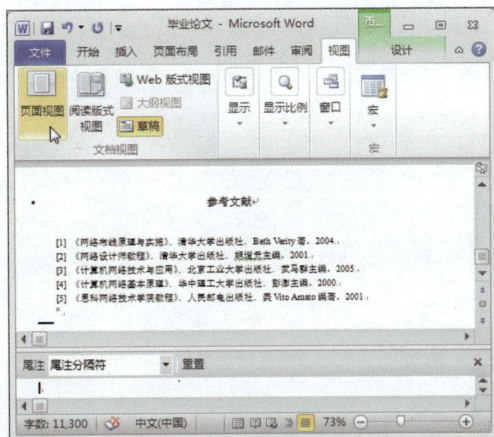

步骤 09 返回页面视图模式，此时，文档最底端的尾注分隔线已经被删除。

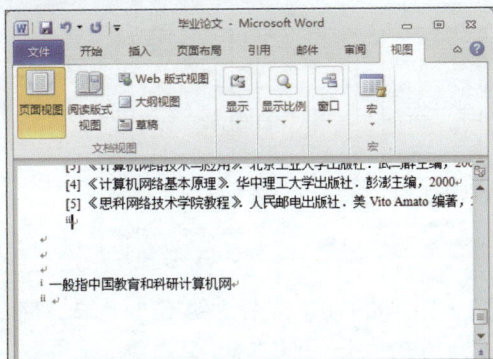

4.2 制作公司名片模板

　　名片是标示姓名及其所属组织、公司单位和联系方法等的纸片。名片是新朋友互相认识、自我介绍最快速有效的方法。交换名片是商业交往的第一个标准式官方动作。用户可以利用Word 2010动手制作自己的名片。

4.2.1 创建名片版面样式

　　同一个公司为员工印制的名片通常都会使用固定的版式，下面就介绍创建名片版面样式的方法。

步骤01 新建文档，打开"插入"选项卡，在"文本"组中单击"文本框"下拉按钮。

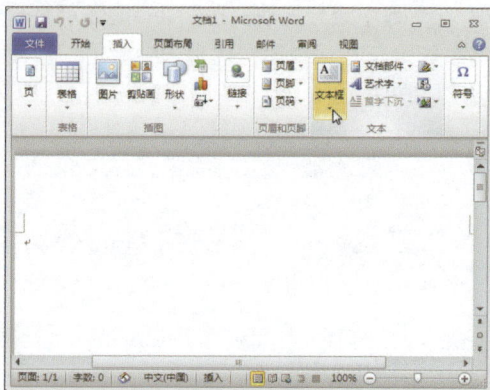

步骤02 在展开的下拉列表中选择"绘制文本框"选项。

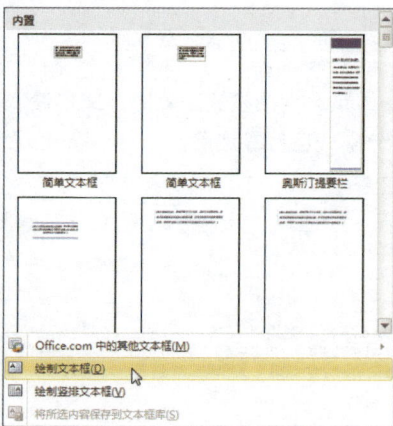

步骤03 单击并按住鼠标左键不放，拖动鼠标在文档中绘制一个文本框。

步骤04 选中文本框，打开"格式"选项卡，在"大小"组中设置文本框"高度"为"5.4厘米"，"宽度"为"8.9厘米"。

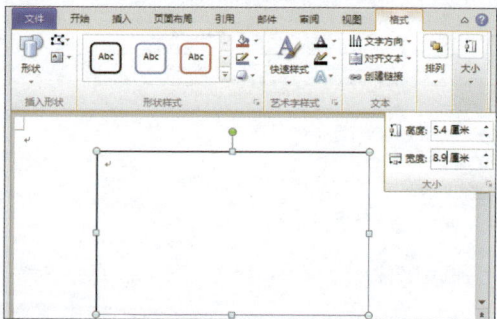

步骤05 在文本框中编辑名片内容，设置好文本格式，并调整好文本对齐方式。

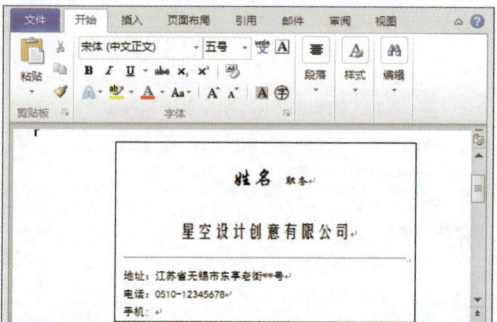

步骤 06 选中文本框，打开"格式"选项卡，在"形状样式"组中单击"形状填充"下拉按钮，选择"图片"选项。

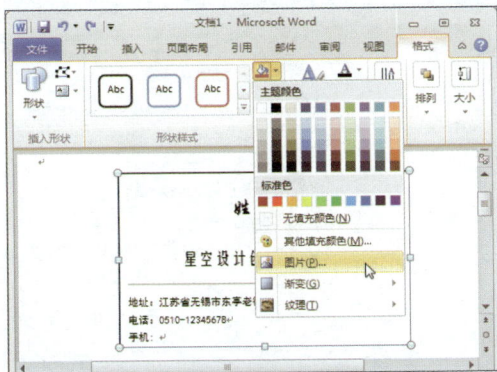

步骤 07 弹出"插入图片"对话框，选中图片，单击"插入"按钮。

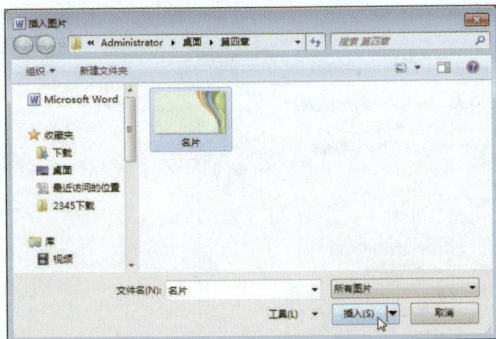

步骤 08 在"形状样式"组中单击"形状轮廓"下拉按钮，在展开的列表中选择"无轮廓"选项。

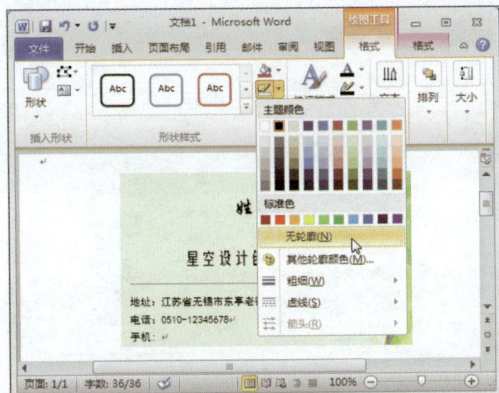

步骤 09 至此名片的版面样式就设置完成了。

4.2.2 添加内容控件

名片版面设计好之后可以在填写姓名、职务、手机号码的位置添加内容控件，方便为不同的员工印刷名片。

步骤 01 单击打开"文件"菜单，选择"选项"选项。

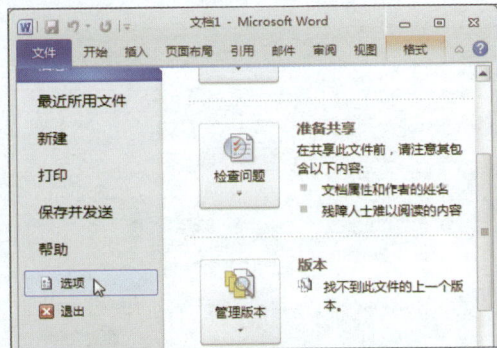

步骤 02 打开"Word选项"对话框，打开"自定义功能区"选项面板，在"自定义功能区"列表框中勾选"开发工具"复选框。

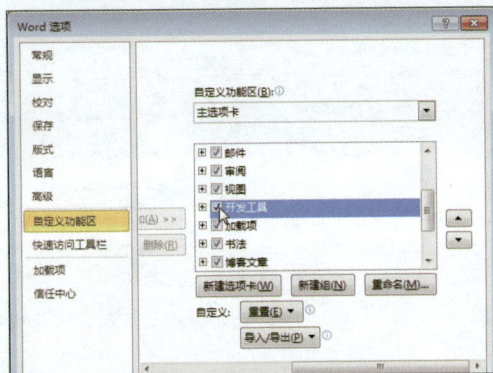

步骤 03 单击"确定"按钮，向功能区中添加"开发工具"选项卡。

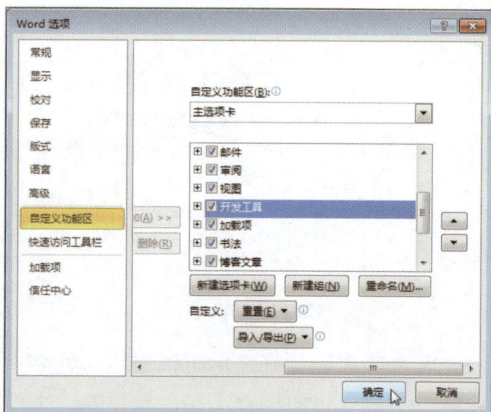

步骤 04 选中名片中的"姓名"文本，打开"开发工具"选项卡，在"控件"组中单击"格式文本内容控件"按钮。

步骤 05 选中文本处随即被插入一个内容控件，按Delete键删除控件中的"姓名"文本。

步骤 06 选中该控件，单击"开发工具"选项卡下"控件"组中的"属性"按钮。

步骤 07 打开"内容控件属性"对话框，在"标题"文本框中输入文本"名字之间不要留有空格"，单击"确定"按钮。

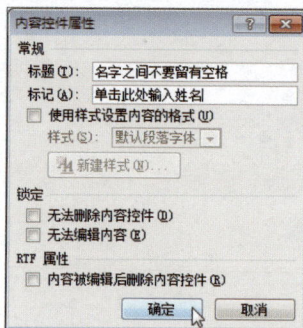

步骤 08 单击内容控件，控件上方即出现提示文字，在控件中可直接输入姓名。

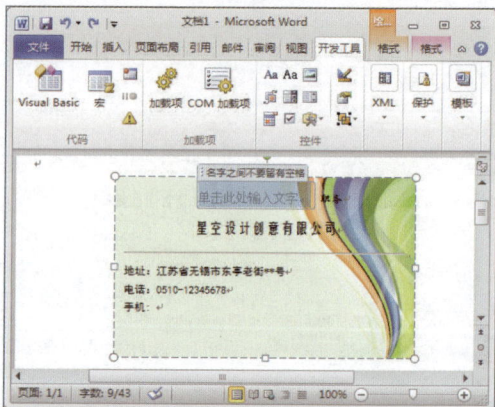

步骤 09 选中"职务"文本,单击"控件"组中的"组合框内容控件"按钮。

步骤 10 选中文本上方被插入一个内容控件。选中该控件,单击"属性"按钮。

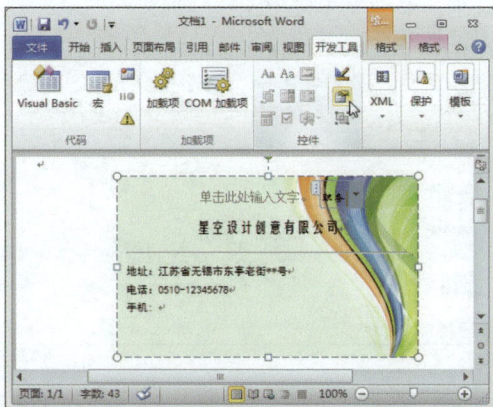

步骤 11 打开"内容控件属性"对话框,在"下拉列表属性"组中单击"添加"按钮。

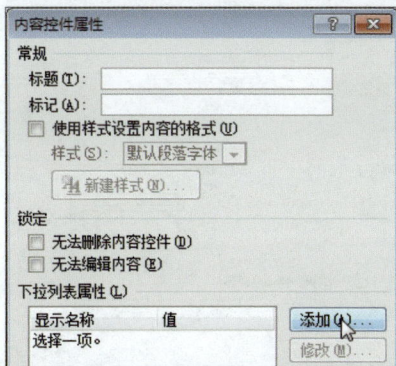

步骤 12 弹出"添加选项"对话框,在"显示名称"文本框中输入文本"设计师",单击"确定"按钮。

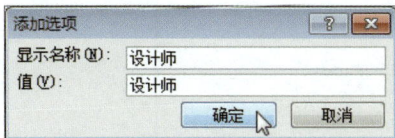

步骤 13 继续单击"添加"按钮,向列表框中添加名称。

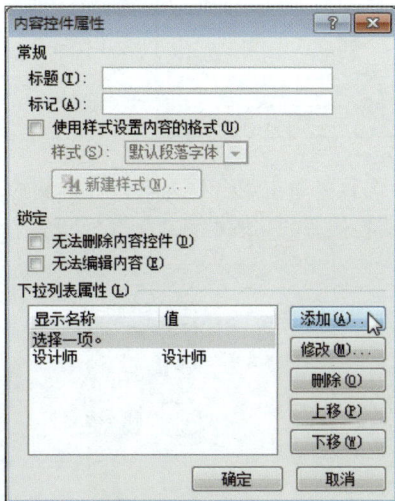

步骤 14 在列表框中选中任意选项,单击"删除"按钮,可将该选项删除。

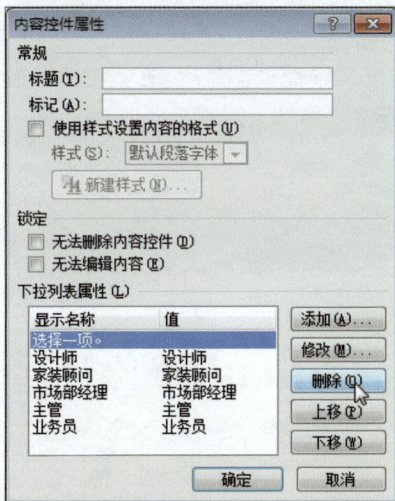

步骤15 添加完所有名称后，单击"确定"按钮，关闭对话框。

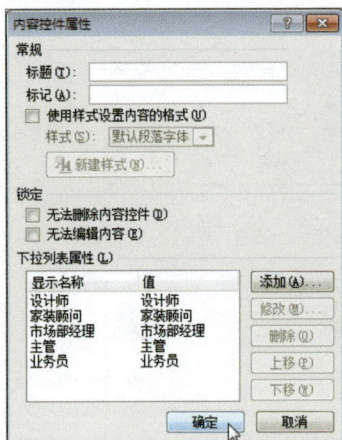

步骤16 在名片中单击组合框内容控件右侧的下拉按钮，在展开的列表中可直接选择职务。

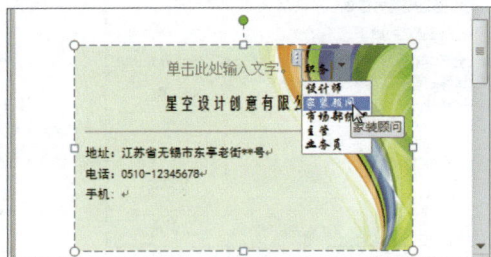

4.2.3 批量制作名片

名片版式制作好之后，可以使用"标签"功能批量创建和打印名片。

步骤01 打开"邮件"选项卡，在"创建"组中单击"标签"按钮。

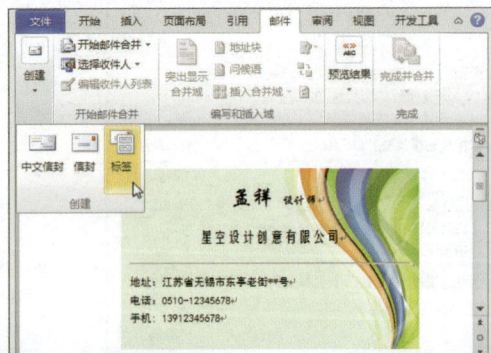

步骤02 打开"信封和标签"对话框，切换至"标签"选项卡，单击"选项"按钮。

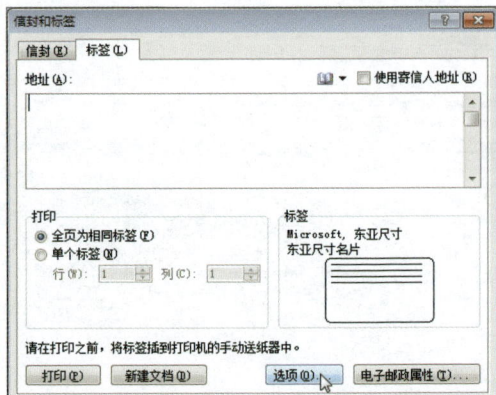

步骤03 弹出"标签选项"对话框，在"产品编号"列表框中选择"东亚尺寸"选项，列表框右侧即显示所选标签的信息。单击"确定"按钮。

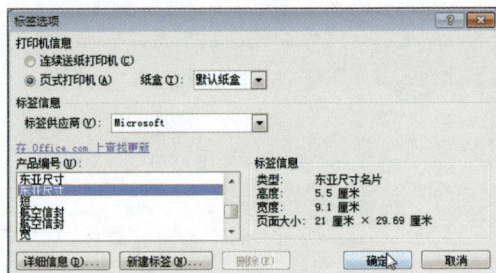

步骤04 返回"信封和标签"对话框，单击"新建文档"按钮。

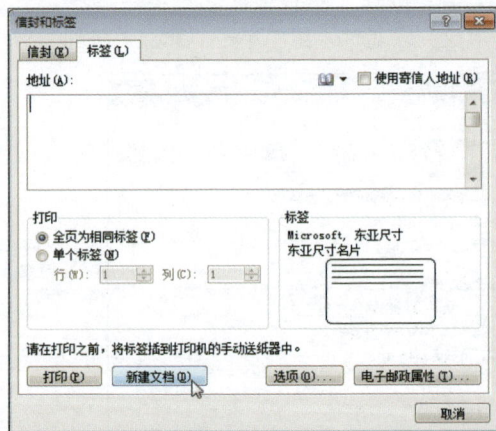

步骤 05 系统自动创建一个新文档，并在新文档中根据设置的名片大小创建表格。

步骤 06 选中之前制作好的名片文本框，在"开始"选项卡下的"剪贴板"中单击"复制"按钮。

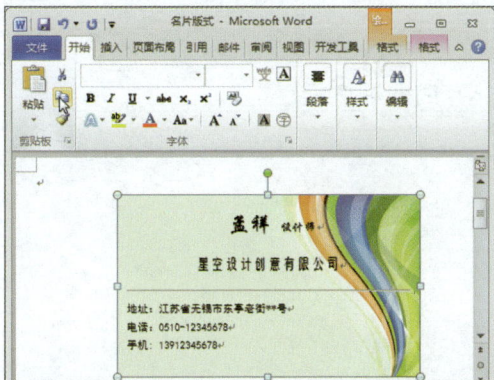

步骤 07 切换至新建文档，在"开始"选项卡中单击"粘贴"下拉按钮，选择"选择性粘贴"选项。

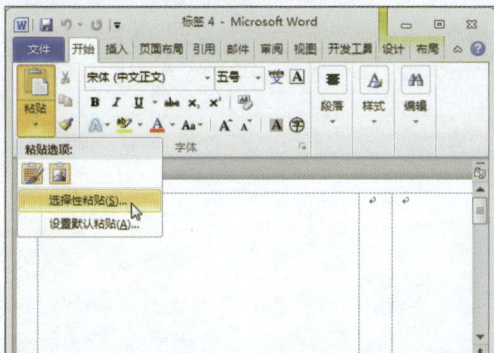

步骤 08 弹出"选择性粘贴"对话框，在"形式"列表框中选择"（图片）增强型图元文件"选项。单击"确定"按钮。

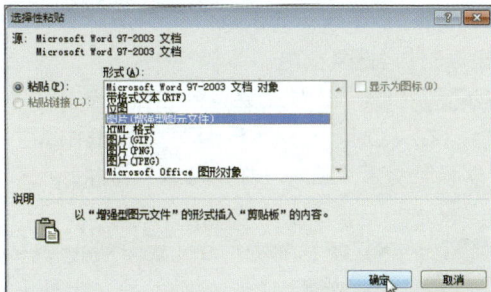

步骤 09 此时文本框将作为图片被粘贴在单元格内。

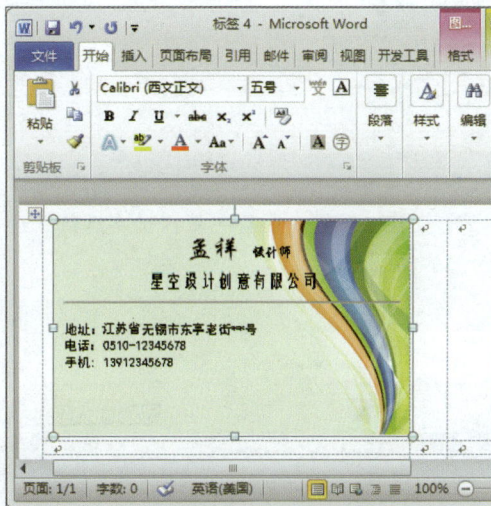

步骤 10 选中单元格中的图片，将其粘贴到其他单元格中。然后保存文档。

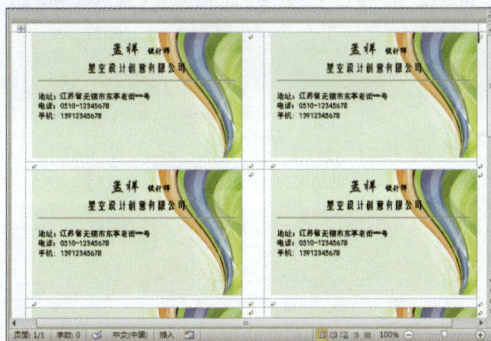

4.2.4　使用模板制作名片

当用户需要的名片数量不多时，可以使用名片模板来制作，下面我将为大家介绍如何利用"Office.com模板"提供的"名片"模板制作名片。

步骤 01 打开"文件"菜单，选择"新建"选项，在"Office.com母版"文本框中输入"名片"文本，单击"开始搜索"按钮。

步骤 02 在搜索到的所有名片模板中选择一个合适的模板。

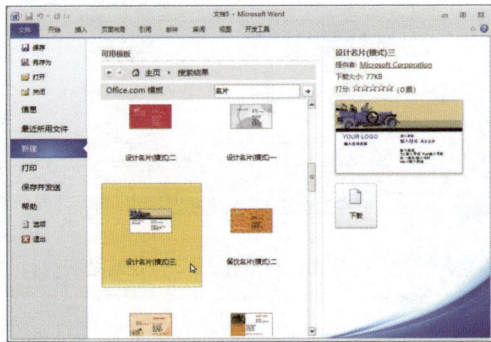

步骤 03 在面板右侧显示出所选模板的信息和缩览图，单击"下载"按钮。

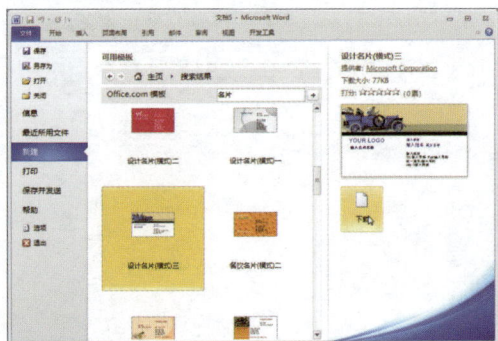

步骤 04 系统弹出"正在下载模板"对话框，下载完成后Word会自动打开名片模板，用户只需要在模板基础上输入相关信息即可。

Chapter
05

常用工作表的创建

本章概述

Excel是微软办公套装软件中的一个重要组成部分，利用它可以执行各种各样的数据处理、统计分析和辅助决策等操作。Excel现已被广泛地应用于管理、统计、财经、金融等众多领域。从本章开始我们将对Excel 2010的基本操作、数据的输入与编辑操作等内容进行详细的讲解。

本章要点

工作簿的创建

工作表的编辑

各类数据的录入

数据的填充

数据的编辑

单元格的调整

5.1 创建领用登记报表

对于公司的后勤部门来说，采购回来或者是发放到员工手中的每样物品都应该有详细的记录，这样不仅有利于货物的盘点，也可以详细掌握资金的使用情况。下面我们就介绍使用Excel 2010创建办公用品领用登记表的方法。

5.1.1 工作簿的基本操作

初识Excel，应该先掌握工作簿的基本操作，例如如何新建工作簿、如何保存工作簿等。

❶ 新建工作簿

新建工作簿的方法有很多，启动Excel即可自动创建一个包含工作表的工作簿，用户也可根据需要选择其他方式创建工作簿。

（1）新建空白工作簿

步骤01 启动Excel 2010，单击"文件"按钮。

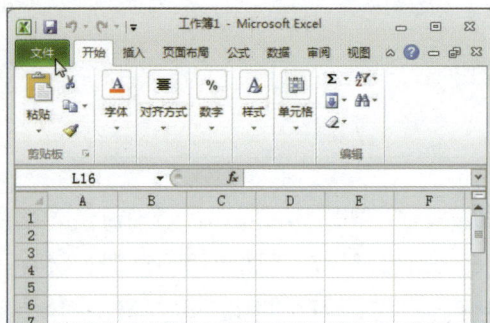

步骤02 打开"新建"选项面板，选择"空白工作簿"选项，单击"创建"按钮，即可创建一个空白工作簿。

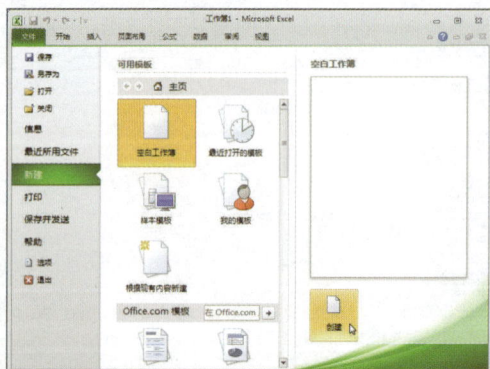

（2）使用模板创建工作簿

步骤01 在"文件"菜单的"新建"选项面板中选择"样本模板"选项。

步骤02 选择合适的模板选项，单击"创建"按钮。

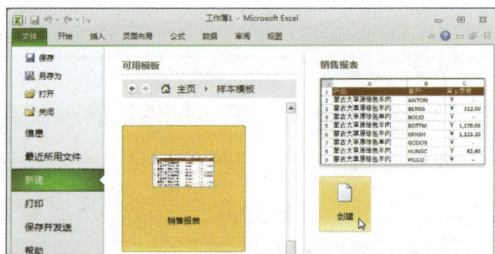

步骤03 系统自动创建该模板工作簿，用户可在此基础上直接修改数据对模板进行利用。

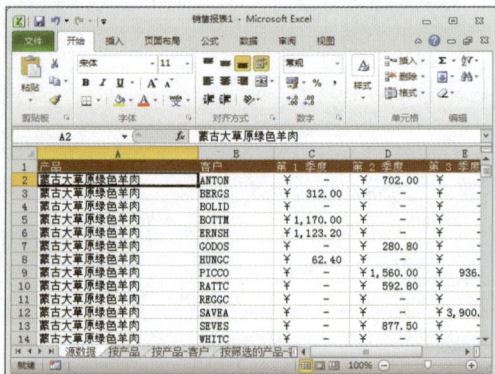

❷ 保存工作簿

创建工作簿后需要将工作簿保存到计算机中，以便下次使用。初次保存应该指定工作簿名称和保存路径。

步骤 01 单击打开"文件"菜单，单击"保存"按钮。

步骤 02 弹出"另存为"对话框，选择好文件的保存位置，在"文件名"文本框中输入"办公用品领用登记表"文本，单击"保存"按钮。

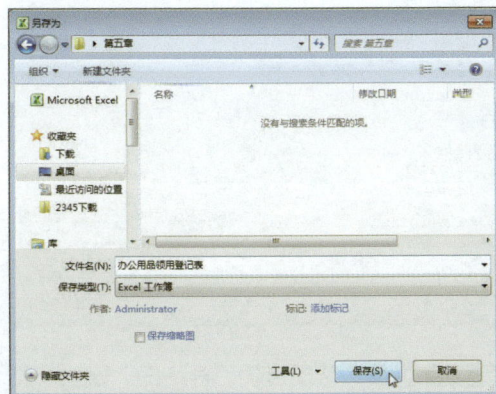

步骤 03 工作簿随即被保存到计算机中指定的位置。对该表实施编辑后，直接单击"快速访问工具栏"中的"保存"按钮即可。

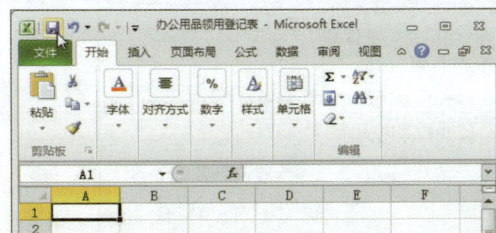

步骤 04 若要重新指定工作簿的保存位置或文件名称，则应在"文件"菜单中单击"另存为"按钮，在"另存为"对话框中进行设置。

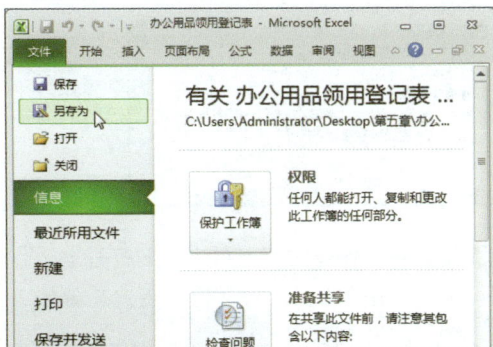

❸ 保护工作簿

为了防止工作表被修改，或者不想让无关的人员查看工作簿的内容，可以对其进行加密保护。

（1）使用密码打开工作簿

步骤 01 在"文件"菜单的"信息"选项面板中单击"保护工作簿"下拉按钮，在展开的列表中选择"用密码进行加密"选项。

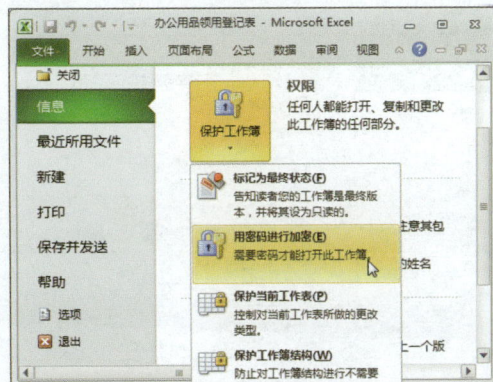

步骤 02 弹出"加密文档"对话框，在"密码"文本框中输入密码，单击"确定"按钮。

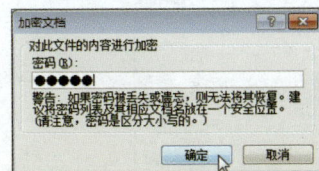

步骤 03 弹出"确认密码"对话框，在"重新输入密码"文本框中再次输入密码，单击"确定"按钮。

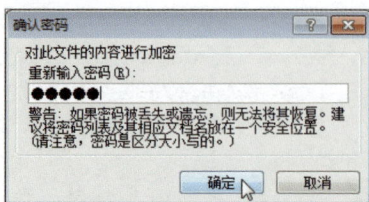

步骤 04 将工作簿关闭，再次试图打开该工作簿时会弹出"密码"对话框，用户需要输入正确的密码才能打开工作簿。

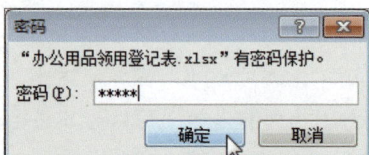

步骤 05 若要取消密码保护则单击"保护工作簿"下拉按钮，在展开的列表中再次选择"用密码进行加密"选项。

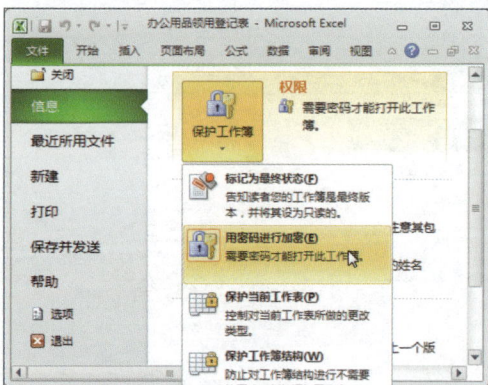

步骤 06 在弹出的"加密文档"对话框中删除密码，单击"确定"按钮即可。

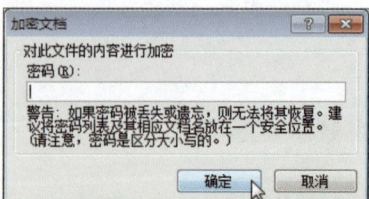

（2）设置打开和修改权限

步骤 01 打开"文件"菜单，单击"另存为"按钮。

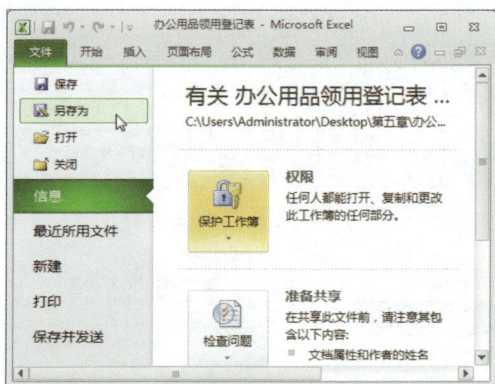

步骤 02 弹出"另存为"对话框，单击"工具"下拉按钮，在展开的列表中选择"常规选项"选项。

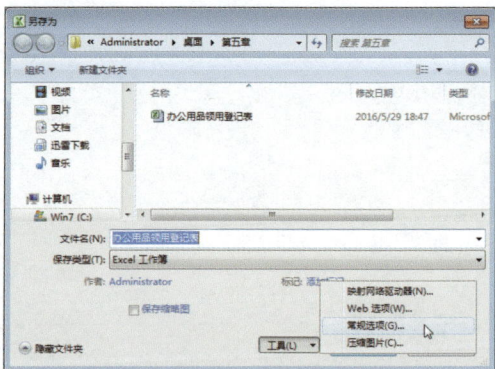

步骤 03 弹出"常规选项"对话框，分别设置"打开权限密码"和"修改权限密码"，单击"确定"按钮。分别在弹出的"确认密码"对话框中确认输入密码。

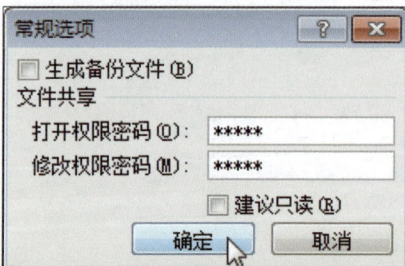

步骤 04 单击"保存"按钮，重新保存工作簿。

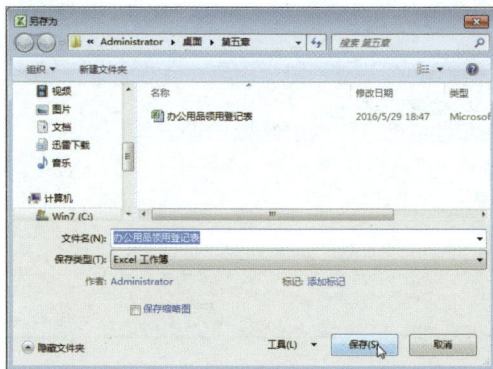

步骤 05 再次打开工作簿时会弹出"密码"对话框，输入正确密码后单击"确定"按钮。

步骤 06 弹出权限密码对话框，若输入正确的密码，则可查看工作簿并能够对内容进行修改。若不知道密码则单击"只读"按钮，以只读方式打开工作簿，在此状态下无法对工作簿进行编辑。

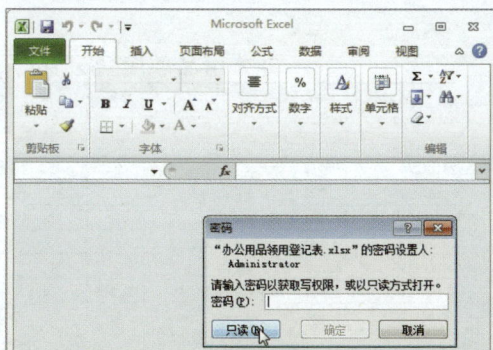

5.1.2 编辑工作表

本小节讲解编辑工作表的相关知识，包括插入、删除、隐藏、移动、复制、保护工作表等内容。

1 插入或删除工作表

Word 2010工作簿默认包含3张工作表，用户还可根据需要继续插入或删除工作表。

步骤 01 打开工作簿，右击工作表标签，在弹出的快捷菜单中选择"插入"选项。

步骤 02 弹出"插入"对话框，在"常用"选项卡中选择"工作表"选项，单击"确定"按钮。

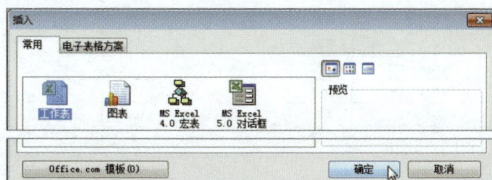

步骤 03 选中工作表左侧随即被插入一个新的空白工作表。单击工作表标签最右侧的"插入工作表"按钮，也可直接插入空白工作表。

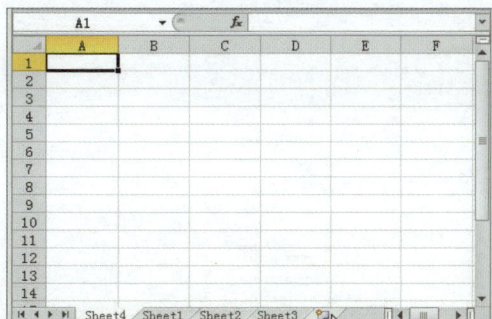

步骤04 若要删除工作表，则右击需要删除的工作表标签，在弹出的快捷菜单中选择"删除"选项即可。

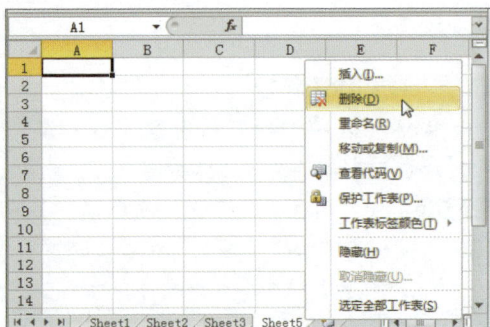

❷ 隐藏工作表

如果不希望工作表中的内容被其他人查看，可以选择将工作表隐藏。

步骤01 右击需要隐藏的工作表标签，在弹出的快捷菜单中选择"隐藏"选项。

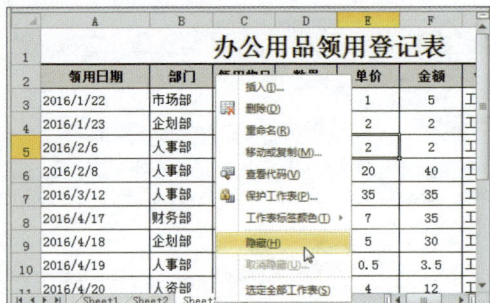

步骤02 选中的工作表随即被隐藏。若要取消隐藏，则右击任意工作表标签，在弹出的快捷菜单中选择"取消隐藏"选项。

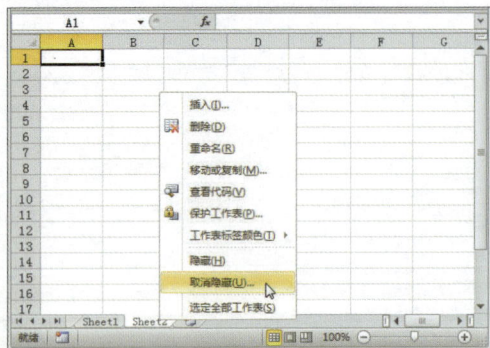

步骤03 弹出"取消隐藏"对话框，选中需取消隐藏的工作表名称，单击"确定"按钮。

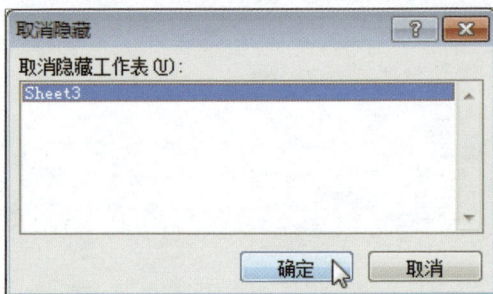

步骤04 被隐藏的工作表随即重新显示在工作簿中。

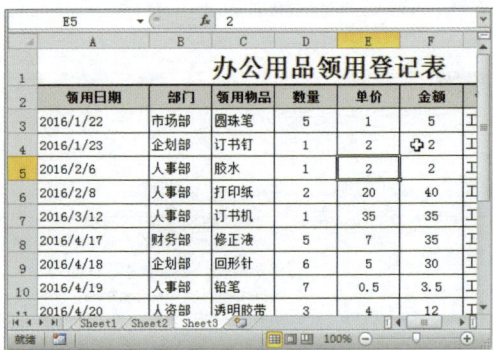

❸ 移动或复制工作表

用户在工作过程中可能需要移动或复制工作表，可在当前工作簿中执行移动或复制，也可将工作表移动或复制到其他工作簿中。

（1）移动工作表

步骤01 右击工作表标签Sheet3，在弹出的快捷菜单中选择"移动或复制"选项。

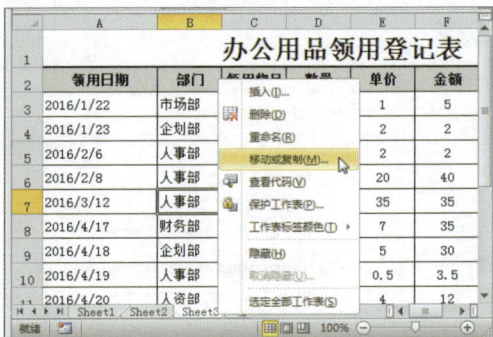

步骤02 弹出"移动或复制工作表"对话框，在"下列选定工作表之前"列表框中选择Sheet1选项。单击"确定"按钮。

（2）复制工作表

步骤01 右击需要复制的工作表标签，在弹出的快捷菜单中选择"移动或复制"选项。

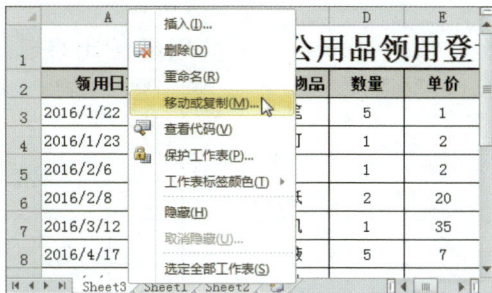

步骤02 打开"移动或复制工作表"对话框，选择好复制工作表要存放的位置，勾选建立副本复选框。

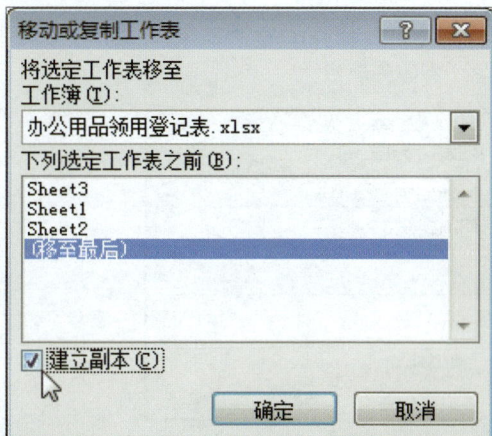

步骤03 工作表Sheet3即被移动到指定工作表Sheet1之前。

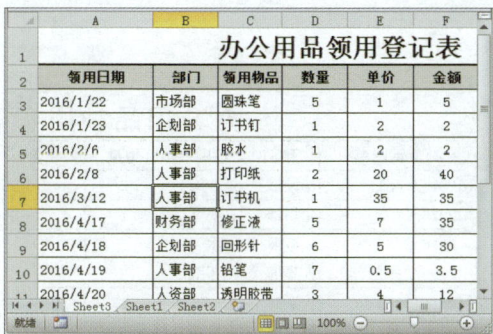

步骤04 选中需要移动的工作表标签，按住鼠标左键不放，移动鼠标也可快速将工作表移动到指定位置。

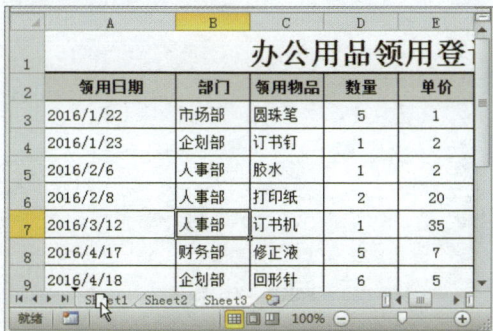

步骤03 单击"确定"按钮，即可将工作表复制到指定位置。

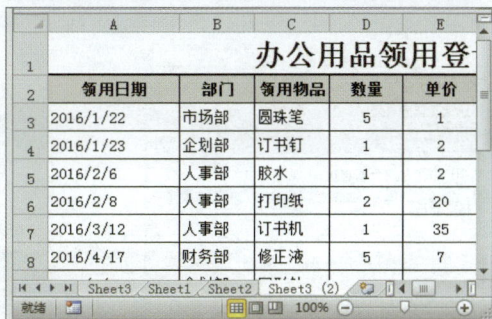

（3）移动或复制工作表到其他工作簿

步骤01 右击工作表标签，在弹出的快捷菜单中选择"移动或复制"选项。

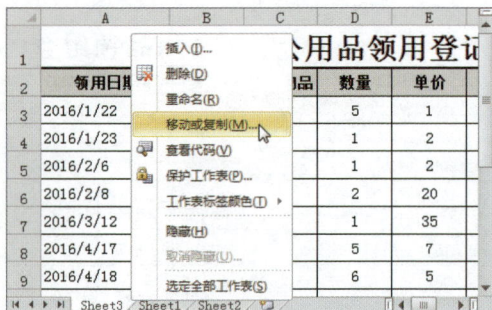

步骤02 弹出"移动或复制工作表"对话框，单击"工作簿"下拉按钮，在展开的列表的中选择目标工作簿。需要注意的是，只有已经在桌面打开的工作簿才能显示在"工作簿"下拉列表中。

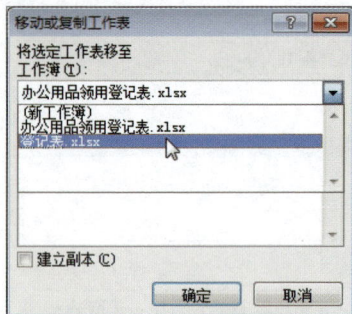

步骤03 单击"确定"按钮即可将工作表移动到指定的工作簿中。若在对话框中勾选"建立副本"复选框，则是将工作表复制到指定工作簿中。

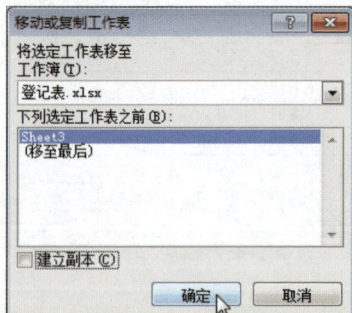

❹ 更改工作表标签名称及颜色

为了在不打开工作表的情况就可以识别工作表中的内容，可以为工作表设置名称。要想让工作表更美观，方便辨认，还可以为标签设置不同的颜色。

步骤01 右击需要重命名的工作表标签，在弹出的快捷菜单中选择"重命名"选项。

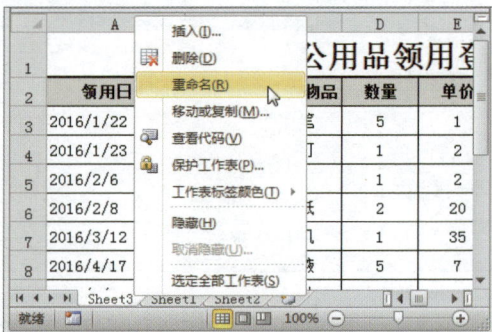

步骤02 标签变为可编辑状态，直接在标签中输入名称即可。

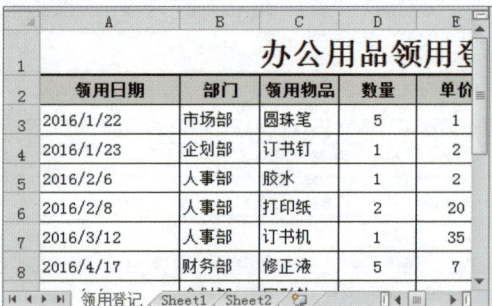

步骤03 双击需要修改名称的工作表标签，也可使标签呈现可编辑状态，然后输入名称。

步骤 04 右击工作表标签，在弹出的快捷菜单中选择"工作表标签颜色"选项，在其下级菜单中选择合适的颜色。

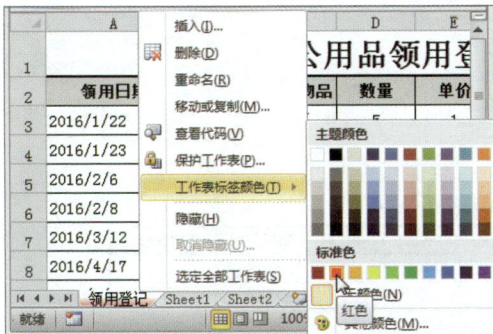

步骤 05 选中的工作表标签即被设置为相应的颜色。

⑤ 保护工作表

为了保证工作表中的内容不被更改，可以对工作表进行保护，也可以将指定区域设置为需要输入密码才能编辑的状态。

步骤 01 打开"审阅"选项卡，在"更改"组中单击"允许用户编辑区域"按钮。

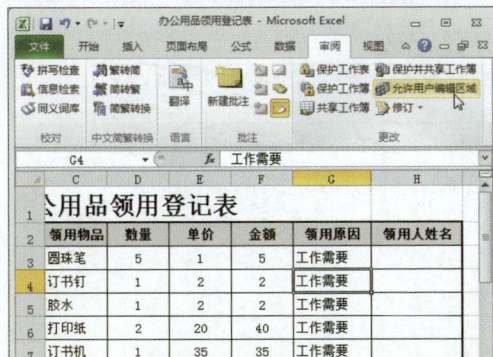

步骤 02 弹出"允许用户编辑区域"对话框，单击"新建"按钮。

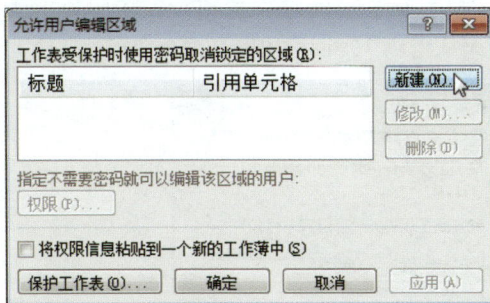

步骤 03 打开"新区域"对话框，单击"引用单元格"文本框右侧折叠按钮，在工作表中选取单元格区域，在"区域密码"文本框中输入密码。单击"确定"按钮。

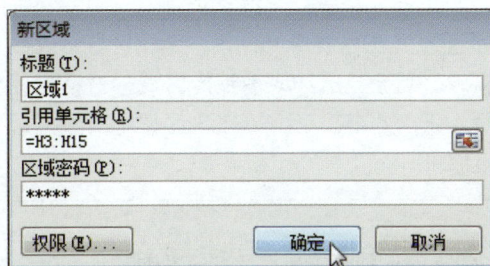

步骤 04 确认输入密码后返回"允许用户编辑区域"对话框，单击"保护工作表"按钮。

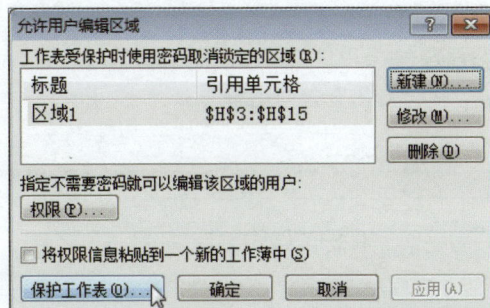

办公助手 **设置密码**

设置密码时要注意，尽量不要用太简单的数字，这样会被轻易破解，用复杂一点的数字组合会更加安全保险。

步骤05 打开"保护工作表"对话框，在"取消工作表保护时使用的密码"文本框中输入密码。单击"确定"按钮，在随后弹出的"确认密码"对话框中确认输入密码。

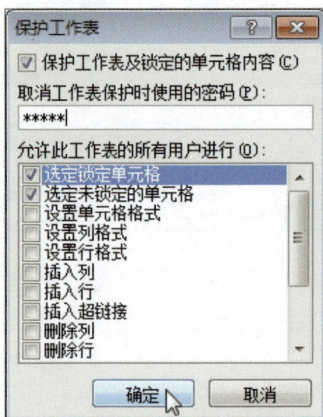

步骤06 在工作表中允许用户编辑区域修改数据时，则会弹出"取消锁定区域"对话框，输入正确的密码后方可在该区域内对数据进行编辑。

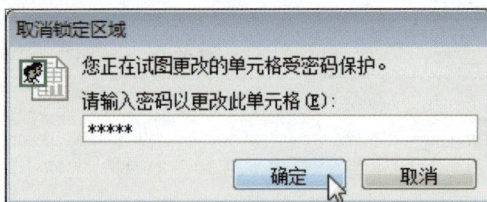

步骤07 如果用户试图修改可编辑区域外的数据，则会弹出警告对话框。

办公助手　保护工作表可选项

保护工作表可选项有"选定锁定单元格"、"选定未锁定单元格"、"设置单元格格式"、"设置列格式"、"设置行格式"、"插入超链接"等。

步骤08 若要取消工作表保护，则在"审阅"选项卡下"更改"组中单击"撤消工作表保护"按钮。

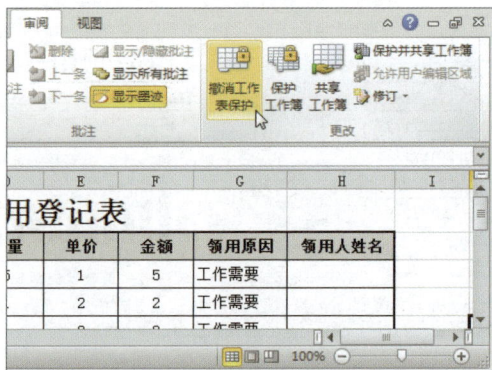

步骤09 在弹出的"撤消工作表保护"对话框中输入当初设置的密码，单击"确定"按钮即可。

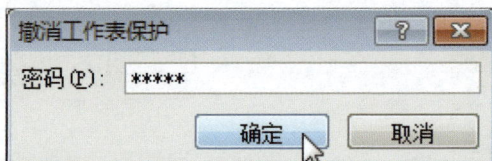

步骤10 直接单击"审阅"选项卡下"更改"组中的"保护工作表"按钮，然后设置密码，可以直接对整个工作表进行保护。

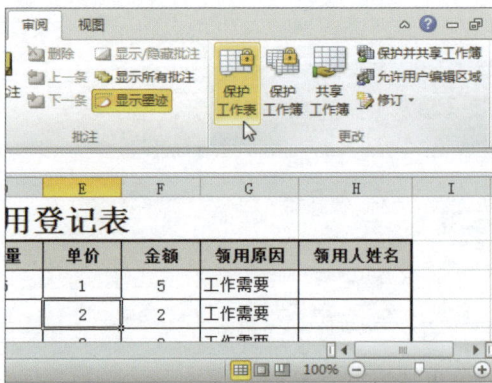

5.2 制作办公用品领用表

对工作簿和工作表有了基本的了解后，便可在工作表中制作所需的表格了。下面我们将通过制作办公用品领用登记表，来了解在工作表中输入编辑数据及对单元格进行编辑的方法。

5.2.1 输入数据

在Excel中输入的数据常见的类型有文本、数值、货币、日期、时间、百分比等。用户需要针对不同的数据类型设置相应的单元格格式。

❶ 输入常规数据

Excel 2010单元格中默认的数据输入类型为常规型，该类型数据没有特定的格式。

选中需要输入数据的单元格即可直接向该单元格中输入数据，输入完成之后，按Enter键可切换到下方单元格继续输入数据。常规型数据的对齐方式默认为左对齐。

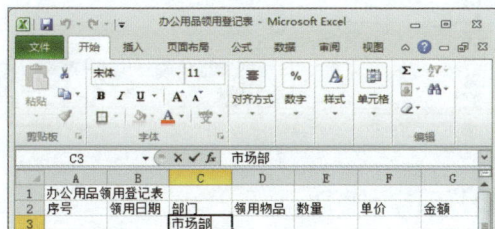

❷ 为数值添加小数点

在输入金额型数值的时候，通常会在数值后添加小数点，下面介绍为数值添加小数点的方法。

步骤01 选中单元格，在键盘上按数字键输入数值，按Enter键切换到下方单元格。

步骤02 选中需要设置小数点的数值所在单元格区域，右击，在弹出的快捷菜单中选择"设置单元格格式"选项。

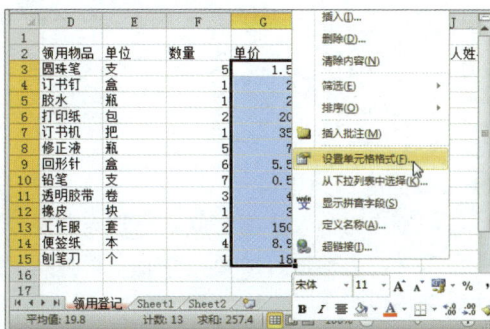

步骤03 打开"设置单元格格式"对话框，在"分类"列表框中选择"数值"选项。在"小数位数"数值框中输入"2"，单击"确定"按钮。

步骤04 选中的数值随即被设置为了两位小数的小数点。

步骤05 在"开始"选项卡的"数字"组中单击"增加小数位数"或"减少小数位数"按钮，可以快速增加或减少小数位数。

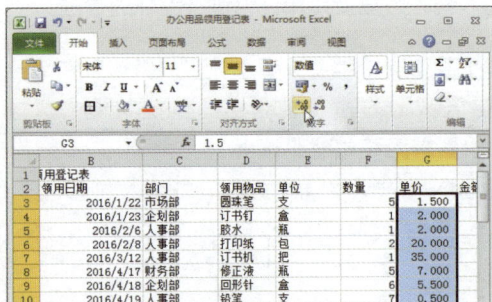

③ 为数值添加货币符号

在制作财务表格的时候，通常需要用到货币符号，手动输入货币符号会大大降低工作效率，下面介绍几种简单的方法。

（1）使用选项卡命令按钮添加

步骤01 选中需要添加货币符号的数据，打开"开始"选项卡，在"数字"组中单击"会计数字格式"下拉按钮，选择"中文"选项。

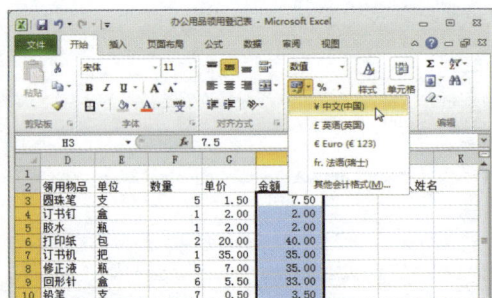

步骤02 选中的数据前面即被添加了中文货币符号。

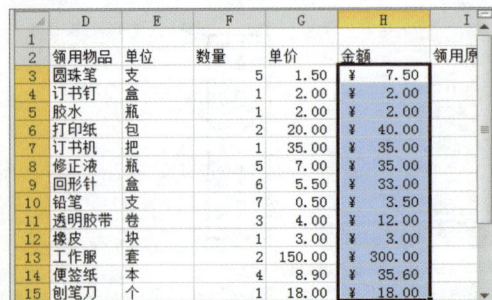

（2）使用对话框设置

步骤01 右击选中的数据，在弹出的快捷菜单中选择"设置单元格格式"选项。

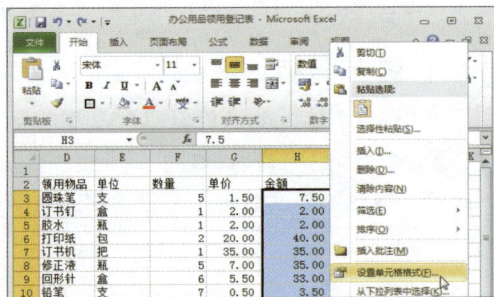

步骤02 弹出"设置单元格格式"对话框。在"数字"选项卡的"分类"列表框中选择"货币"选项，在"货币符号"下拉列表中选择"¥"选项，单击"确定"按钮即可。

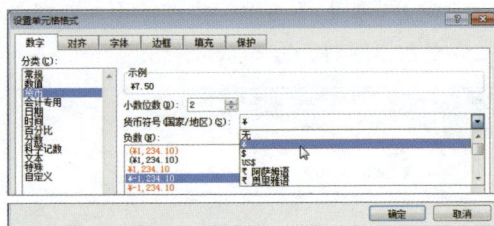

④ 快速输入日期

用户在编辑不同表格的时候，可能会对所输入的日期格式有不同的要求，那么怎样才能快速输入符合要求的日期格式呢？下面将做详细介绍。

步骤01 选中需要输入日期的单元格区域，打开"开始"选项卡，单击"数字"组中的"对话框启动器"按钮。

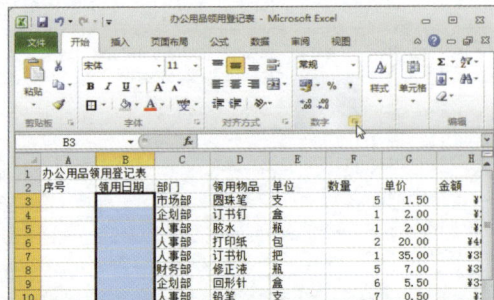

步骤02 弹出"设置单元格格式"对话框，打开"数字"选项卡，在"分类"列表框中选择"日期"选项，在"类型"列表框中选择合适的日期类型，单击"确定"按钮。

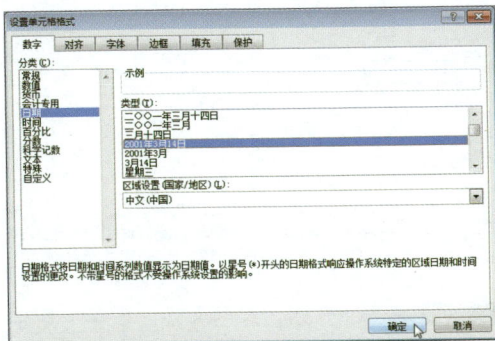

步骤03 在选中的单元格区域中，输入日期"2016/5/30"。

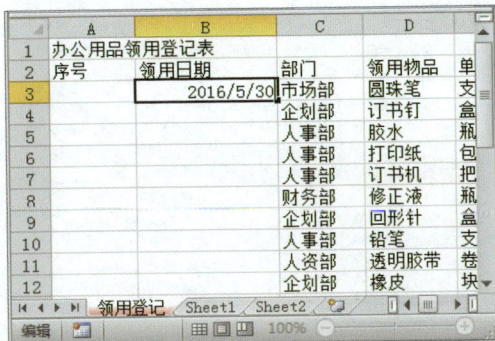

步骤04 按Enter键，单元格中的日期随即变为对话框中选择的日期类型。

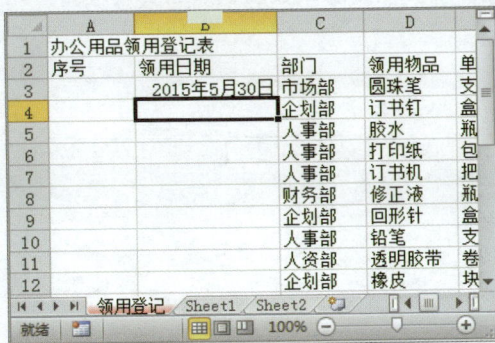

⑤ 输入其他类型数据

在Excel中还经常会输入一些其他类型数据，例如输入身份证等超过11位数的数据，输入以0开头的数据、输入百分比数值、输入当前时间和当前日期等。

（1）输入身份证号码

步骤01 通常情况下在单元格中输入超过11位数的数值，会自动转换成科学计数格式。

步骤02 用户可以选中需要设置格式的单元格区域，按Ctrl+1组合键，打开"设置单元格格式"对话框，在"数字"选项卡下"分类"列表框中选择"文本"选项。

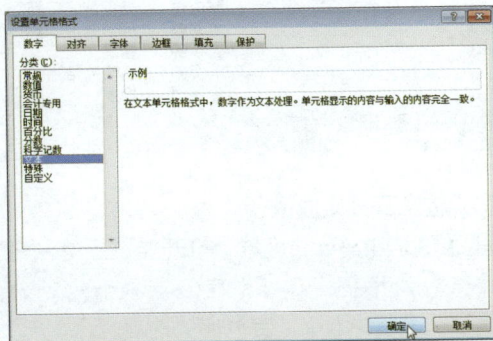

步骤03 单击"确定"按钮，返回工作表，在选中单元格区域内输入身份证号码，即可将数值全部显示出来。

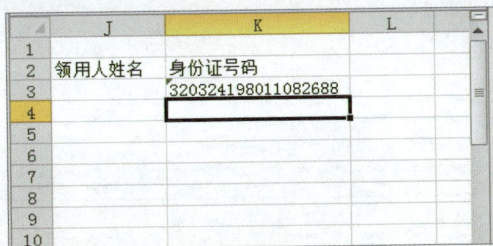

（2）输入以0开头的数值

步骤01 在单元格中先输入英文半角状态下的单引号"'"，然后输入0开头的数值。

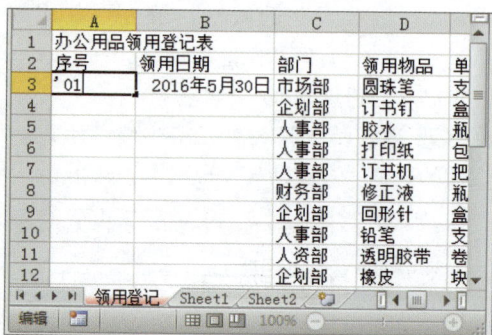

步骤02 按下Enter键，单元格中的数值即可将开头的0显示出来。

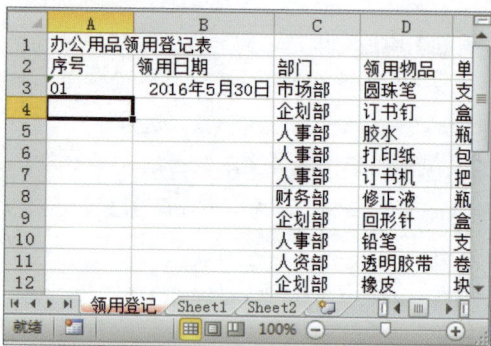

（3）输入百分比数值

步骤01 选中单元格区域，打开"设置单元格格式"对话框，在"数字"选项卡的"分类"列表框中选择"百分比"选项。

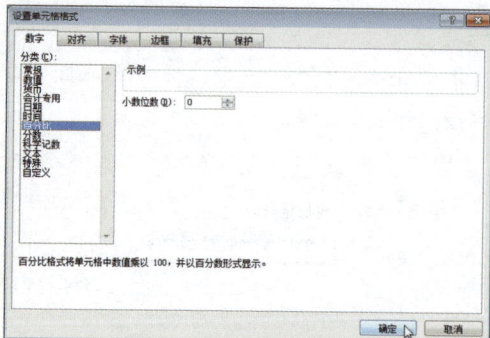

步骤02 在选中单元格区域内输入的数值，后面自动添加百分比符号。

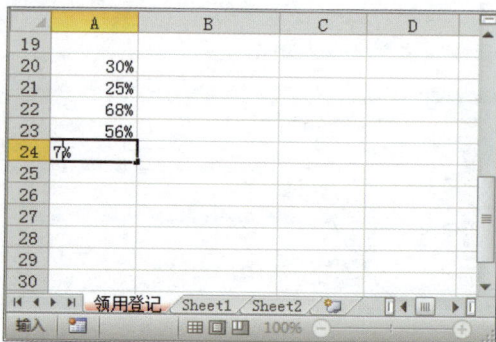

步骤03 单击"开始"选项卡下"数字"组中的"百分比样式"按钮，也可以快速为数据设置百分比格式。

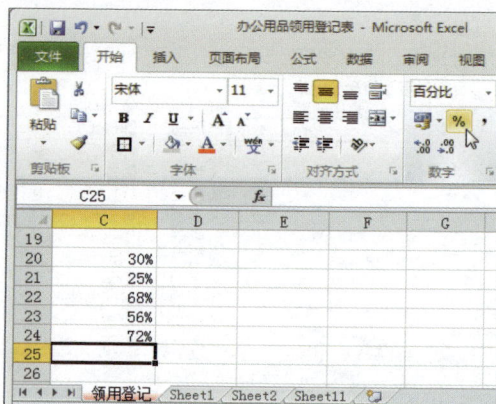

（3）快速输入当前时间和日期

步骤01 按Ctrl+；组合键，可快速向单元格中输入当前日期。

步骤02 按Ctrl+Shift+;组合键，可快速向单元格内输入当前时间。

⬛	A	B	C	D
16				
17				
18		2016/5/31	14:55	
19				
20				
21				
22				
23				
24				
25				
26				
27				

领用登记 / Sheet1 / Sheet2 / Sheet11

步骤03 在单元格内输入公式"=NOW()"。

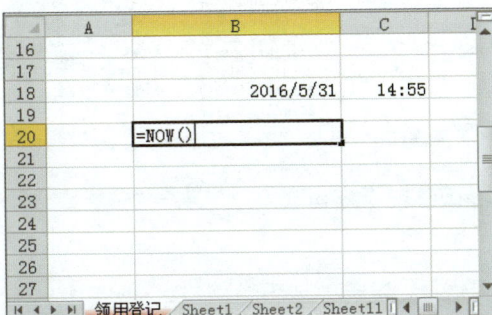

⬛	A	B	C
16			
17			
18		2016/5/31	14:55
19			
20		=NOW()	
21			
22			
23			
24			
25			
26			
27			

领用登记 / Sheet1 / Sheet2 / Sheet11

步骤04 按下Enter键，即可快速向单元格内输入当前时间和日期。

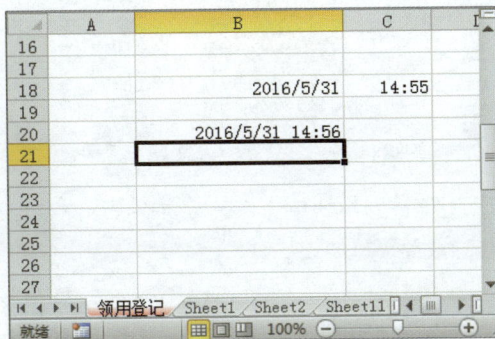

⬛	A	B	C
16			
17			
18		2016/5/31	14:55
19			
20		2016/5/31	14:56
21			
22			
23			
24			
25			
26			
27			

领用登记 / Sheet1 / Sheet2 / Sheet11
就绪　　　　　　　　100%

❻ 输入特殊符号

有时候需要向表格中输入符号，这时候可以通过"符号"命令按钮来插入，具体方法如下：

步骤01 单击"插入"选项卡下"符号"组中的"符号"按钮。

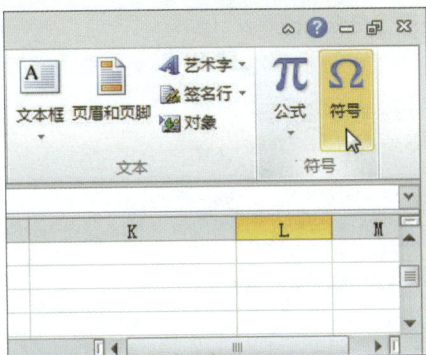

步骤02 弹出"符号"对话框，在该对话框中选择合适的符号，单击"插入"按钮即可向单元格中插入相应的符号。

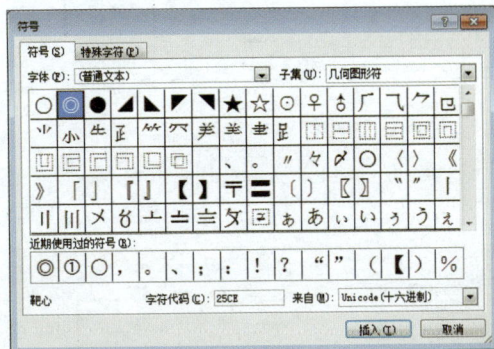

❼ 删除数据

如果输入了错误的数据，或者不再需要某些数据内容可以将数据删除。

（1）使用快捷键删除

按Backspace键即可将单元格内的数据删除。按Delete键可将选中区域内的单元格数据删除。

⬛	D	E	F	G	H	
1						
2	领用物品	单位	数量	单价	金额	领用
3	圆珠笔	支	5	1.50		
4	订书钉	盒	1	2.00	¥2.00	
5	胶水	瓶	1	2.00	¥2.00	
6	打印纸	包	2	20.00	¥40.00	
7	订书机	把	1	35.00	¥35.00	
8	修正液	瓶	5	7.00	¥35.00	
9	回形针	盒	6	5.50	¥33.00	
10	铅笔	支	7	0.50	¥3.50	
11	透明胶带	卷	3	4.00	¥12.00	
12	橡皮	块	1	3.00	¥3.00	
13	工作服	套	2	150.00	¥300.00	
14	便签纸	本	5	8.90	¥44.50	
15	裁笔刀	个	1	18.00	¥18.00	
16						

领用登记 / Sheet1 / Sheet2 / Sheet11

（2）使用命令按钮删除

选中需要删除数据的单元格区域，打开"开始"选项卡，在"编辑"组的"清除"下拉列表中选择"清除内容"选项。

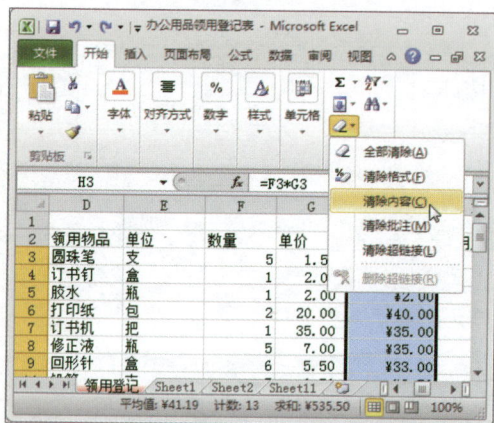

（3）使用右键快捷菜单删除

选中需要删除数据的单元格区域右击，在弹出的快捷菜单中选择"清除内容"选项。

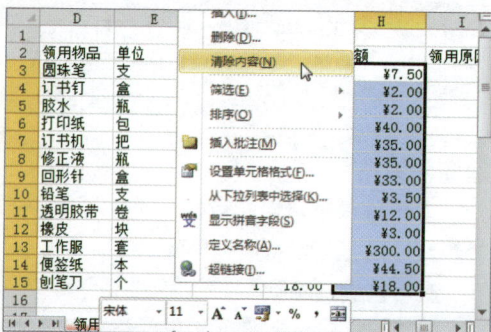

办公助手　数据的删除

删除错误的数据其实很简单，可以使用快捷键删除，也可以使用命令按钮删除，还可以使用右键快捷菜单删除，这三种方式都很实用，在实际应用中可以采取任意一种方式进行对数据的删除操作。

5.2.2　填充数据

在工作表中输入数据之后，用户还可以对数据进行填充，快速完成数据的录入。

❶ 相同数据的自动填充

当需要在相邻单元格中输入相同的数据时，为了提高工作效率，可以使用自动填充功能对数据进行填充。

步骤01 在单元格A3中输入1，将光标置于单元格右下角，当光标变为"田"形状时按住鼠标左键不放。

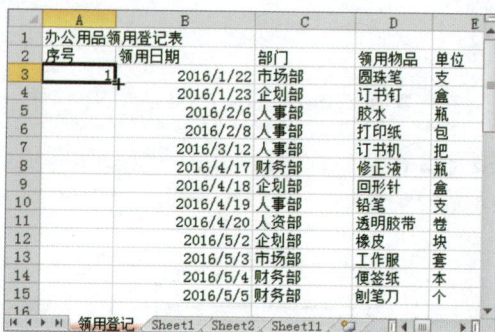

步骤02 向下拖动鼠标，至合适的位置后松开鼠标左键。

步骤03 被选中的单元格区域内均被填充了相同的数值。

❷ 有序数据的自动填充

根据单元格中所输数据的类型，可以快速依照规律填充数据到相邻的单元格中。

（1）创建序列后拖动填充

步骤01 在单元格A3中输入"1"，在单元格A4中输入"2"，选中"A3:A4"单元格区域，将光标置于单元格右下角。

步骤02 按住鼠标左键不放，向下拖动鼠标，至合适的位置后松开鼠标左键。

步骤03 被鼠标拖动选中的单元格区域随即被序列填充。

（2）使用组合键拖动填充

步骤01 在单元格A3中输入"1"，然后将光标置于单元格右下角，当光标变为"⊞"形状时按住Ctrl键和鼠标左键。

步骤02 向下拖动鼠标，至合适的位置后松开鼠标左键。

步骤03 选中区域随即被序列填充。

（3）使用"自动填充选项"命令按钮填充

步骤01 在A3单元格中输入"1"，将光标置于单元格右下角，光标变为"田"形状时按住鼠标左键向下拖动至合适的位置。

步骤02 单元格A3中的数值即被复制到选中单元格内，单击"自动填充选项"下拉按钮，在展开的列表中选择"填充序列"单选按钮。

步骤03 选中单元格区域内的数值随即变为序列填充。

（4）使用"序列"对话框填充

步骤01 选中单元格A1，打开"开始"选项卡，在"编辑"组中单击"填充"下拉按钮，选择"系列"选项。

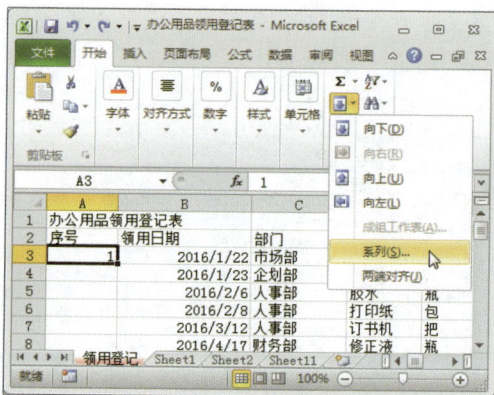

步骤02 弹出"序列"对话框，在"序列产生在"组中选中"列"单选按钮，在"类型"组中选中"等差序列"单选按钮，在"终止值"数值框中输入"13"。

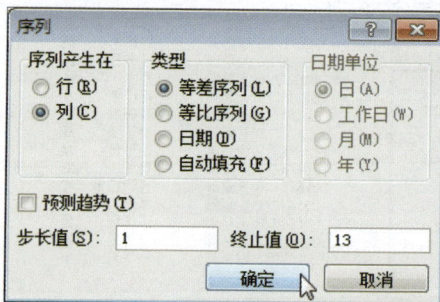

步骤03 单击"确定"按钮，自选中单元格向下被序列填充至数值13。

❸填充非连续单元格数据

在工作表中输入数据的时候，有时需要在多个不相邻的单元格内输入相同的数据，这时候可以使用组合键快速输入。

步骤01 按住Ctrl键依次单击需要输入相同数据的单元格。

步骤02 在最后一个被选中的单元格区域内输入数值。

步骤03 按下Ctrl+Enter组合键，即可在选中单元格中填充相同的数值。

5.2.3　编辑数据

在编辑数据时还有许多你意想不到的小技巧，利用这些技巧不仅可以使数据处理变得轻松，也可以在很大程度上提高工作效率。

❶查找和替换数据

查找和替换是数据编辑处理过程中常用的操作，使用查找和替换功能可以很方便地批量查找或替换错误的数据。

步骤01 打开"开始"选项卡，在"编辑"组中单击"查找和选择"下拉按钮，在展开的列表中选择"查找"选项。

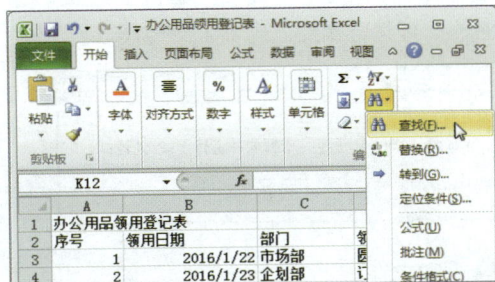

步骤02 弹出"查找和替换"对话框，在"查找"选项卡的"查找内容"文本框中输入需要查找的内容。

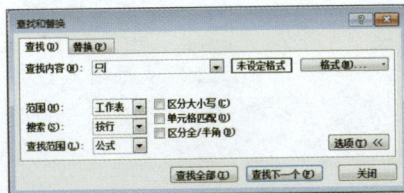

步骤03 单击"全部查找"按钮，即可查找到工作表中所有符合条件的内容。

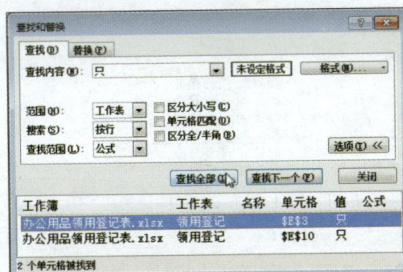

步骤04 切换到"替换"选项卡，在"替换为"文本框中输入替换内容，单击"全部替换"按钮。

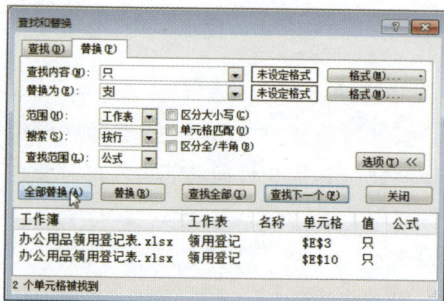

步骤05 弹出提示对话框，单击"确定"按钮，即可将查找到的内容全部替换。

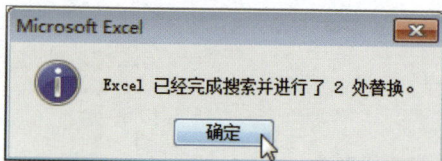

❷添加批注

当用户需要对单元格内容进行备注说明的时候，可以为该单元格添加批注。Excel 2010中添加批注的方法不止一种，下面就做详细介绍。

（1）使用选项卡添加

步骤01 选中需要添加批注的单元格，打开"审阅"选项卡，在"批注"组中单击"新建批注"按钮。

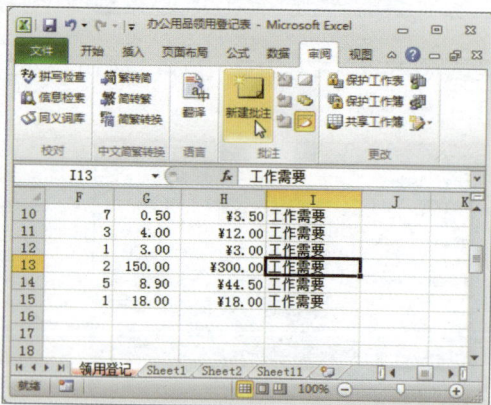

步骤02 单元格右侧出现一个批注文本框，在该文本框中输入批注内容即可。

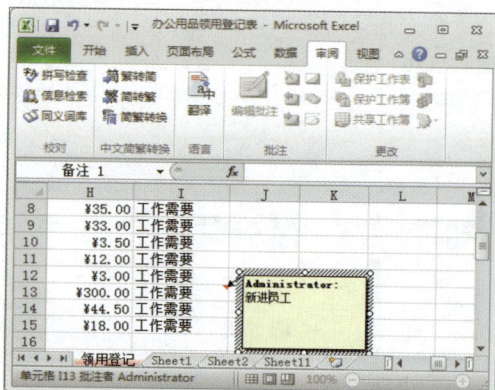

步骤03 在之后的操作中，当将光标指向添加了批注的单元格即可显示出批注内容。

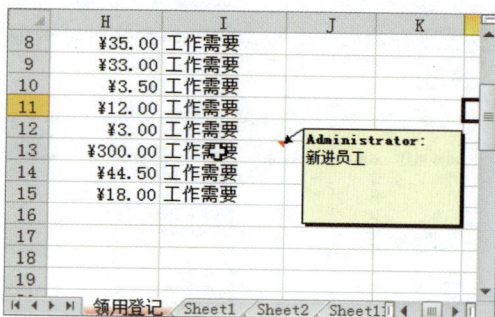

（2）使用右键快捷菜单添加

选中需要添加批注的单元格并右击，在弹出的快捷菜单中选择"插入批注"选项，也可以为单元格添加批注文本框。

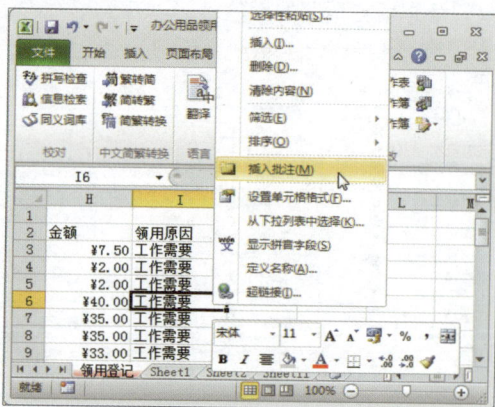

❸ 编辑和打印批注

在单元格中插入批注后，用户还可以对其进行修改、隐藏等操作，在打印工作表的时候还可以将批注打印出来。

（1）修改批注

步骤 01 选中批注所在单元格，打开"审阅"选项卡，在"批注"组中单击"编辑批注"按钮。

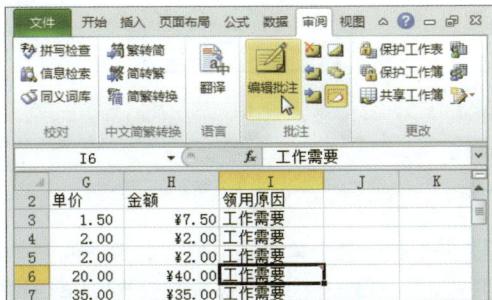

步骤 02 批注文本框呈可编辑状态，在文本框中修改批注内容即可。

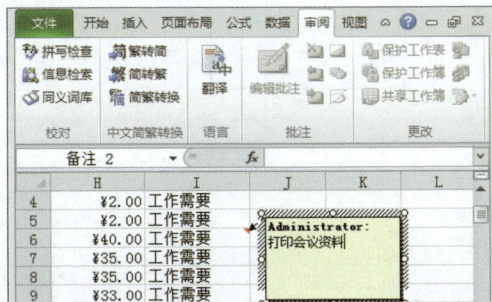

（2）显示或隐藏批注

步骤 01 打开"审阅"选项卡，在"批注"组中单击"显示所有批注"按钮，即可将工作表中的所有批注显示出来。

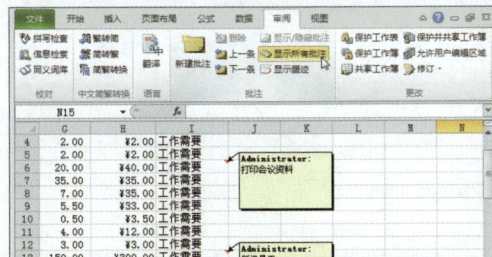

步骤 02 选中批注所在单元格，单击"批注"组中的"显示/隐藏批注"按钮，可将批注隐藏。再次单击该按钮可将批注显示出来。

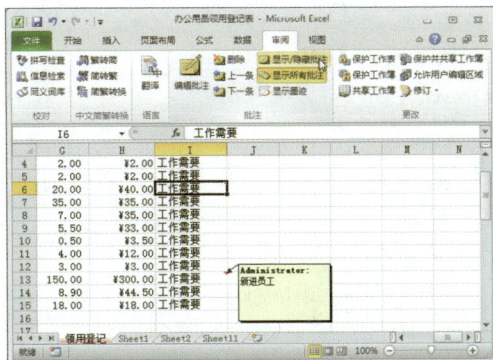

步骤 03 选中批注所在单元格，在"批注"组中单击"删除"按钮即可删除批注。

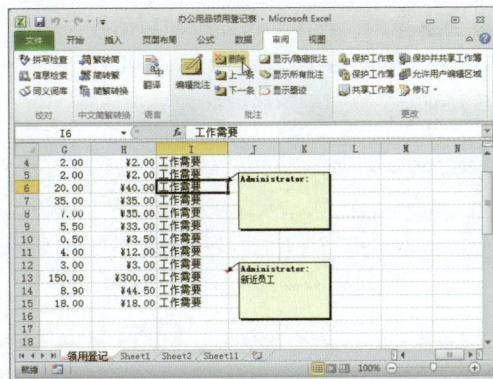

（3）打印批注

步骤 01 选中批注所在单元格，打开"页面布局"选项卡，单击"页面设置"组中的"对话框启动器"按钮。

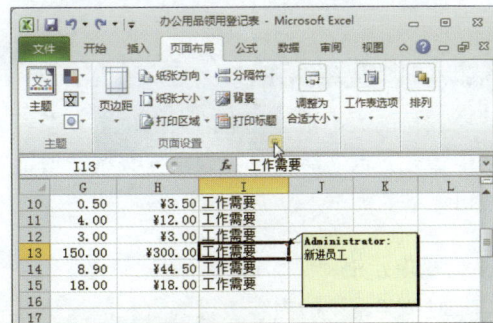

步骤02 弹出"页面设置"对话框，打开"工作表"选项卡，单击"批注"下拉按钮，选择"如同工作表中的显示"选项。

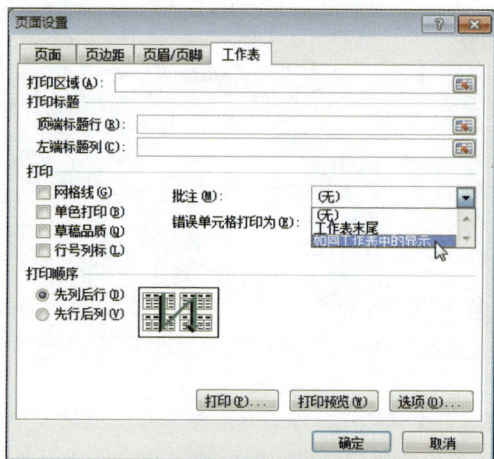

步骤03 单击"确定"按钮关闭对话框，将需要打印的批注设置为显示状态。在打印预览页面可以查看到批注的打印效果。

办公助手 关于打印批注

表格中的批注有时需要打印出来，这就需要对"页面设置"对话框有比较熟悉的认识，其中包含"页面"、"页边距"、"页眉/页脚"、"工作表"四个选项卡，里面的各项内容需要熟练掌握。

5.2.4 调整单元格

表格的大小由单元格的大小决定。在表格中输入数据之后，还应该根据数据类型调整单元格的大小。

❶选取单元格

对单元格中的内容进行编辑的前提是选

中单元格，用户需要根据编辑需要选取相应单元格。

步骤01 单击单元格即可选中该单元格。单击单元格并按住鼠标左键不放，拖动鼠标可选中与该单元格相邻的单元格区域。

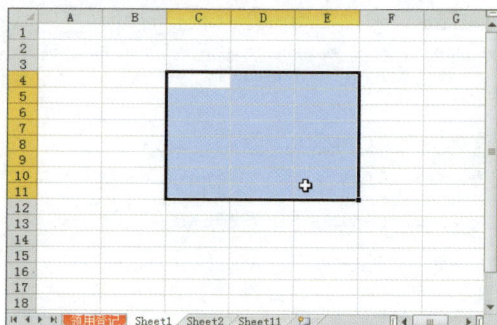

步骤02 选中某个单元格，按Shift键的同时单击另外一个单元格，可选中以这两个单元格为对角线的单元格区域。

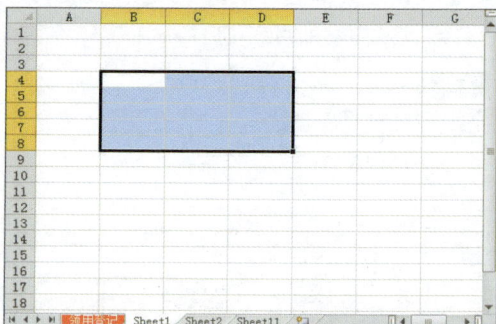

步骤03 按住Ctrl键，可同时选取多个不相邻单元格区域。

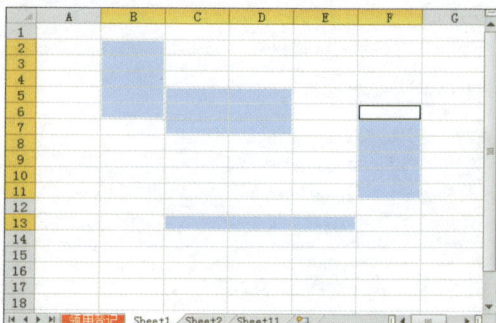

步骤 04 将光标移至列坐标上，单击B列则选中整个B列，按住鼠标左键不放拖动鼠标可选中与B列相邻的更多列。

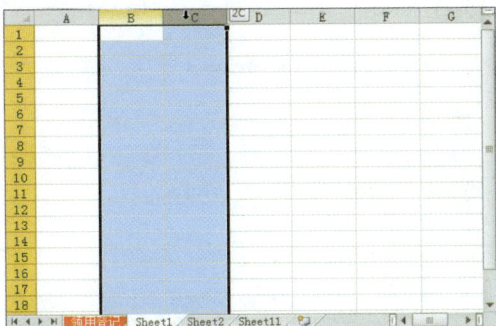

以实现单元格之间的快速切换，下面就介绍这些组合键的切换结果。

组合键	切换结果
Enter	从选中单元格向下移动
Shift+Enter	从选中单元格向上移动
Home	移动到当前行的第一个单元格
Ctrl+Home	移动到单元格A1
Shift+Tab	在中区域中从左向右移动

步骤 05 将光标移至行坐标上。单击7行则将整个第7行选中，按住鼠标左键不放向下拖动鼠标可选中与第7行相邻的更多行。

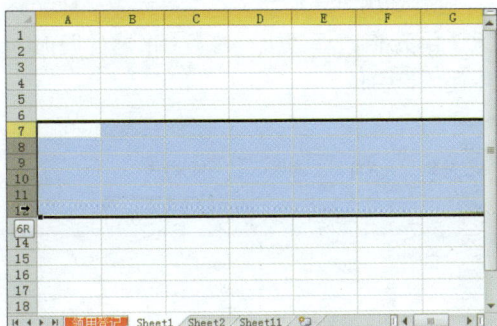

默认情况下，按Enter键可移动到下方一个单元格，用户也可以根据实际需要设置Enter键的移动方向。

在"文件"菜单中选择"选项"选项，打开"Excel选项"对话框，打开"高级"选项面板，在"方向"下拉列表中选择Enter键的移动方向。

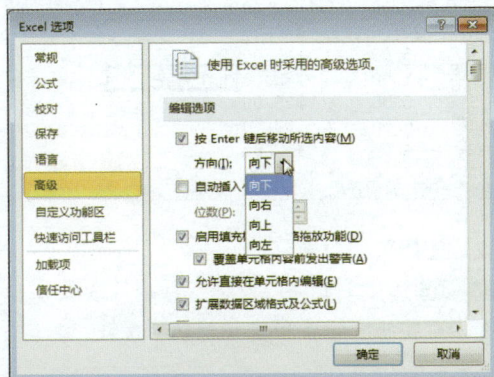

步骤 06 单击表格的左上角按钮，或者按组合键Ctrl+A可选中整个工作表。

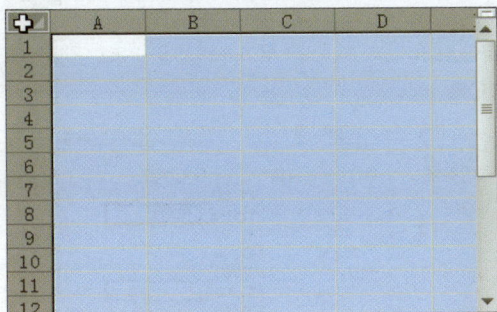

❸ 移动和复制单元格
在表格中编辑重复的内容时，为了节约时间可以使用移动或复制功能。

（1）使用鼠标拖动移动

步骤 01 选中需要移动的单元格，将光标置于单元格边框线上，光标变为"⊞"形状。

❷ 单元格之间的切换
在输入和编辑数据的时候，在各单元格之间切换是最常见的操作，使用组合键就可

步骤02 按住鼠标左键不放拖动鼠标，将单元格移动到合适的位置。

步骤03 松开鼠标左键，选中的单元格即被移动到了目标位置。

（2）使用剪切功能移动

步骤01 选中单元格，打开"开始"选项卡，在"剪贴板"组中单击"剪切"按钮。

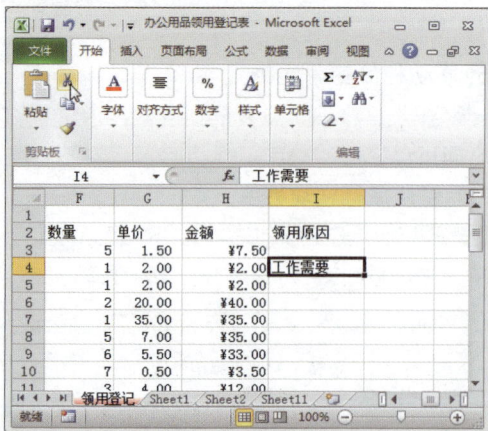

步骤02 选中需要移动到的单元格，单击"粘贴"下拉按钮，选择"粘贴"选项即可。

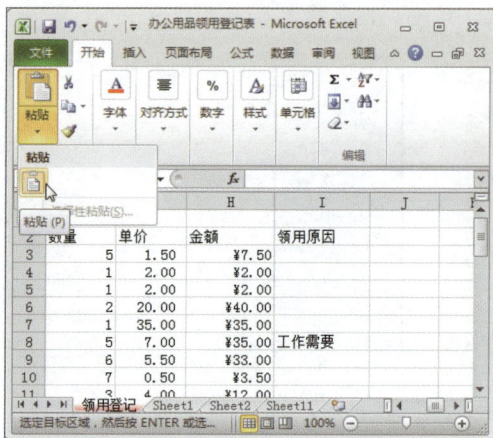

（3）使用鼠标拖动复制

步骤01 选中需要移动位置的单元格，将光标置于单元格边框线上，按住Ctrl键的同时，按住鼠标左键。

步骤02 拖动鼠标将单元格移动至目标单元格位置。

步骤03 松开鼠标左键即可将选中单元格复制到目标单元格。

（4）使用复制功能复制

步骤01 选中单元格，在"开始"选项卡的"剪贴板"组中单击"复制"按钮。

步骤02 将光标定位到新的单元格中，单击"粘贴"下拉按钮，在展开的列表中选择"保留源格式"选项即可。

❹ 插入或删除单元格

　　在编辑数据时，有时需要向表格中插入新的单元格，这时候可以使用"插入"命令进行插入。也可以向表格中插入整行或整列。

（1）使用选项卡命令插入

步骤01 选中单元格，在"开始"选项卡的"单元格"组中单击"插入"下拉按钮，在展开的列表中选择"插入单元格"选项

步骤02 弹出"插入"对话框，选中"活动单元格下移"单选按钮，单击"确定"按钮。

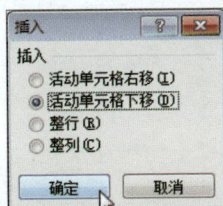

步骤03 自选中单元格起，本列中的所有单元格均向下移动一个单元格。

步骤 04 若在"插入"下拉列表中选择"插入工作表行"或"插入工作表列"选项，可以分别向工作表中插入整行和整列。

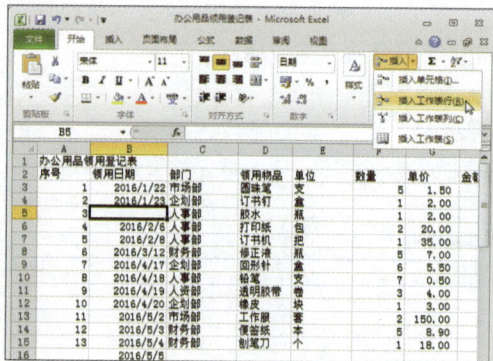

步骤 05 单击"单元格"组中的"删除"下拉按钮，在展开的列表中选择相应的选项，可以对工作表中的单元格、行或列进行删除。

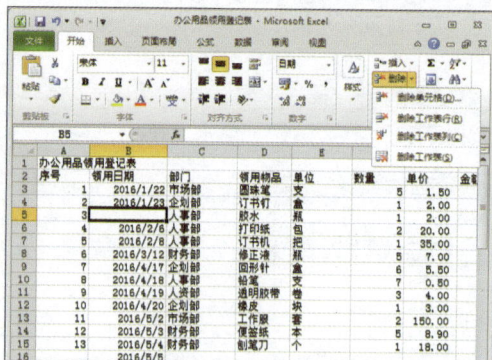

（2）使用右键快捷菜单插入

步骤 01 选中单元格并右击，在弹出的快捷菜单中选择"插入"选项。

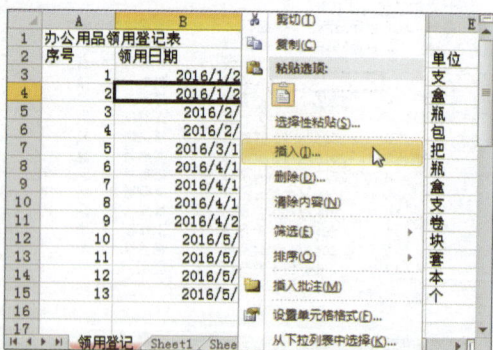

步骤 02 弹出"插入"选项卡，在该选项卡中选中不同的单选按钮，可以向工作表中插入单元格、行或列。

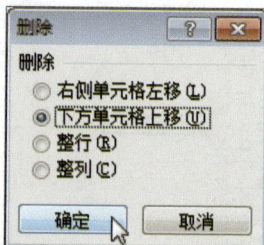

步骤 03 右击需要删除的单元格，在弹出的快捷菜单中选择"删除"选项。

步骤 04 在弹出的"删除"对话框中选择合适的单选按钮，可进行相应的删除操作。

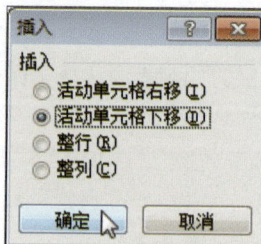

❺ 调整行高和列宽

若默认的行高和列宽不能满足用户的编辑需要，可根据实际情况调整行高和列宽。

（1）快速调整行高和列宽

步骤 01 将光标移动至列坐标上，在两列相邻的位置光标会变为"⊞"形状。单击并按住鼠标左键不放拖动鼠标。

步骤 02 调整到合适宽度时松开鼠标，该列的宽度即得到了相应的调整。

步骤 03 将光标移动至行坐标两行相邻的位置，按住鼠标左键拖动鼠标可以调整行高。

(2) 精确调整行高和列宽

步骤 01 选中需要调整行高的单元格区域，在"开始"选项卡的"单元格"组中单击"格式"下拉按钮，在展开的列表中选择"行高"选项。

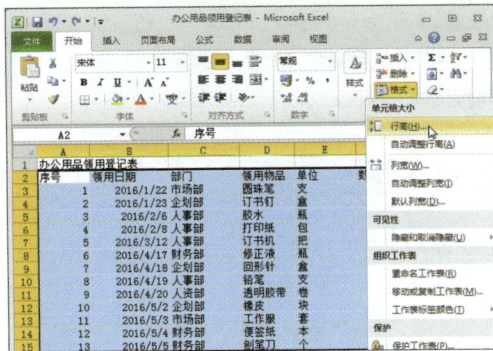

步骤 02 弹出"行高"对话框，在"行高"数值框中输入数值，单击"确定"按钮。

步骤 03 选中区域的单元格行高随即得到了相应的调整。

步骤 04 选中需要调整列宽的列中的任意单元格，在"格式"下拉列表中选择"列宽"选项。

步骤05 弹出"列宽"对话框，在"列宽"数值框中输入数值，单击"确定"按钮。

步骤06 选中单元格所在列的宽度随即得到精确的调整。

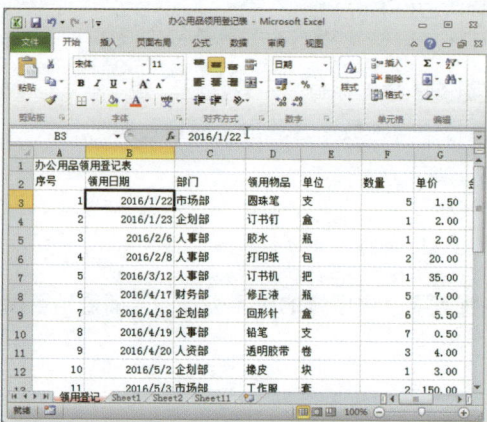

6 合并单元格

在编辑表格标题等内容的时候通常需要将多个单元格合并成一个单元格，下面我们就来学习合并单元格的方法。

步骤01 选中需要合并的单元格区域，打开"开始"选项卡，在"对齐方式"组中单击"合并后居中"下拉按钮，在展开的列表中选择"合并后居中"选项。

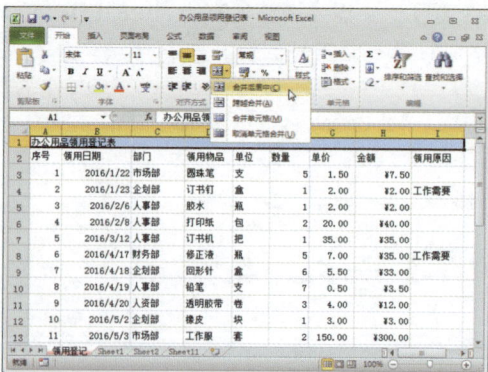

步骤02 选中区域的单元格随即被合并为一个单元格，且单元格内的文本被居中显示。

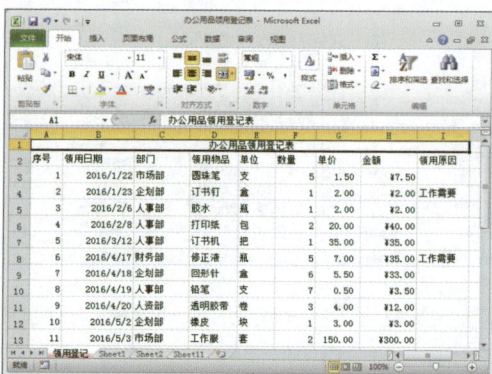

步骤03 若需要取消合并，则选中合并的单元格，单击"合并后居中"下拉按钮，在展开的列表中选择"取消单元格合并"选项。

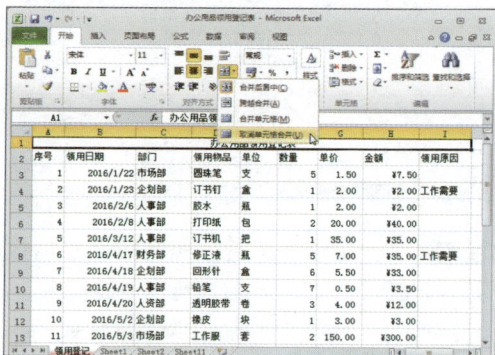

5.2.5 美化表格

在对表格的后期处理中，对表格的美化是非常重要的，经过合理美化的表格会给人很舒心的感觉。表格的美化内容包括对文本字体格式以及对其方式的处理、对表格表框及底纹的应用等。

1 设置字体及段落格式

我们可以通过修改字体、字号、字体颜色、文字加粗等改变字体的格式。

步骤01 选中标题单元格，打开"开始"选项卡，在"字体"组中单击"字体"下拉按钮，在展开的列表中选择"黑体"选项。

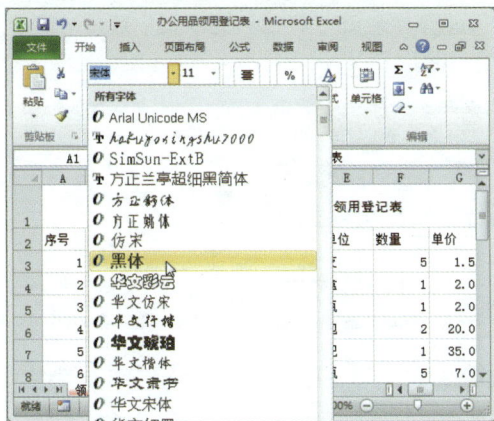

择"加粗"选项。单击"颜色"下拉按钮，在展开的列表中选择合适的字体颜色。

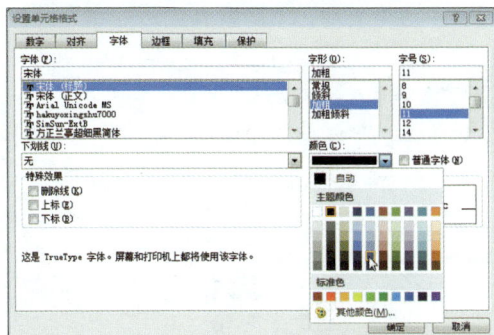

步骤 02 单击"字号"下拉按钮，在展开的列表中选择"20"选项。

步骤 03 选中A2:I2单元格区域并右击，在快捷菜单中选择"设置单元格格式"选项。

步骤 04 弹出"设置单元格格式"对话框，打开"字体"选项卡，在"字形"列表框中选

步骤 05 切换到"对齐"选项卡，单击"水平对齐"下拉按钮，在展开的列表中选择"居中"选项。单击"确定"按钮。

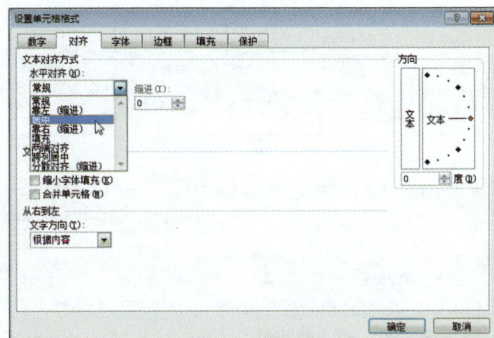

步骤 06 选中A3:I15单元格区域，在"对齐方式"组中单击"居中"按钮。

❷ 添加边框和底纹

为表格设置合适的边框和底纹，会使表格看上去更美观，下面就介绍边框和底纹的应用方法。

步骤01 选中A3:I15单元格区域，单击"开始"选项卡下的"字体"组中的"边框"下拉按钮，在展开的列表中选择"其他边框"选项。

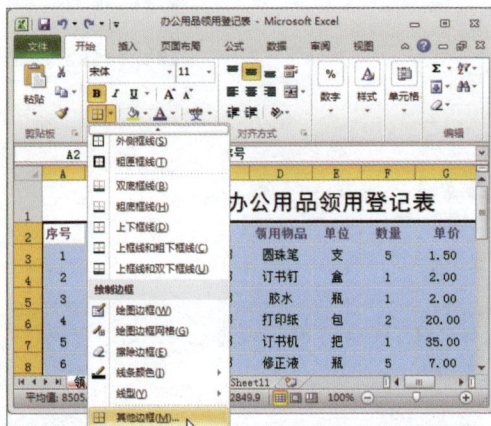

步骤02 弹出"设置单元格格式"对话框，在"边框"选项卡的"线条"组中的"样式"列表框中选择合适的样式。

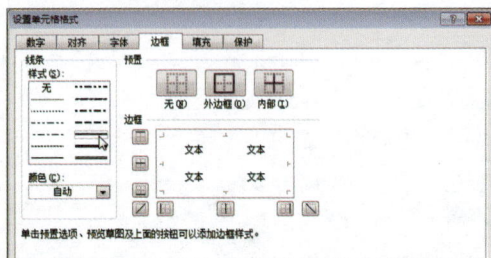

步骤03 在"预设"组中单击选中"外边框"选项。

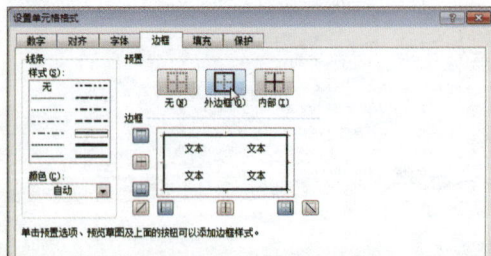

步骤04 重新在"样式"列表框中选择一个虚线样式。

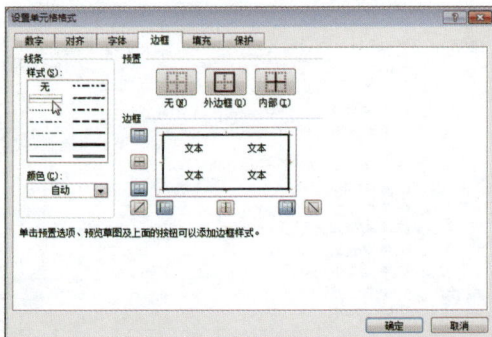

步骤05 在"预设"组中选择"内部"选项，单击"确定"按钮关闭对话框。

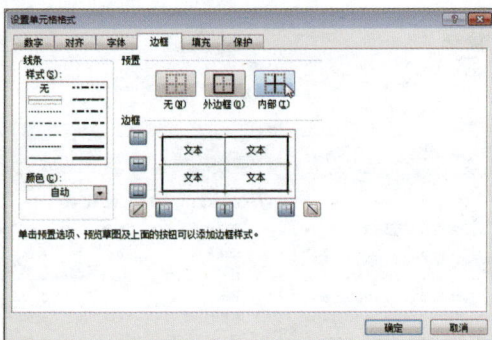

步骤06 选中A2:I2单元格区域，在"开始"选项卡的"字体"组中单击"填充颜色"下拉按钮，在展开的列表中选择合适的颜色。

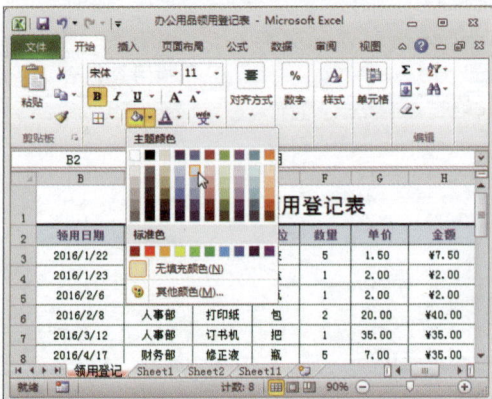

步骤07 选中区域的单元格即被设置了边框和底纹。

❸ 使用单元格样式

使用Excel内置的单元格样式，可以快速设置某些单元格区域的样式。

步骤01 选中D3:D15单元格区域，在"开始"选项卡的"样式"组中单击"单元格演示"下拉按钮，在展开的列表中选择合适的样式，即可为选中的区域设置该样式。

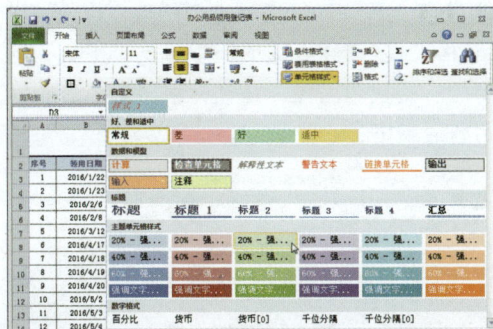

步骤02 用户还可以自定义单元格样式。在"单元格样式"下拉列表中选择"新建单元格样式"选项。

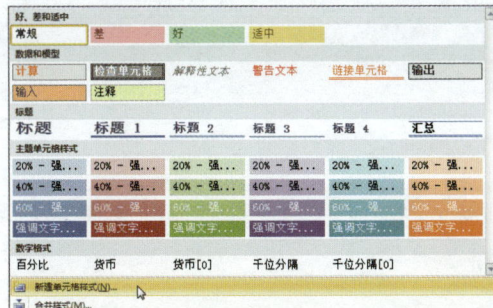

步骤03 弹出"样式"对话框，单击"格式"按钮。

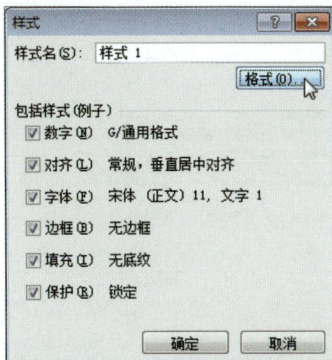

步骤04 打开"设置单元格格式"对话框，在"字体"选项卡中设置字体、字形、字号、字体颜色等。

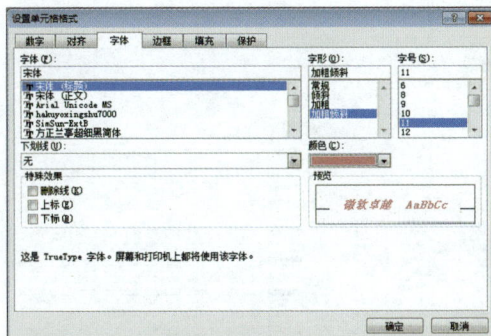

步骤05 切换到"填充"选项卡，选择合适的背景色，单击"确定"按钮。

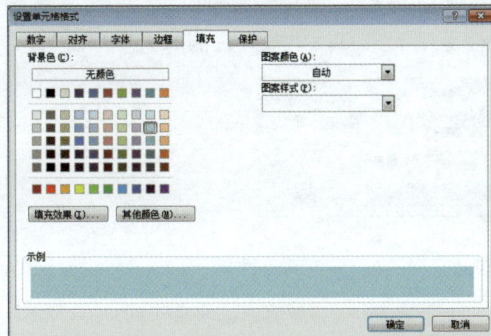

步骤06 再次打开"单元格格式"下拉列表，单击自定义的单元格样式即可使用该样式。

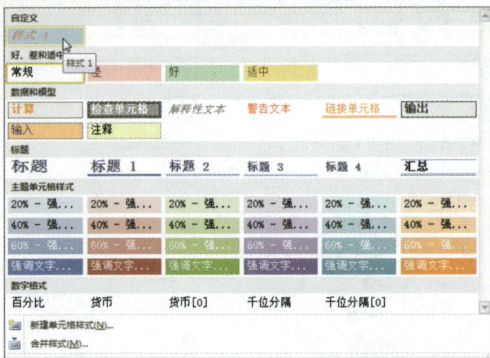

❹ 套用表格格式

为表格套用内置的格式，可以快速美化表格，下面介绍具体方法。

步骤01 在"开始"选项卡的"样式"组中单击"套用表格格式"下拉按钮，在展开的列表中选择合适的选项。

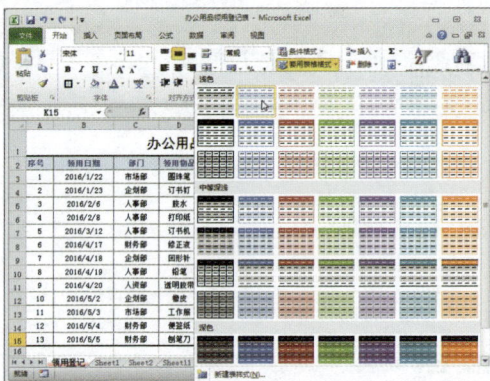

步骤02 弹出"套用表格式"对话框，单击"表数据的来源"文本框右侧的折叠按钮。

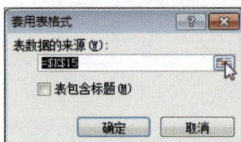

步骤03 单击并按住鼠标左键不放拖动鼠标，在工作表中选取A2:I15单元格区域。

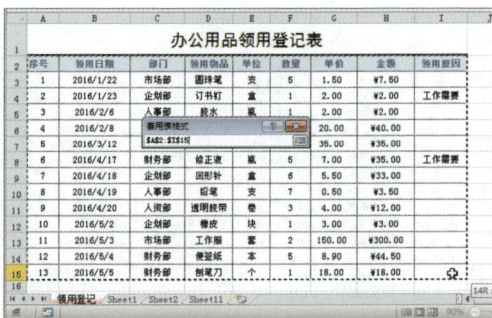

步骤04 再次单击文本框右侧的折叠按钮，返回"创建表"对话框。单击"确定"按钮。

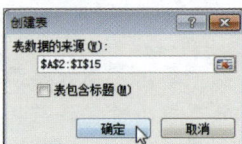

步骤05 工作表随即应用选中的表格样式。在"表格工具-设计"选项卡中单击"工具"组中的"转换为区域"按钮，可将汇总表转换为普通表格。

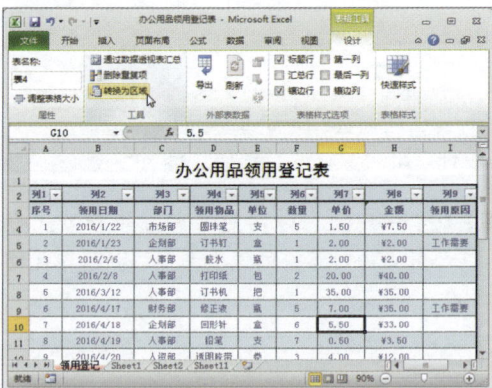

Chapter

06

公式与函数的应用

本章概述

Excel强大的数据处理功能不仅在于对数据的编辑和分析，还在于其计算功能。Excel的计算功能依赖于公式函数，应用公式和函数可以轻松地对复杂的数据进行运算，从而提高用户在制作复杂表格时的工作效率和准确率。

本章要点

公式的应用

公式的审核

函数的应用

数组公式

单元格的引用

数据有效性的设置

数据有效性的编辑

6.1 制作销售利润统计表

商品销售之后，为了统计出总营业额和销售利润，可在Excel中制作销售利润统计报，以便利用公式和函数快速统计出准确的销售数据。下面介绍在Excel中利用函数和公式对数据进行运算的方法。

6.1.1 输入公式

使用公式对数据进行计算的时候需要先在单元格内输入公式，输入公式的方法有很多，用户可以根据实际需要选择最便捷的方式。

❶ 手动输入

在以任何方式输入公式之前都需要先在单元格内输入"="，然后再输入公式。

步骤01 单击选中在单元格F3，然后输入"="符号。

步骤02 继续输入"C3*D3"，表示C3和D3这两个单元格内的数据相乘。

步骤03 按Enter键，单元格内即可显示计算结果。

❷ 引用单元格输入

在输入比较长的公式时，为节约时间，提高输入的准确度，可直接引用单元格进行输入，这也是输入公式比较常用的方法。

步骤01 在单元格G3中输入"="，然后单击单元格"F3"，表示向G3单元格中引用F3单元格的数据。

步骤02 在G3单元格内的"="后手动输入"-()"，然后将光标定位在括号内，单击C3单元格。继续输入"*"后再单击E3单元格。

步骤03 公式输入完成之后，按Enter键，G3单元格内即显示出计算结果。

❸ 复制公式

为了减少工作量，可以将公式复制到其他单元格中。

（1）使用复制命令复制

步骤01 选中单元格F3，打开"开始"选项卡，在"剪贴板"组中单击"复制"按钮。

步骤02 选中单元格F4，单击"剪贴板"组中的"粘贴"下拉按钮，在展开的列表中选择"公式"选项。

步骤03 单元格F3中的公式随即被粘贴到单元格F4中，并在单元格中显示运算结果。

（2）使用鼠标拖动复制

步骤01 选中单元格F4，将光标置于单元格边框右下角控制柄上，光标变为"田"形状时单击并按住鼠标左键不放向下拖动鼠标。

步骤02 松开鼠标左键，鼠标拖动过的单元格中即被复制了公式并计算出结果。

④ 显示公式

在工作表中输入公式后，默认只显示公式的计算结果，当用户需要查看所使用公式时可以通过设置将公式显示出来。

步骤01 打开含有公式的工作表，打开"公式"选项卡，在"公式审核"组中单击"显示公式"按钮。

步骤02 工作表中所有的公式随即显示出来。若要取消公式显示，则再次单击"显示公式"按钮。

⑤ 隐藏公式

输入公式之后如果不希望其他人查看公式的引用位置，可以将公式隐藏，只显示计算结果。

步骤01 选中需要隐藏公式的单元格区域并右击，在弹出的快捷菜单中选择"设置单元格格式"选项。

步骤02 弹出"设置单元格格式"对话框，打开"保护"选项卡，勾选"隐藏"复选框。单击"确定"按钮。

步骤03 返回工作表，打开"审阅"选项卡，在"更改"组中单击"保护工作表"按钮。

步骤 04 弹出"保护工作表"对话框，不做任何更改，单击"确定"按钮。

步骤 05 选中之前含有公式的任意单元格，编辑栏中将不再显示公式。

步骤 06 若要取消公式的隐藏，则选中隐藏公式的单元格区域，在"审阅"选项卡中单击"撤消工作表保护"按钮。

步骤 07 按Ctrl＋1组合键打开"设置单元格格式"对话框，在"保护"选项卡中取消"隐藏"复选框的勾选。

步骤 08 单击"确定"按钮关闭对话框。工作表中的公式随即重新显示。

6.1.2　函数的应用

Excel 2010提供了强大的函数功能，使用函数可以对数据进行统计、汇总以及数据提取等。下面就将介绍向表格中输入函数的方法。

❶ 手动输入函数

对于一些变量函数或者是比较简单的函数，我们可以直接手动输入。

步骤 01 选中单元格H3，输入"＝PRO"，在输入的过程中会出现一个列表，显示出所有以PRO开头的函数，双击需要的函数。

步骤 02 该函数即被自动输入到单元格中，并显示出该函数的相关参数。

步骤 03 输入第一个参数C3，然后输入英文状态下的逗号，输入第二个参数E3，最后输入右括号")"。

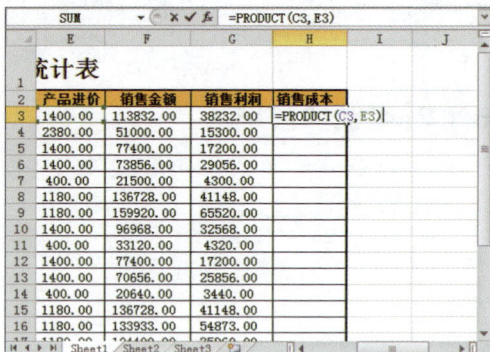

步骤 04 按下Enter键，单元格H3中自动计算出了结果。

步骤 05 选中单元格H3，单击并按住右下角控制柄向下拖动，复制公式至单元格H22。

2 在编辑栏中输入

在编辑栏中也可以手动输入函数，在输入"="之后编辑栏左侧的名称框会变为函数栏，在下拉列表中可以选择常用的函数。

步骤 01 选中单元格H23，在编辑栏中手动输入"="。

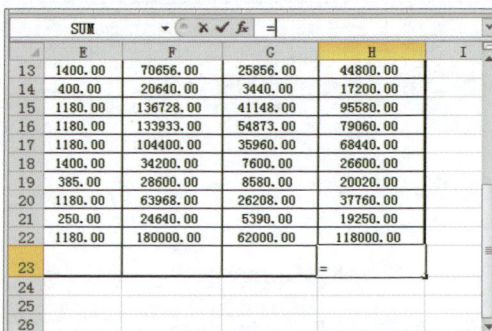

步骤 02 单击编辑栏左侧函数下拉按钮，在展开的列表中选择合适的函数。

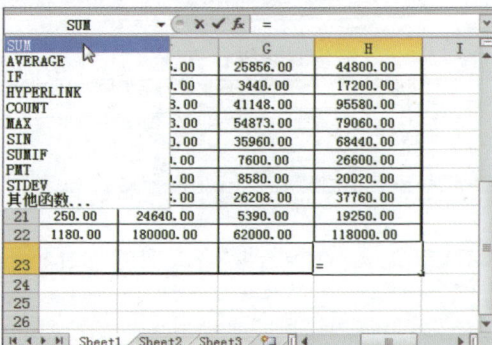

步骤03 弹出"函数参数"对话框，在"Number1"文本框中输入参数，单击"确定"按钮。

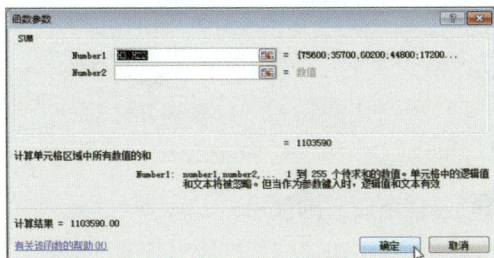

步骤04 选中单元格中随即根据函数计算并显示出计算结果。

❸ 使用对话框插入函数

对于参数较多比较复杂的函数，为了手动输入产生错误，用户可以使用函数向导来输入。

步骤01 选中单元格F23，打开"公式"选项卡，在"函数库"组中单击"插入函数"按钮。

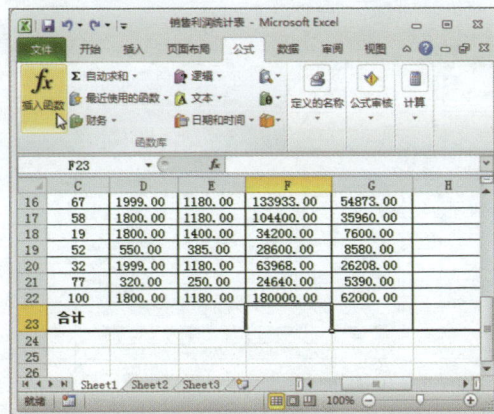

步骤02 弹出"插入函数"对话框，在"选择函数"列表框中选中需要的函数，然后单击"确定"按钮。

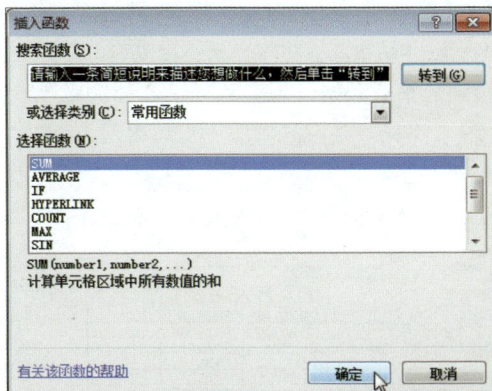

步骤03 打开"函数参数"对话框，在其中设置"Number1"的范围为"F3:F22"，单击"确定"按钮。

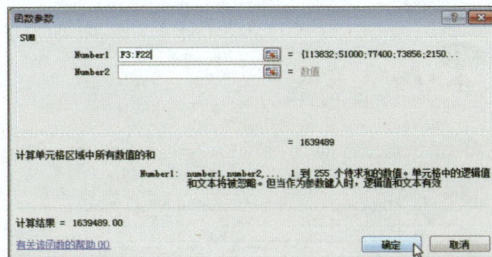

步骤04 返回工作表，选中单元格内自动计算出了结果。

❹ 使用自动计算

在数据处理时比较常见的操作有求和、

平均值、计数、最大值、最小值等。在对数据进行这些运算的时候可以使用自动计算功能来完成。

步骤01 选中单元格G23，打开"公式"选项卡，在"函数库"组中单击"自动求和"下拉按钮，在展开的列表中选择"求和"选项。

步骤02 选中单元格中自动输入求和函数，函数默认对单元格上方的数值进行计算。

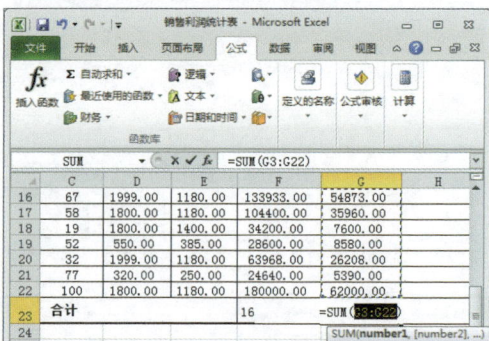

步骤03 按下Enter键，单元格中即可显示出计算结果。再次选中单元格G23，在编辑栏中可以查看到计算公式。

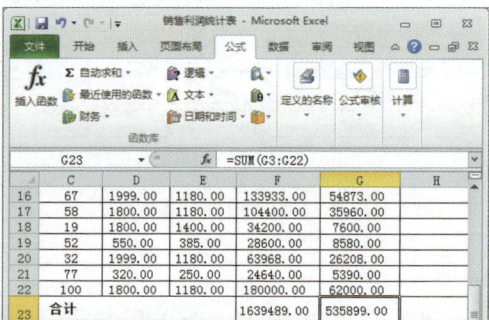

6.1.3 审核公式

在大型的表格中对数据进行处理时往往会应用到大量的公式或函数，用户可以使用工具对多个单元格数据进行实时监视查看，在遇到运算异常的情况时，还可以对公式进行检查。

① "监视窗口"的使用

在Excel 2010中可以使用"监视窗口"随时对多个单元格中的公式数值的变化，以及单元格中使用的公式和地址信息进行查看。

步骤01 打开"公式"选项卡，在"公式审核"组中单击"监视窗口"按钮。

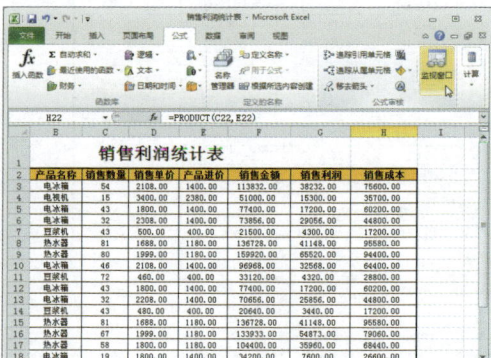

步骤02 弹出"监视窗口"对话框，单击"添加监视"按钮。

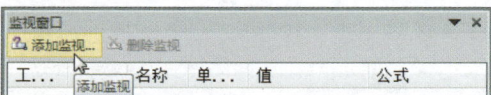

步骤03 打开"添加监视点"对话框，在工作表中选中单元格，向"选择您想监视其值的单元格"文本框中添加该单元格地址。

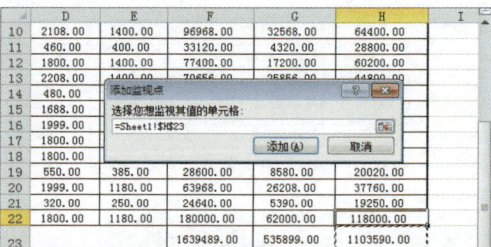

步骤 04 单击"添加"按钮，即可将选中的单元格添加到"监视窗口"对话框中。

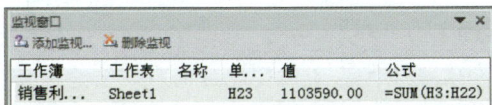

步骤 05 用上述方法向对话框中添加其他需要监视的单元格，若在工作表中修改被监视的单元格中的内容，"监视窗口"对话框中的数据也会随之变化。

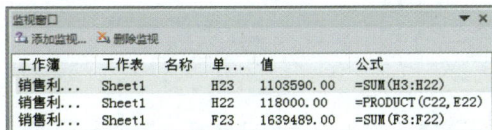

② 检查公式错误

　　有时候在工作表中输入公式后不能显示正确的结果，而是显示一个错误值。下面将介绍分析与解决错误公式的方法。

步骤 01 打开包含错误公式的工作表，打开"公式"选项卡，在"公式审核"组中单击"错误检查"下拉按钮，在展开的列表中选择"错误检查"选项。

步骤 02 弹出"错误检查"对话框，单击"显示计算步骤"按钮。

步骤 03 打开"公式求值"对话框，在该对话框中可以查看单元格的计算过程等信息。

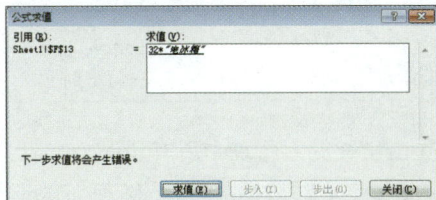

步骤 04 单击"关闭"按钮，返回"错误检查"对话框，单击"在编辑栏中编辑"按钮。

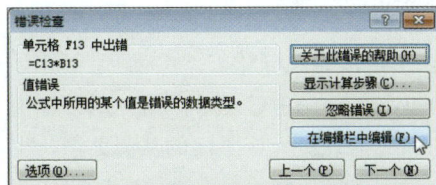

步骤 05 在工作表中对错误的公式进行修改，然后单击"继续"按钮。

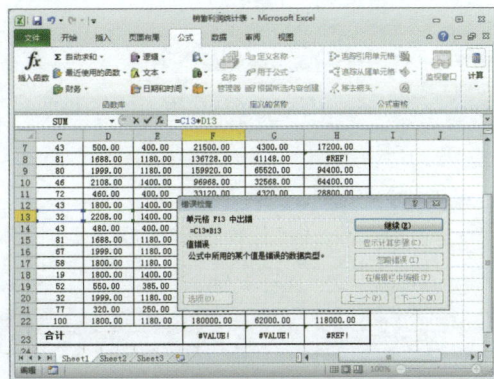

步骤 06 若确认公式是正确的，则单击"忽略错误"按钮。

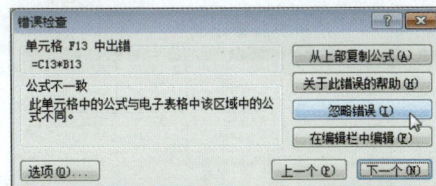

步骤 07 单击"下一个"按钮可以直接检查下一项错误公式。

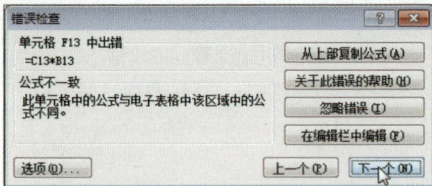

步骤08 当检查完工作表中所有错误公式时，系统将弹出提示对话框，单击"确定"按钮。

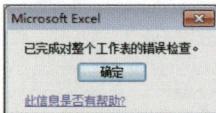

❸ 追踪引用从属单元格

在Excel 2010工作表中，用户可以使用图形直观地表现单元格之间的从属关系，也可以对公式中单元格的引用进行追踪。

步骤01 选中需要追踪引用的单元格，打开"公式"选项卡，在"公式审核"组中单击"追踪引用单元格"按钮。

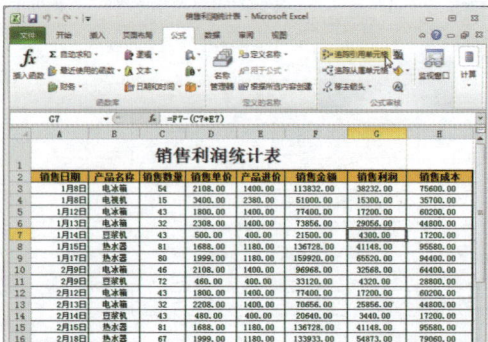

步骤02 工作表中以蓝色箭头显示影响选中单元格公式计算的单元格。

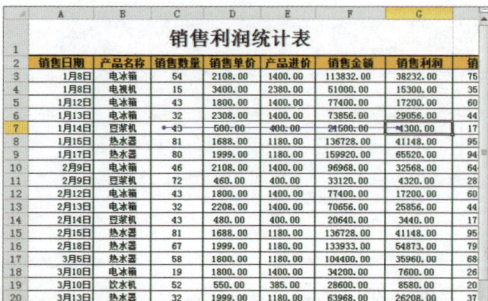

步骤03 在"公式审核"组中单击"追踪从属单元格"按钮。

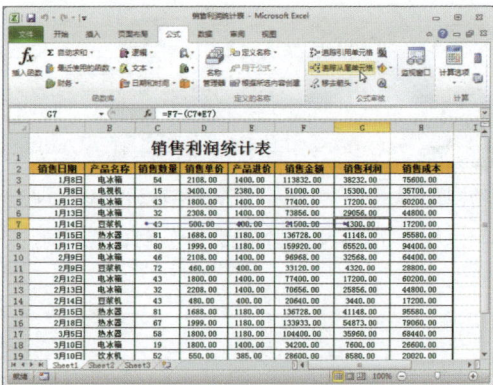

步骤04 工作表中使用蓝色箭头指示出受选中单元格数据影响的所有单元格。

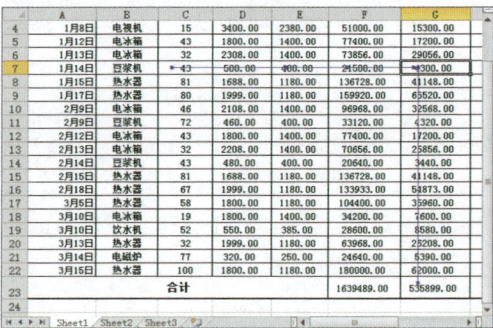

步骤05 若要删除追踪箭头，则单击"公式审核"组中的"移去箭头"下拉按钮，在展开的列表中选择需要移去的箭头选项即可。

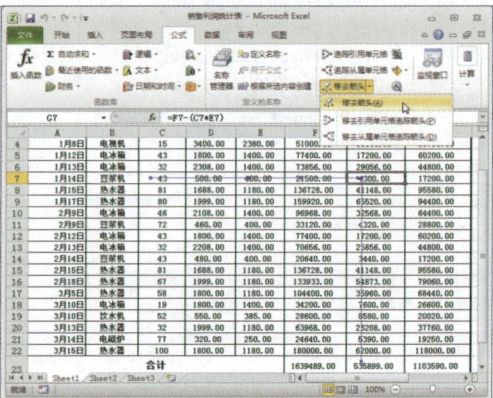

6.2　制作员工销售明细表

　　销售部门每月都会对每位员工的销售数量和销售金额进行统计汇总，然后根据商品提成核算工资。下面将应用函数的相关知识，对员工的销售金额和提成进行分析计算。

6.2.1　单元格的引用

　　单元格的引用在使用公式时起到非常重要的作用，Excel 2010工作表对单元格的引用有三种方法，分别是相对引用、绝对引用和混合引用，下面分别进行介绍。

❶ 相对引用

　　相对引用是基于包含公式的单元格，引用单元格相对位置，即公式所在的单元格位置发生改变，所引用单元格位置也随之改变。

（步骤01）打开"员工销售明细表"工作表，在F3单元格中输入公式"=D3*E3"。

（步骤02）按下Enter键，显示出运算结果，然后将公式填充至F21单元格。

（步骤03）操作完成后，选中F4单元格，在编辑栏中查看到的公式为"D4*E4"，可见引用的单元格发生了变化。

❷ 绝对引用

　　绝对引用是引用单元格的位置不会随着公式位置的变化而变化，即使多行或多列地复制公式，绝对引用也不会改变。

（步骤01）假设销售提成为销售金额的4%，我们在I3单元格中输入4%，选中G3单元格并输入公式"=F3*$I$3"，然后按下Enter键。

（步骤02）G3单元格中显示出运算结果。选中G3单元格，按住控制柄向下拖动，复制公式至G21单元格。

步骤03 复制公式后，选中单元格G4，编辑栏中的公式为"=F4*$I$3"，可见绝对引用单元格I3没有改变。

	销售数量	产品单价	销售金额	销售提成		
		员工销售明细				
2	销售数量	产品单价	销售金额	销售提成		
3	44	2,800.00	123,200.00	4,928.00		4%
4	78	499.00	38,922.00	1,556.88		
5	12	5,600.00	67,200.00	2,688.00		
6	45	500.00	22,500.00	900.00		
7	15	3,330.00	49,950.00	1,998.00		
8	25	5,118.00	127,950.00	5,118.00		
9	33	4,500.00	148,500.00	5,940.00		
10	14	3,000.00	42,000.00	1,680.00		
11	81	2,800.00	226,800.00	9,072.00		
12	67	2,800.00	187,600.00	7,504.00		
13	47	3,200.00	150,400.00	6,016.00		
14	20	3,000.00	60,000.00	2,400.00		
15	52	400.00	20,800.00	832.00		
16	43	3,000.00	129,000.00	5,160.00		

❸ 混合引用

　　混合引用是既包含相对引用又包含绝对引用的混合形式，混合引用具有绝对列和相对行，或绝对行和相对列。下面我们将介绍混合引用的方法。

步骤01 打开工作表Sheet2，选中C3单元格，输入公式"=B3*B13"。

	姓名	销售金额	2%提成	3%提成	4%提成	5%
			员工销售提成表			
2	姓名	销售金额	2%提成	3%提成	4%提成	5%
3	张小磊	162,122.00	=B3*B13			
4	张家惠	89,700.00				
5	李民	177,900.00				
6	金祥瑞	190,500.00				
7	李想	414,400.00				
8	刘丽	210,400.00				
9	付欣欣	346,900.00				
10	李伟	940,020.00				
13	提成率	2%		3%	4%	5%

步骤02 选中公式中的"B3"，按三次F4键使之变为"$B3"。如果是Windows 8系统则按3次Fn+F4组合键。

	姓名	销售金额	2%提成	3%提成	4%提成	5%
			员工销售提成表			
2	姓名	销售金额	2%提成	3%提成	4%提成	5%
3	张小磊	162,122.00	=$B3*B13			
4	张家惠	89,700.00				
5	李民	177,900.00				
6	金祥瑞	190,500.00				
7	李想	414,400.00				
8	刘丽	210,400.00				
9	付欣欣	346,900.00				
10	李伟	940,020.00				
13	提成率	2%		3%	4%	5%

步骤03 选中公式中的"B13"，按两次F4键，使之变为"B$13"，按下Enter键。

	姓名	销售金额	2%提成	3%提成	4%提成	5%
			员工销售提成表			
2	姓名	销售金额	2%提成	3%提成	4%提成	5%
3	张小磊	162,122.00	=$B3*B$13			
4	张家惠	89,700.00				
5	李民	177,900.00				
6	金祥瑞	190,500.00				
7	李想	414,400.00				
8	刘丽	210,400.00				
9	付欣欣	346,900.00				
10	李伟	940,020.00				
13	提成率	2%		3%	4%	5%

步骤04 重新选中C3单元格，按住控制柄向下拖动，复制公式至C10单元格。

	姓名	销售金额	2%提成	3%提成	4%提成	5%
			员工销售提成表			
2	姓名	销售金额	2%提成	3%提成	4%提成	5%
3	张小磊	162,122.00	3,242.44			
4	张家惠	89,700.00				
5	李民	177,900.00				
6	金祥瑞	190,500.00				
7	李想	414,400.00				
8	刘丽	210,400.00				
9	付欣欣	346,900.00				
10	李伟	940,020.00				
13	提成率	2%		3%	4%	5%

步骤05 选中C3:C10单元格区域，按住控制柄向右拖动，复制公式至F3:F10单元格区域。

	姓名	销售金额	2%提成	3%提成	4%提成	5%
			员工销售提成表			
2	姓名	销售金额	2%提成	3%提成	4%提成	5%
3	张小磊	162,122.00	3,242.44			
4	张家惠	89,700.00	1,794.00			
5	李民	177,900.00	3,558.00			
6	金祥瑞	190,500.00	3,810.00			
7	李想	414,400.00	8,288.00			
8	刘丽	210,400.00	4,208.00			
9	付欣欣	346,900.00	6,938.00			
10	李伟	940,020.00	18,800.40			
13	提成率	2%		3%	4%	5%

步骤06 从混合复制结果可以看出，在列号前添加$符号，复制公式时，列的引用不变，行的引用自动调整；当行号前添加$符号时，复制公式，行的引用位置不变，列的引用自动调整。

6.2.2 单元格名称的使用

在使用公式时，有时候我们需要引用某些单元格或区域使用数组进行运算，此时可以将引用单元格区域或数组定义一个名称，这样表现更直观。

❶ 定义名称

我们将C3:C10单元格区域定义名称为"销售提成"，具体操作如下。

步骤01 打开工作表Sheet3，选中C3:C10单元格区域，打开"公式"选项卡，在"定义的名称"组中单击"定义名称"下拉按钮，在展开的列表中选择"定义名称"选项。

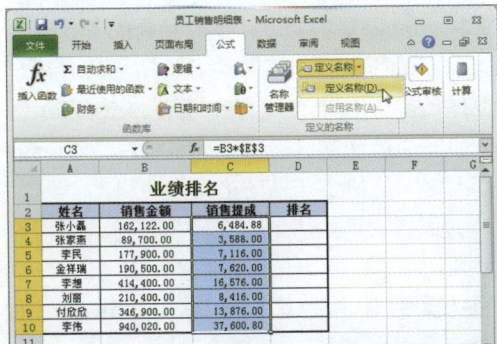

步骤02 弹出"新建名称"对话框，在"名称"文本框中输入名称，此处选择默认名称。单击"确定"按钮。

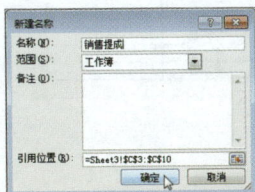

步骤03 返回工作表，在名称框中可以查看到定义的名称。

❷ 应用名称

名称定义好之后，就可以在公式和函数中使用名称直接定义项目了。下面我们使用RANK函数对销售提成进行排名，同时介绍如何快速方便地应用名称。

步骤01 选中单元格D3，输入公式"=RANK(C3,销售提成)"。

步骤02 按Enter键显示排名结果，选中D3单元格，按住右下角控制柄向下拖动至D10，将每个员工的排名都计算出来。

办公助手 **认识RANK()函数**

RANK()函数的语法：

RANK(number,ref,[order])

RANK函数表示某一个数值在某一区域里的排名。其中number是需要求排名的数值；ref是排名的参照区域数值；order为0时表示该数值是从大到小的名次，若为1时表示该数值是从小到大的名次。

6.2.3 基本函数的应用

在日常工作中，应用函数来处理一些复杂的数据，可以大大节省我们的工作时间，下面介绍一些常用函数的使用方法。

❶ SUM()函数

SUM()函数用于数据求和，是最常见的函数之一。下面我们应用该函数计算所有员工的提成总金额。

步骤 01 打开"数据"选项卡，在"排序和筛选"组中单击"筛选"按钮。

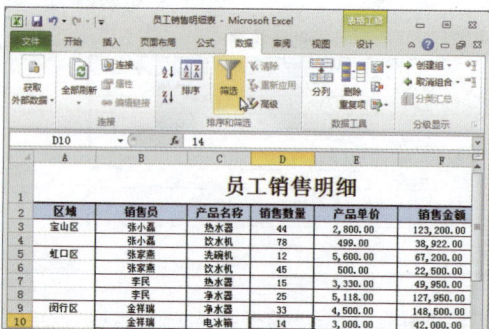

步骤 02 单击"销售员"下拉按钮，在下拉列表中取消"全选"复选框的勾选，勾选"付欣欣"复选框，单击"确定"按钮。

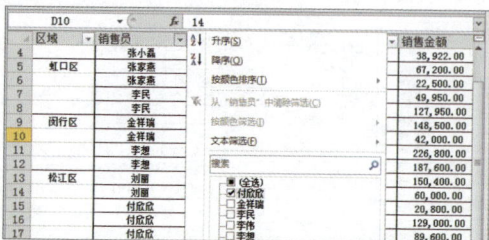

步骤 03 选中单元格G22，并手动输入公式"=SUM(G15,G16,G17,G18,)"。

步骤 04 按下Enter键，单元格G22中计算出所有付欣欣的销售提成。

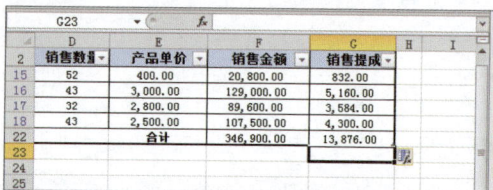

❷ SUMIF()函数

SUMIF()函数可以对满足条件的数据进行求和运算，其语法结构为：

SUMIF(range,criteria,sum_rane)

该函数用于根据指定条件对若干单元格求和。range表示要进行条件判断的单元格区域；criteria表示设定的检索条件，只对符合条件的单元格进行求和；sum_range表示进行计算的单元格区域，如果省略，则求range范围内满足检索条件的单元格的和。

下面我们应用该函数计算各商品的销售总额。

步骤 01 选中单元格L3，单击编辑栏中的"插入函数"按钮。

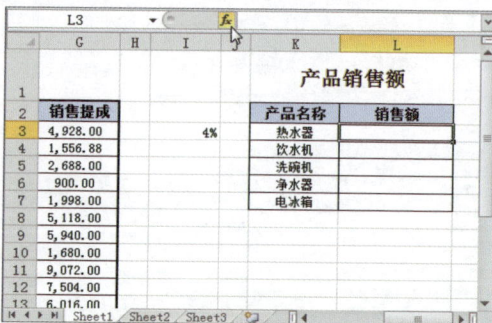

步骤 02 弹出"插入函数"对话框，在"选择函数"列表框中选择"SUMIF"选项，单击"确定"按钮。

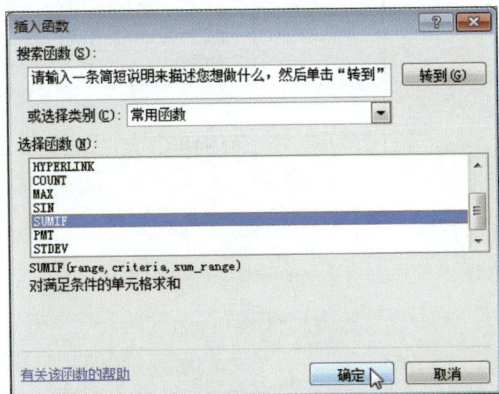

步骤 03 弹出"函数参数"对话框，如下图所示，分别设置该函数的3个参数，单击"确定"按钮。

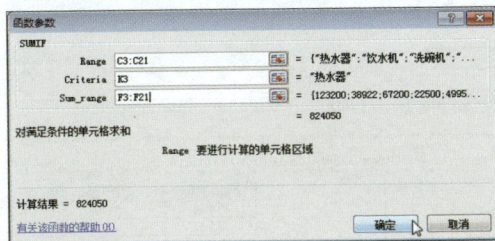

步骤 04 返回工作表，此时单元格L3中已经自动计算出了结果。

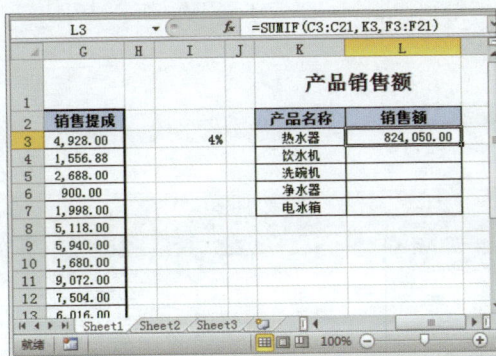

步骤 05 按住L3单元格右下角控制柄，向下拖动至单元格L7，计算出所有产品的销售额。

❸ AVERAGE()函数

AVERAGE()函数用于计算指定数据或单元格区域数值的平均值，该函数语法结构为：

AVERAGE(number1,number2)

number参数可以为数值或引用单元格区域。最多可指定30个参数。

下面通过介绍计算所有家电销售总额的平均值，来说明该函数的应用方法。

步骤 01 在"最大销售额"和"最小销售额"表格下方添加"平均销售额"，选中单元格L13，单击编辑栏中的"插入函数"按钮。

步骤 02 弹出"插入函数"对话框，在"选择函数"列表框中选择"AVERAGE"选项，单击"确定"按钮。

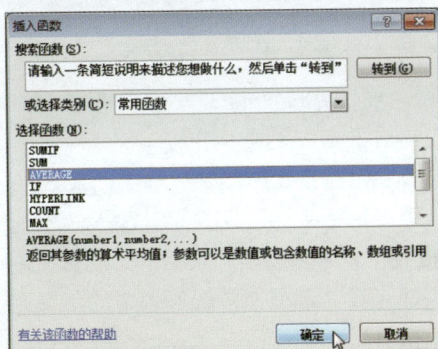

步骤 03 打开"函数参数"对话框，在其参数"Number1"文本框中选取"L3:L7"单元格区域，单击"确定"按钮。

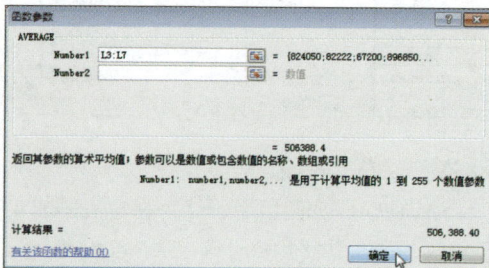

步骤 04 单元格L13中随即计算出平均销售额的值。

④ MAX()与MIN()函数

在进行数据统计时，经常需要应用MAX()和MIN()函数计算一组数据的最大值和最小值，MAX()函数的语法结构为：

MAX(number1,number2)

MIN()函数的语法结构为：

MIN(number1，number2)

这两个函数最多可以指定30个参数。number为要计算最大值/最小值的数值、单元格引用或单元格区域引用。

下面将通过查找产品销售额中的最大值/最小值来介绍这两个函数的使用方法。

步骤 01 在"产品销售额"表格下方制作"最大销售额"和"最小销售额"表格，然后选中单元格L11。

步骤 02 在L11单元格中输入计算公式"=MAX(L3:L7)"，按下Enter键即可得到计算结果。

步骤 03 在L12单元格中输入最小值的公式"=MIN(L3:L7)"。

步骤 04 按下Enter键即可得到最小销售额的计算结果。

⑤ SUBTOTAL()函数

　　SUBTOTAL函数可以按指定的运算方法对数据进行分类计算，运算方法包括求和、平均值、最大值、最小值等11种。该函数的语法结构为：

SUBRTOTAL(function-num,ref1,ref2)

　　其中，function-num用1~11的数字指定合计数据的方法。ref1, ref2…用于1~29个单元格区域指定求和的数据范围。该函数的11种合计方式以1~11数据字来表示，不同数字代表的合计方式具体含义如下：

数字	合计方式
1	计算数据的平均值
2	计算数据的数值个数
3	计算数据非空值单元格个数
4	计算数据的最大值
5	计算数据的最小值
6	计算数据的乘积
7	计算样本的标准偏差
8	计算样本总体的标准偏差
9	计算数据的总和
10	计算给定样本的方差
11	计算整个样本总体的方差

　　下面从计算各员工销售额为例，介绍汇总筛选后数据和的方法。

步骤01 打开"开始"选项卡，在"样式"组中单击"套用表格格式"下拉按钮，在展开的列表中选择一个合适的样式。

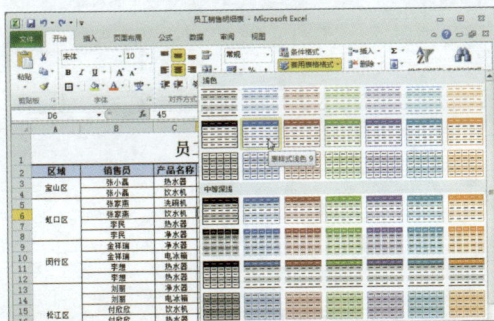

步骤02 弹出"创建表"对话框，在"表数据的来源"文本框中选择好表格区域，单击"确定"按钮。

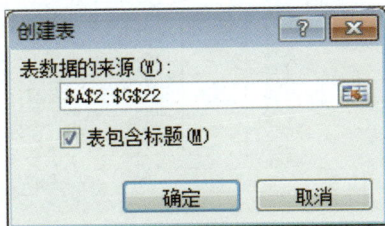

步骤03 此时的表格套用了选中的表格格式，自动应用了筛选。

步骤04 选中单元格F22，并手动输入公式"=SUBTOTAL(9,F3:F21)"。按Enter键，计算出销售总金额。

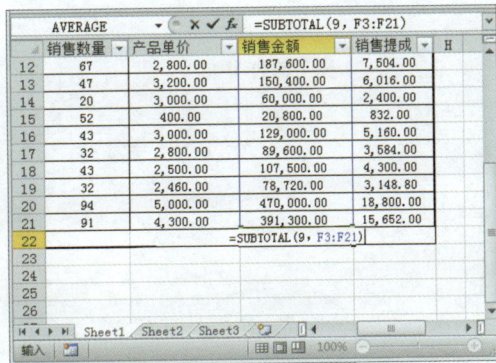

步骤05 单击"销售员"单元格的下拉按钮，在展开的下拉列表中取消"全选"复选框的勾选，勾选"付欣欣"复选框，单击"确定"按钮。

步骤06 此时F22单元格中显示筛选出的所有"付欣欣"的销售金额。

步骤07 再次单击"销售员"下拉按钮，在展开的列表中只勾选"李伟"复选框，单击"确定"按钮。则F22单元格内计算出所有"李伟"的销售金额。

⑥TODAY()函数

在工作表中添加TODAY()函数，可自动插入当前日期数据，并且每次打开文件时自动更新为当前日期。该函数的语法结构为：

TODAY()

需要说明的是，该函数没有参数。

步骤01 选中单元格B25，然后手动输入公式"=TODAY()"。

步骤02 按下Enter键，单元格B25中自动计算出当前日期。

⑦NOW()函数

在工作表中添加NOW()函数，可以自动插入当前时间数据。其语法结构为：

NOW()

该函数没有参数。

步骤01 选中单元格B26，在单元格内输入公式"=NOW()"。

步骤02 按下Enter键，单元格B26内自动计算出当前日期和时间。

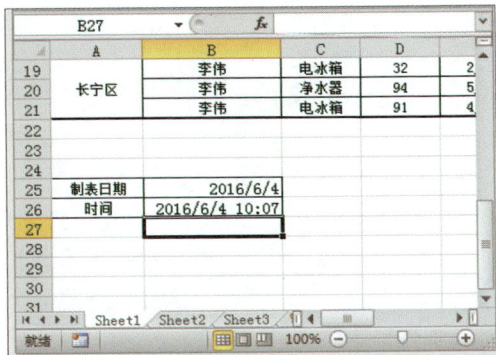

6.2.4 典型函数的应用

将函数强大的计算功能巧妙地应用到我们的日常工作中，往往会出现事半功倍的效果。下面我们通过各种工作中的常见实例，来展示函数的计算功能。

❶ 应用IF()函数对学生成绩进行分级

IF函数是常用的逻辑函数，用于执行真假判断，根据判断结果返回不同的值。其语法结构为：

IF(logical_test,value_if_true,value_if_false)

其中，logical_test：带有比较运算符的逻辑值指定条件判定公式。

value_if_true：指定的逻辑式成立时返回的值。

value_if_false：指定的逻辑式不成立时返回的值。

本例中将利用IF函数将学生的成绩分为4个等级，并用优、良、中、差表示。其具体的操作过程介绍如下：

步骤01 打开学生成绩工作表，选中单元格D3，输入公式 "=IF(C3>270,"优",IF(C3>240,"良",IF(C3>180,"中",IF(C3<179,"差",))))"。

步骤02 按Enter键即显示出计算结果。选中单元格D3，按住右下角控制柄，向下拖动至单元格D23区域。

步骤03 则被公式填充的单元格区域均自动按公式要求计算出相应的等级。

❷ 应用NETWORKDAYS()函数计算两个日期间的工作天数

在制作工作计划或者跟踪订单进度时经常需要计算两个日期之间的天数，这时就可以使用NETWORKDAYS()函数快速准确地计算天数，该函数的语法结构为：

NERWORKDAYS(start_date,end_date,holidays)

其中，start_date：为代表开始日期的日期数据。

end_date：为代表结束日期的日期数据，格式与start_date相同。

holidays：表示需要从中排出的日期值，比如国家法定假日。

下面对其具体使用方法进行介绍。

步骤01 选中单元格F2，并在单元格中输入公式"=NET WORKDAYS(D2,E2)"。

步骤02 按下Enter键，单元格F2中随即计算出加工天数。选中单元格F2，按住右下角控制柄，向下拖动至F13单元格。

步骤03 松开鼠标左键，计算出F2:F13单元格区域内所有加工天数。

❸ 应用VLOOKUP()函数提取客户信息

想要在庞大的表格中提取指定的信息并不容易，应用VLOOKUP函数可以让这个工作变得简单而迅速。该函数用于查找指定的数值，返回当前行中指定列处的内容。其语法结构为：

VLOOKUP(lookup_value,table_array,col_index_num,rage_lookup)

其中，look_value：指定在数组第一列中查找的数值，此参数可以为数值或数值所在的单元格。

table_array：指定要查找的范围。

col_index_num：指定函数要返回table_array区域中匹配的序列号。

range_lookup：以TRUE或FALSE指定查找的方法，或者以1或0来指定查找方法。

下面介绍如何应用VLOOKUP()函数提取客户信息。

步骤01 打开客户信息表，在Sheet2中新建一个工作表，设置要提取的相关信息。

步骤02 选中单元格B2，单击编辑栏中的"插入函数"按钮。

步骤 03 弹出"插入函数"对话框，设置"或选择类别"为"查找与引用"，在"选择函数"列表框中选择"VLOOKUP"选项，单击"确定"按钮。

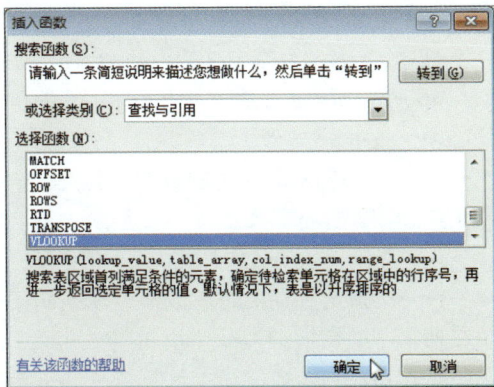

步骤 07 设置"Range_lookup"的参数为"FALSE"后单击"确定"按钮。

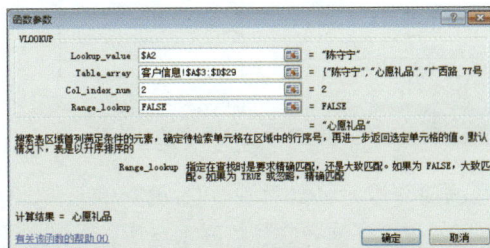

步骤 04 打开"函数参数"对话框，设置"Lookup_value"的参数为"$A2"，表示要查找A2单元格对应的相关信息。

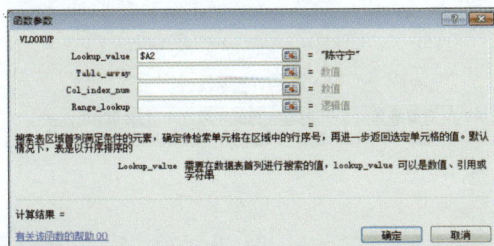

步骤 08 返回工作表，此时单元格B2中已经提取了"陈守宁"的所属公司信息。

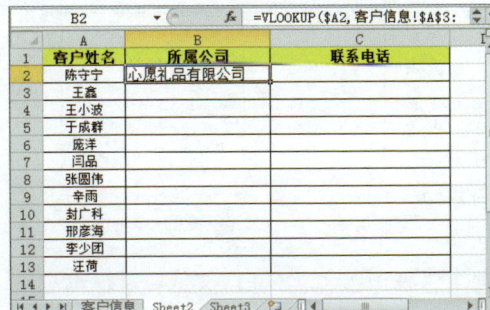

步骤 05 设置"Table_array"参数为"客户信息!$A$3:$D$29"，表示要查找的位置为"员工信息"表中A3:D29单元格区域的信息。

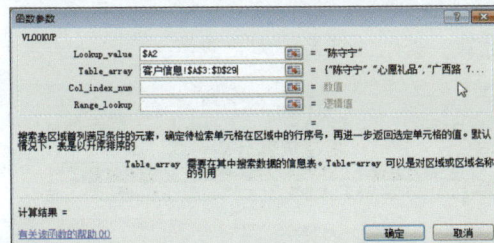

步骤 09 选中单元格B2，按住控制柄向右拖动，复制公式至C2单元格。

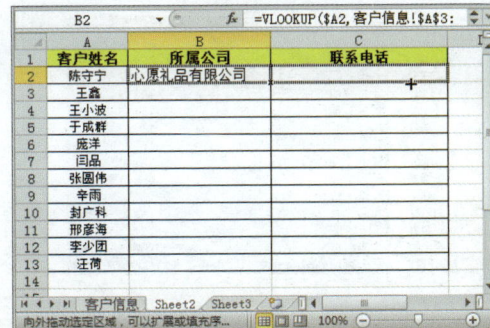

步骤 06 设置"Col_index_num"参数为"2"，表示从"客户信息"工作表中"客户姓名"列向后第2列，即"公司名称"列。

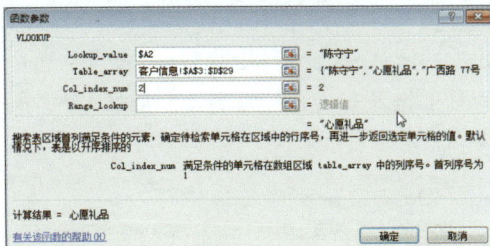

步骤10 选中单元格C2，在编辑栏中修改公式中的第3个参数，将2改为4，表示从客户信息工作表中"客户姓名"向后第4列，即为"联系电话"列。

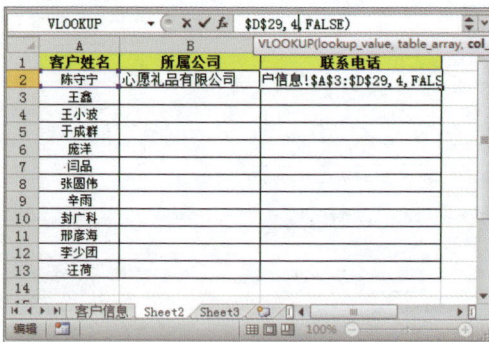

步骤11 修改好公式后按Enter键，单元格C3中即提取了"陈守宁"的联系电话。

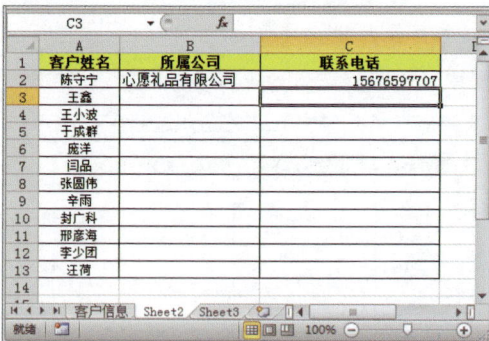

步骤12 选中B2:C2单元格区域，按住控制柄向下拖动至B13:C13区域。松开鼠标左键后，复制了公式的单元格区域即可提取所有相关信息。

❹ 应用PMT()函数计算固定利率下贷款的等额分期偿还额

PMT()函数是基于固定利率，返回贷款的每期等额付款额，其语法结构为：

PMT(rate,nper,pv,fv,type)

其中，rate：为指定期间内的利率；

nper：为指定付款总期数，和rate的单位必须一致；

pv：为各期所应支付的金额，其数值在整个年金期间保持不变；

fv：指定贷款的付款总数结束后的金额；

type：指定各期的付款时间是在期初还是在期末，期初指定为1，期末指定为0。

使用PMT()函数能简单计算贷款的每期还款额，具体操作如下：

步骤01 打开"贷款分期付款"工作表，选中单元格D3，输入公式"=PMT(B3/12,C3*12,A3)"，按下Enter键，计算结果为负数。

步骤02 在公式之前添加负号"-"，再次执行运算，得到的结果即为正数值。

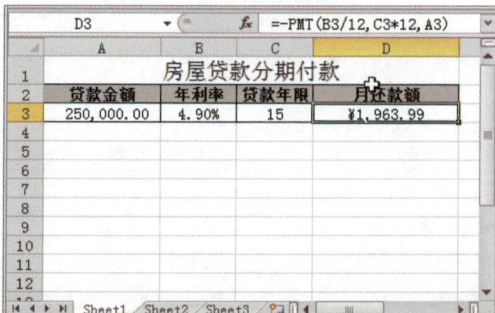

6.3　制作车间生产报表

为了减少制表过程中的出错率，用户可以通过使用Excel 2010的"数据有效性"，来设置单元格中允许输入的数据类型或有效数据的取值范围。下面我们将以"车间生产报表"为例，介绍数据有效性的设置方法。

6.3.1　创建数据有效性

使用数据有效性可以控制用户输入到单元格的数据或值的类型。

❶ 限制日期的输入

用户可以限制单元格只可以输入某种日期格式，且规定范围为某个月份，同时，在选中单元格或是输入的数据不符合要求时出现提示。

步骤 01 选中单元格D2，打开"数据"选项卡，单击"数据有效性"下拉按钮，选择"数据有效性"选项。

步骤 02 弹出"数据有效性"对话框，打开"设置"选项卡，单击"允许"下拉按钮，在展开的列表中选择"日期"选项。

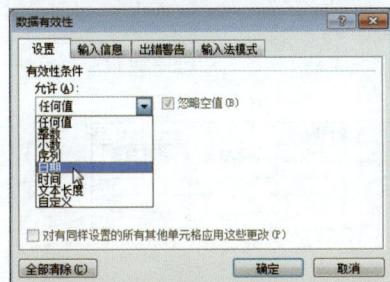

步骤 03 选择"数据"类型为"介于"，并分别设置"开始日期"和"结束日期"。

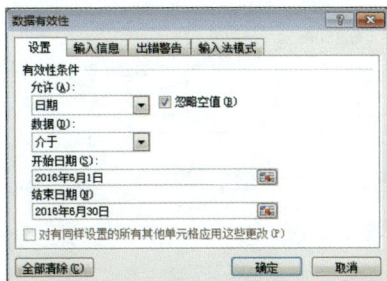

步骤 04 切换到"输入信息"选项卡，分别在"标题"和"输入信息"文本框中输入相关信息。

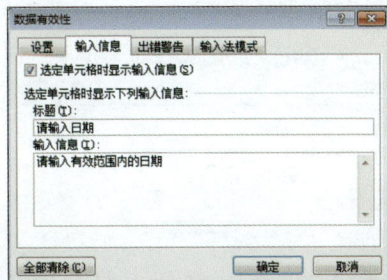

步骤 05 打开"出错警告"对话框，在"样式"下拉列表中选择"警告"选项。分别在"标题"和"错误信息"文本框中输入相关信息。单击"确定"按钮。

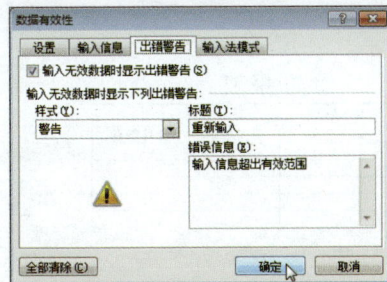

步骤06 返回工作表，此时选中单元格D2即会出现提示文字。

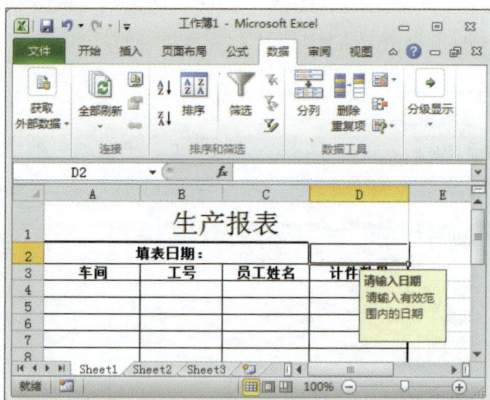

步骤07 若在单元格中输入了不符合要求的内容则会弹出警告对话框。单击"否"按钮重新输入，若单击"是"按钮则使用单元格中输入的内容。

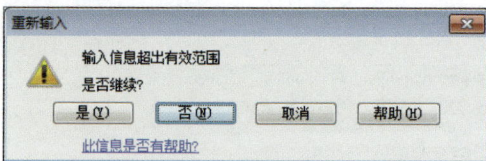

❷ 设置序列选择输入项目

为了避免输入错误信息，可以为单元格设置下拉列表，直接选择需要输入的内容。

步骤01 选中单元格A4，单击"数据有效性"下拉按钮，选择"数据有效性"选项。

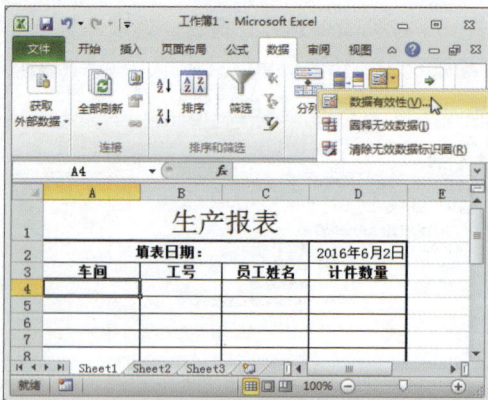

步骤02 打开"数据有效性"对话框，打开"设置"选项卡，在"允许"下拉列表中选择"序列"选项，在"来源"文本框中输入有效的文本，每个文本中间用英文状态下的逗号隔开。

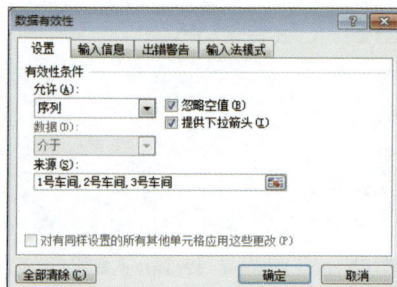

步骤03 打开"出错警告"选项卡，选择"样式"为"停止"，分别在"标题"和"错误信息"文本框中输入相关信息。

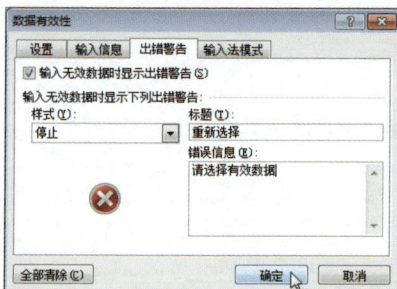

步骤04 单击"确定"按钮。返回工作表，单元格A4右侧出现了一个下拉按钮，单击该按钮在展开的列表中可以选择有效的数据。

步骤05 如果直接在单元格中输入无效的数据则会弹出停止对话框。

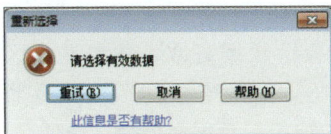

6.3.2 编辑数据有效性

在Excel 2010工作表中，还可通过查找功能快速定位设置了数据有效性的单元格，然后对其执行复制、修改、删除等操作。

❶ 查找设置数据有效性的单元格

使用"查找"命令可以快速查找到设置了数据有效性的单元格。

（1）使用选项卡选项命令查找

步骤01 打开"开始"选项卡，在"编辑"组中单击"查找和选择"下拉按钮，在展开的列表中选择"数据验证"选项。

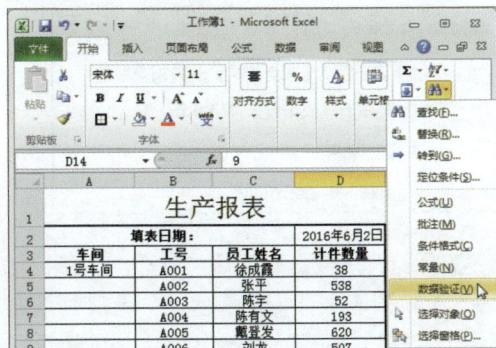

步骤02 此时工作表中设置了数据有效性的单元格被全部选中。

（2）使用对话框查找

步骤01 在"查找和选择"下拉列表中选择"定位条件"选项。

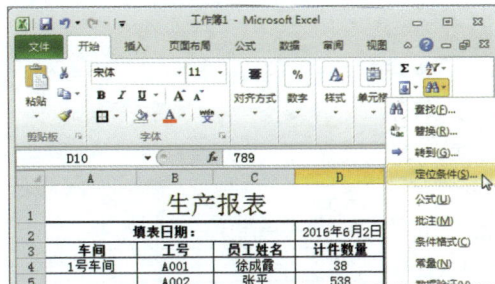

步骤02 弹出"定位条件"对话框，选中"数据有效性"单选按钮，单击"确定"按钮即可查找到工作表中所有设置了数据有效性的单元格。

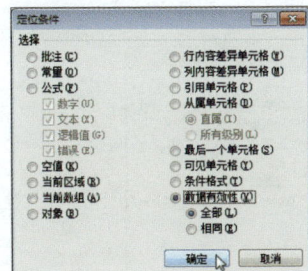

❷ 数据有效性的复制

当复制一个设置了数据有效性的单元格后，数据有效性的条件也将被一起被复制。如果用户只想复制数据有效性的条件，而不复制单元格的内容和格式，可以使用"选择性粘贴"来实现。

步骤01 选中单元格A4，打开"开始"选项卡，在"剪贴板"组中单击"复制"按钮。

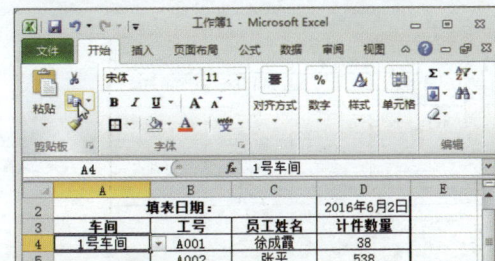

步骤02 选中A5单元格，单击"粘贴"下拉按钮，在展开的列表中选择"选择性粘贴"选项。

步骤03 弹出"选择性粘贴"对话框，选中"有效性验证"单选按钮，单击"确定"按钮。

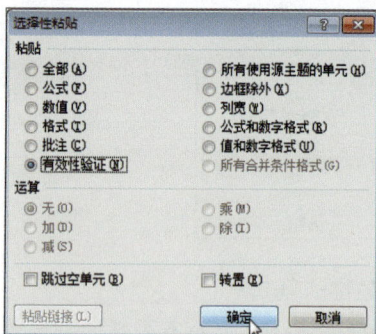

步骤04 A5单元格中即被复制粘贴了数据有效性的条件，而没有复制单元格的内容。

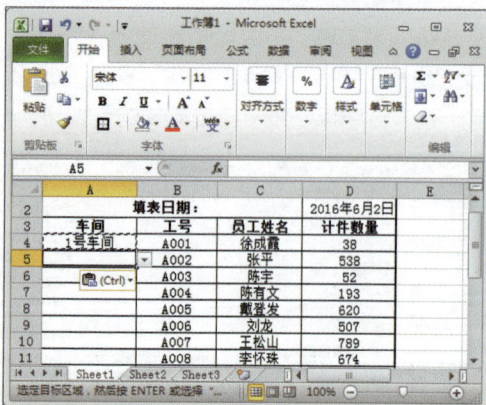

❸ 清除数据有效性

若不再需要设置好的数据有效性条件，可以将数据验证清除。

步骤01 选中设置了数据有效性的单元格区域，单击"数据"选项卡中的"数据有效性"下拉按钮，选择"数据有效性"选项。

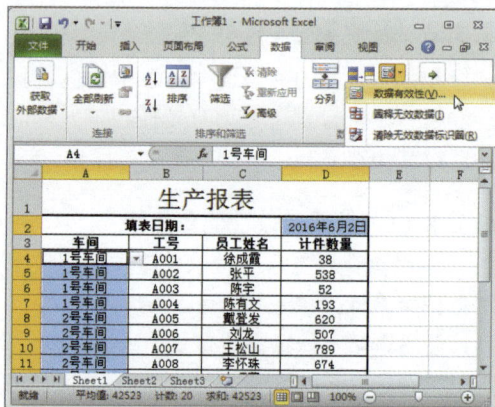

步骤02 弹出提示对话框，单击"确定"按钮。

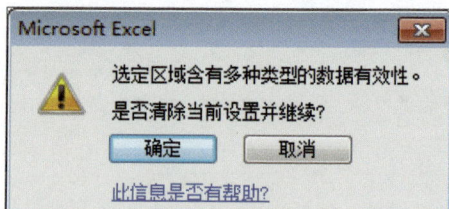

步骤03 打开"数据有效性"对话框，在"允许"下拉列表中选择"任何值"选项，单击"确定"按钮，即可清除选中单元格的数据有效性条件。

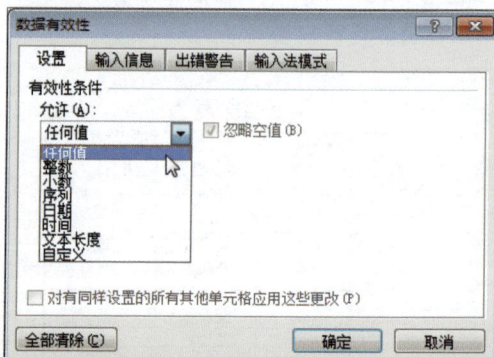

Chapter
07

数据的分析与处理

本章概述

在Excel 2010中除了可以创建各种表格，对表格中的数据进行快速计算外，还具有强大的数据处理和分析功能，利用排序、筛选、分类汇总功能可以对工作表中的数据进行分析处理。本章将介绍数据处理分析工具的应用方法，以及如何创建并选择合适的方案。

本章要点

数据的排序

熟据的筛选

数据的分类汇总

条件格式的应用

7.1 商品销售明细表

在将不同商品销售到不同地区的客户手中后，为了便于查看和管理数据，可以对表格中的销售数据进行排序。数据的排序包括简单排序、复杂排序和自定义排序三种排序方法，下面将对每种排序的方法做详细介绍。

7.1.1 单列排序

单列排序即将某列数据按工作表的排序条件进行升序或降序的排序，下面介绍操作方法。

步骤01 选中"销售数量"列中的任意单元格，打开"数据"选项卡，在"排序和筛选"组中单击"升序"按钮。

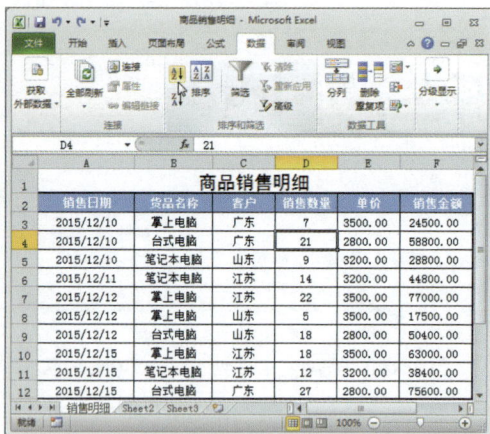

步骤02 工作表中的数据随即按照"销售数量"列进行列升序排序。

7.1.2 多列排序

多列排序是对两列或两列以上数据进行排序做为工作表的排序依据。

步骤01 选中工作表中任意单元格，打开"数据"选项卡，在"排序和筛选"组中单击"排序"按钮。

步骤02 弹出"排序"对话框，依次在下拉列表中设置主要关键字的"列"为"货品名称"，"排序依据"为"数值"，"次序"为"升序"。

步骤03 单击"添加条件"按钮，向对话框中添加"次要关键字"。

步骤 04 设置次要关键字的"列"为"销售金额","排序依据"为"数值","次序"为"升序"。

步骤 05 单击"确定"按钮,工作表中的数据先按"货品名称"降序排序,相同数据时再按"销售金额"升序排序。

7.1.3　按笔划排序

Excel中默认的汉字排序方式是按第一个汉字的首字母在26个英文字母中的顺序进行排序的,用户可以通过设置让汉字按照笔划进行排序。

步骤 01 单击"排序"按钮,打开"排序"对话框,单击"选项"按钮。

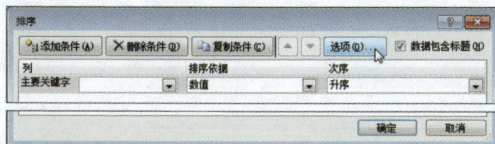

步骤 02 弹出"排序选项"对话框,选中"笔划排序"单选按钮,单击"确定"按钮。

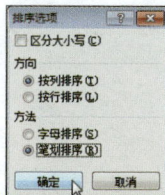

步骤 03 返回"排序"对话框,设置主要关键字"列"为"客户",次序为"升序",单击"确定"按钮。

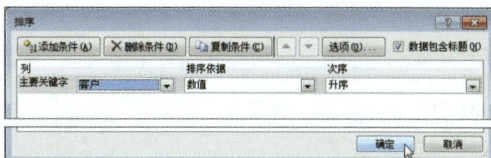

步骤 04 工作表中的"客户"内容按照笔划进行升序排序。

7.1.4　自定义排序

当Excel预设的排序规则无法满足用户的排序需要的时候,可以选择自定义排序。

步骤 01 右击表格中任意单元格,在弹出的快捷菜单中选择"排序"选项卡,在下级菜单中选择"自定义排序"选项。

步骤 02 弹出"排序"对话框,设置主要关键字"列"为"客户",单击"次序"下拉按钮,在展开的列表中选择"自定义序列"选项。

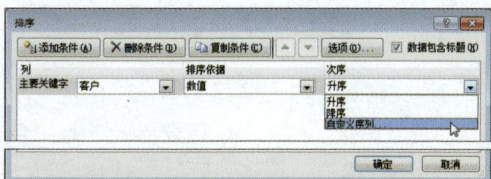

步骤 03 弹出"自定义序列"对话框，在"输入序列"列表框中按用户需要的顺序输入名称，名称之间用英文状态下的逗号"，"隔开，单击"添加"按钮。

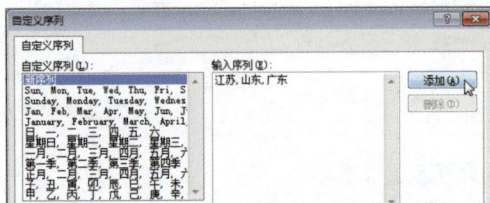

步骤 04 "自定义序列"列表框中随即出现刚输入的序列选项。选中后单击"确定"按钮。

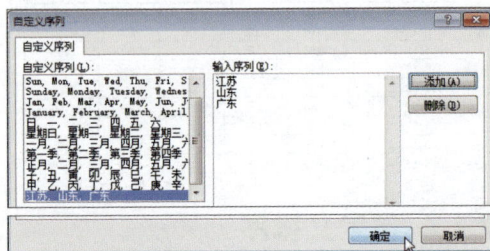

步骤 05 返回"排序"对话框，单击"确定"按钮。

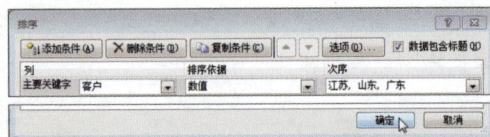

步骤 06 工作表中的"客户"数据按照自定义的顺序排序。

若要删除自定义序列，则在"自定义序列"对话框的"自定义序列"列表框中选中自定义的序列选项，单击"删除"按钮即可。

7.1.5 对有序号的工作表排序

在很多表格中第一列为序号列，当对表格中某项内容进行排序时，序号也会随之被打乱，下面介绍序号列不参与排序的方法。

步骤 01 选中单元格B2:G12单元格区域，单击"数据"选项卡中的"排序"按钮。

步骤 02 弹出"排序"对话框，在主要关键字"列"下拉列表中选择"销售日期"选项。

步骤 03 在"次序"下拉列表中选择"升序"选项，单击"确定"按钮。

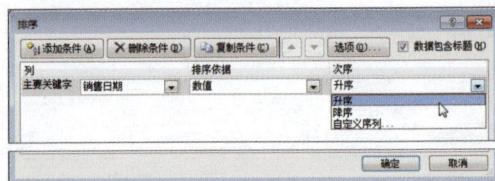

步骤 04 表格随即按销售日期升序排序，而序号并未发生改变。

7.2 员工信息登记表

公司内部的员工信息表中记录着每位员工的基本信息，若想要提取某一类员工的信息，逐一查找非常的麻烦，我们可以使用筛选功能对员工信息进行筛选分析。

7.2.1 自动筛选

使用自动筛选可以快速查找数值，筛选一个或多个数据列。筛选出符合要求的数据后，条件之外的数据将隐藏起来。

❶ 筛选指定数据

在筛选器中选择好数据可以快速将指定数据筛选出来。本列将筛选"员工信息"表中所有学历为"本科"的员工信息。

步骤01 选中"员工信息"表中的任意单元格，打开"数据"选项卡，在"排序和筛选"组中单击"筛选"按钮。

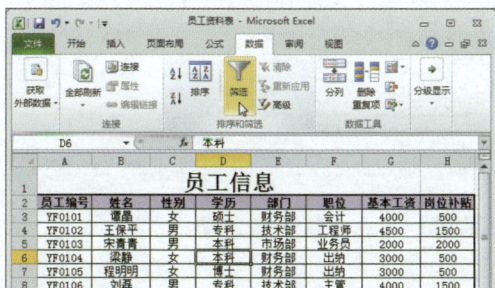

步骤02 表格中每个标题字段的右侧均出现一个下拉按钮。

步骤03 单击"学历"字段下拉按钮，在展开的列表中取消"全选"复选框的勾选，勾选"本科"复选框，单击"确定"按钮。

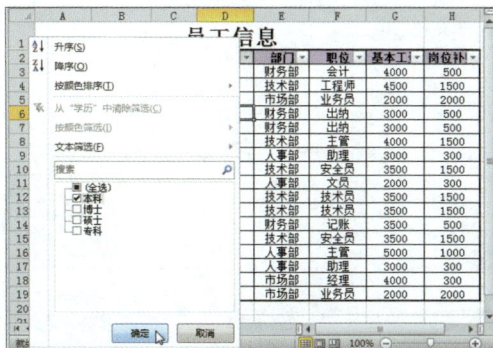

步骤04 此时，表格中将只显示学历为"本科"的员工信息，其他不符合条件的数据将全部隐藏。

❷ 指定筛选条件

除指定筛选数据，还可为将要筛选的数据指定筛选条件，下面介绍具体操作方法。

步骤01 单击"筛选"按钮，进入筛选模式，单击"基本工资"字段下拉按钮。

步骤 02 在展开的列表中选择"数字筛选"选项，在下级列表中选择"小于或等于"选项。

步骤 03 弹出"自定义自动筛选方式"对话框，设置"基本工资"的筛选条件为"小于或等于""3000"，单击"确定"按钮。

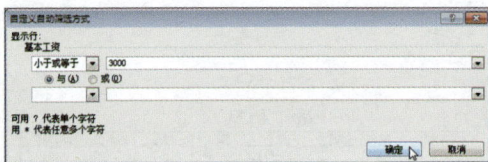

步骤 04 表格中自动筛选出工资小于或等于3000的所有员工信息。

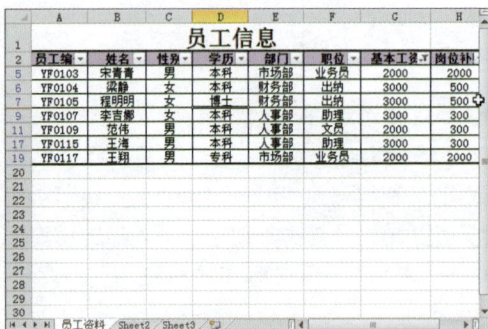

7.2.2 自定义筛选

　　在进行比较复杂的筛选时，自动筛选往往不能满足筛选要求，这时候用户可以选择自定义筛选。

步骤 01 按Ctrl+Shift+L组合键进入筛选模式，单击"入职日期"字段下拉按钮。

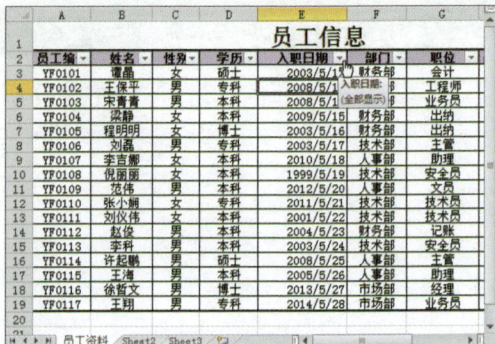

步骤 02 在展开的列表中选择"日期筛选"选项，在下级列表中选择"自定义筛选"选项。

步骤 03 弹出"自定义自动筛选方式"对话框，设置"入职日期"的第一个条件方式为"在以下日期之后或与之相同"。

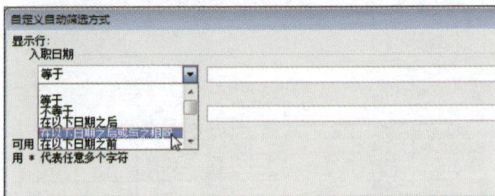

步骤 04 在第一个筛选条件右侧文本框中输入日期"2005/1/1"。

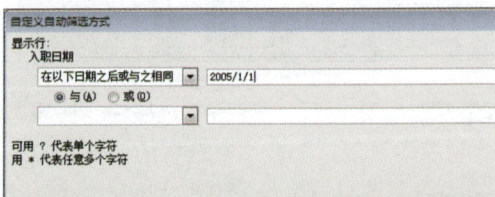

步骤05 设置第二个筛选条件为"在以下日期之前",将日期设置为"2010/1/1"。单击"确定"按钮。

步骤06 返回工作表,此时工作表自动筛选出符合条件的员工信息。

7.2.3 使用通配符进行筛选

在对数据进行筛选时,有时需要筛选出指定形式或包含特定字符的数据,此时可以使用通配符来快速实现操作。

步骤01 选中表格中任意单元格,在"数据"选项卡的"排序和筛选"组中单击"筛选"按钮。

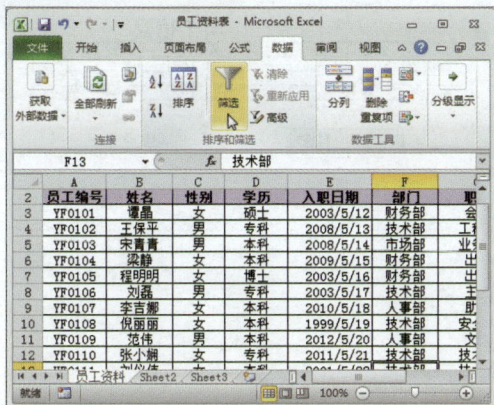

步骤02 进入筛选模式,单击"姓名"字段下拉按钮,在展开的列表中选择"文本筛选"选项,在下级列表中选择"自定义筛选"选项。

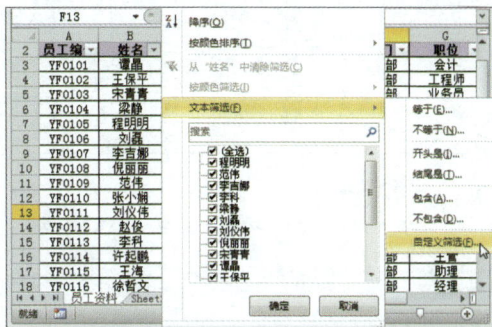

步骤03 弹出"自定义自动筛选方式"对话框,设置筛选条件为"等于""王*",单击"确定"按钮。

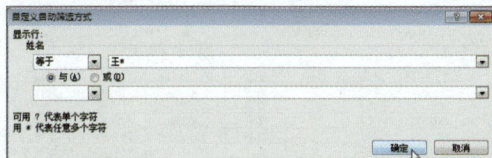

步骤04 工作表中自动筛选出所有"王"姓员工的信息。

7.2.4 高级筛选

如果想要筛选的数据需要复杂的条件,用户可以使用高级筛选来完成符合条件的筛选操作。

步骤01 在工作表中任意位置输入筛选条件,此处将筛选条件输入在B22:C23单元格区域。

步骤02 打开"数据"选项卡，在"排序和筛选"组中单击"高级"按钮。

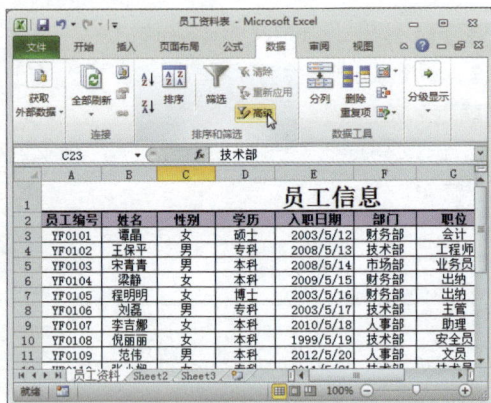

步骤04 在"条件区域"文本框中选取筛选条件所在单元格区域。

步骤03 弹出"高级筛选"对话框，在"列表区域"保持默认的筛选区域。

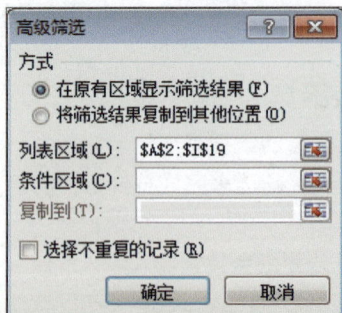

步骤05 单击"确定"按钮，关闭"高级筛选"对话框。

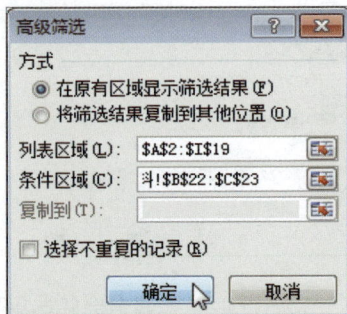

步骤06 此时的工作表已经按照事先设定的条件筛选出了学历为本科的技术部员工信息。

步骤07 若要清除当前数据范围的筛选，则单击"排序和筛选"组中的"清除"按钮。

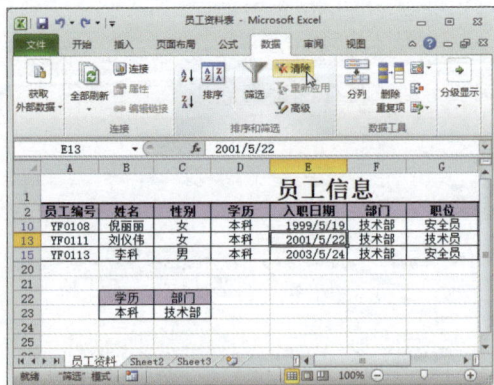

7.3 洗护用品销量表

在查看洗护用品销量表时，如果用户想要单独对其中某项商品进行分析，可以使用分类汇总对数据进行分类分析管理。

7.3.1 单项数据的分类汇总

分类汇总是对列表中的数据按某一字段分类并进行数据分析的一种方法，需要将表格中的数据进行分类，然后再对同一类数据进行计算。下面就介绍创建分类汇总的方法。

步骤01 选中表格"产品"列中的任意单元格，打开"数据"选项卡，在"排序和筛选"组中单击"升序"按钮。

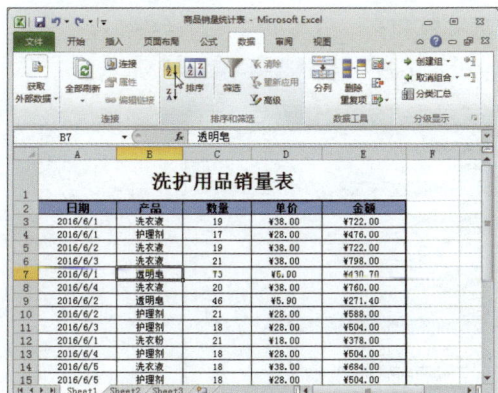

步骤02 工作表中的数据随即按"产品"升序进行排序。

步骤03 选中表格中任意单元格，单击"数据"选项卡"分级显示"组中的"分类汇总"按钮。

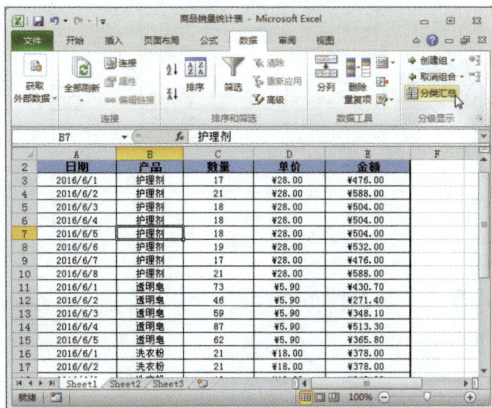

步骤04 弹出"分类汇总"对话框，单击"分类字段"下拉按钮，在展开的列表中选择"产品"选项。

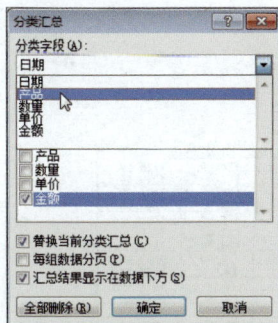

步骤05 设置"汇总方式"为"求和"，勾选"金额"复选框。单击"确定"按钮。

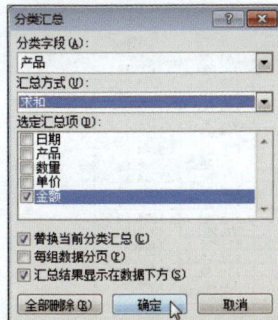

步骤06 工作表中的数据即按照不同产品分类并分别计算出各产品的总金额。

7.3.2 多项数值的分类汇总

在对工作表中的数据进行分类汇总分析时还可以对多项数据进行汇总计算。下面介绍操作方法。

步骤01 选中日期列中的任意单元格，打开"数据"选项卡，在"排序和筛选"组中单击"升序"按钮。

步骤02 工作表随即按照"日期"升序进行排序。

步骤03 在"数据"选项卡下"分级显示"组中单击"分类汇总"按钮。

步骤04 打开"分类汇总"对话框，在"分类字段"下拉列表中选择"日期"选项。

步骤05 设置"汇总方式"为"求和"，在"选定汇总项"列表框中勾选"数量"和"金额"复选框。单击"确定"按钮。

步骤 06 工作表随即对相同日期进行分类，并分别计算出"数量"和"金额"总和。

7.3.3　分类汇总数据的另存

对工作表中的数据分类汇总之后，用户可以根据需要提取汇总数据进行另存。

步骤 01 打开设置了分类汇总的工作表，单击工表格左上角数字按钮"2"。

步骤 02 只显示不同日期的汇总计算结果，选中需要另存的单元格区域。单击"编辑"组中的"查找和选择"按钮，在展开的列表中选择"定位条件"选项。

步骤 03 打开"定位条件"对话框，选中"可见单元格"单选按钮。单击"确定"按钮。

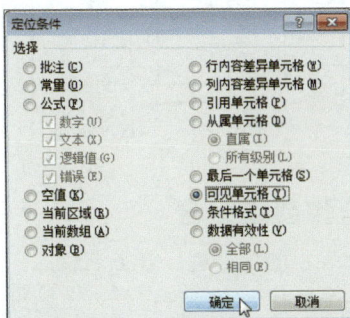

步骤 04 返回工作表，保持选中区域不变，单击"开始"选项卡中的"复制"按钮。

步骤 05 切换到Sheet2工作表，选中单元格A1，单击"开始"选项卡中的"粘贴"按钮。

步骤 06 最后调整好单元格的宽度，将数值全部显示出来即可。

7.3.4 取消和创建组合

在对工作表中的数据进行分类汇总后，根据设置，各类数据会自动进行分组。通过单击左侧等级区域中的按钮可以快速展开或折叠各个组中的数据。如果用户不需要分组显示数据可以将分组删除。

步骤01 单击工作表左侧的"▣"或"⊞"按钮，可以快速折叠或展开同一类别的数据。

步骤02 选中日期为"2016/6/1"的所有数据，打开"数据"选项卡，单击"分级显示"组中的"取消组合"下拉按钮，在展开的列表中选择"取消组合"选项。

步骤03 弹出"取消组合"对话框，单击选中"行"单选按钮，单击"确定"按钮。选中数据左侧的折叠按钮随即被清除。

步骤04 若选中表格中的所有数据，单击"分级显示"组中的"取消组合"下拉按钮，在展开的列表中选择"清除分级显示"选项。

步骤05 则清除数据表左侧的等级区域，无法再对数据进行组合。

步骤06 选中需要创建分组的数据区域，单击"分级显示"组中的"创建组"下拉按钮，在展开的列表中选择"创建组"选项。

步骤07 弹出"创建组"对话框，选中"行"单选按钮。单击"确定"按钮，选中的数据区域随即被创建为一组。数据所在行的左侧出现可以折叠的等级区域。

步骤08 选中工作表中所有数据，单击"创建组"下拉按钮，选择"自动建立分级显示"选项。

步骤09 表格中所有数据随即重新自动建立分级显示。

7.3.5　删除分类汇总

对数据分析完毕后可将分类汇总删除，而清除分级显示只能清除数据分组无法删除汇总数据，下面介绍删除分类汇总的方法。

步骤01 选中表格中任意单元格，在"数据"选项卡的"分级显示"组中单击"分类汇总"按钮。弹出"分类汇总"对话框，单击"全部删除"按钮。

步骤02 返回工作表，此时表格中对数据进行的分类汇总已经全部删除。

7.4 考生成绩分析表

考试成绩公布之后，老师会将考生的各科考分制作成表格，对分数进行分析总结，从而了解考生近期的学习情况，针对成绩下滑和考分不理想的学生进行加强辅导。

7.4.1 设置条件格式

创建条件格式，就是对满足某种条件的单元格做出一个醒目的标志，使之在众多数据中很容易被发现。

❶ 突出显示不及格单元格

使用条件格式命令中的"突出显示单元格规则"选项可以为单元格中指定的数据设置醒目的格式。

步骤01 打开"考生成绩"工作表，选中C3:E29单元格区域，单击"开始"选项卡下"样式"组中的"条件格式"下拉按钮。

步骤02 在展开的下拉列表中选择"突出显示单元格规则"选项，在下级列表中选择"小于"选项。

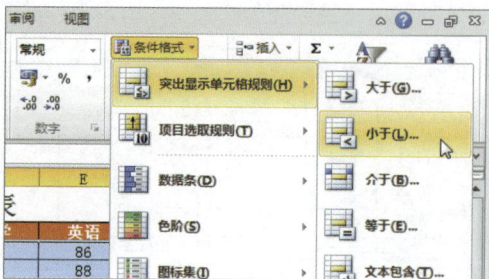

步骤03 弹出"小于"对话框，在文本框中输入"60"。

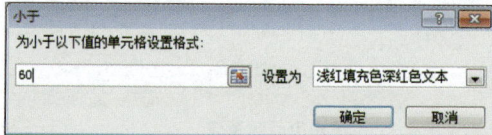

步骤04 单击"设置为"下拉按钮，在展开的列表中选择合适的选项，此处选择"浅红填充色深红色文本"选项。

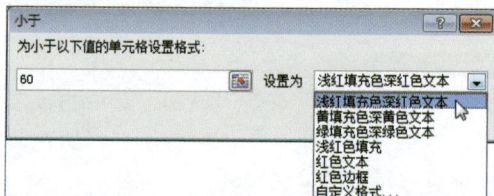

步骤05 单击"确定"按钮，关闭对话框。

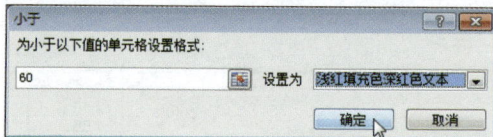

步骤06 返回工作表，选中区域的单元格以浅红色填充深红色文本格式突出显示分数在60以下的单元格。

❷ 突出显示总分占前三名的单元格

我们可以设置项目选取规则，为选中单元格区域应用条件格式，提取符合要求的单元格。Excel 2010内置6种项目选取规则，我们可以根据需要选择需要的规则。

步骤 01 选中F3:F29单元格区域，在"开始"选项卡的"样式"组中单击"条件格式"下拉按钮。

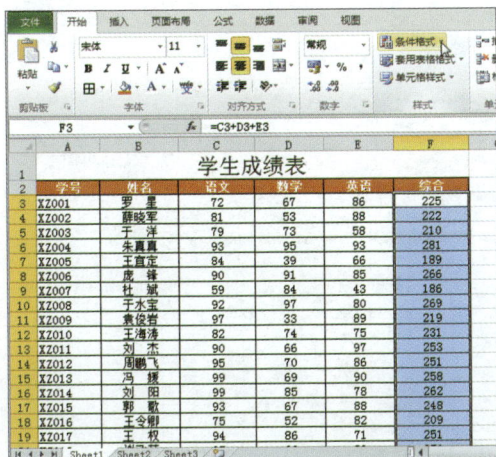

步骤 02 在展开的下拉列表中选择"项目选取规则"选项，在下级列表中选择"值最大的10项"选项。

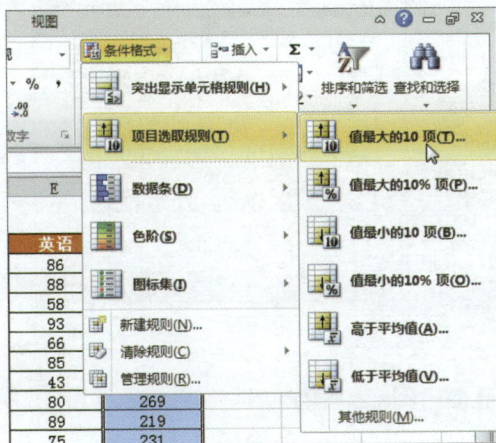

步骤 03 弹出"10个最大的项"对话框，调整数值框中的数值为"3"。

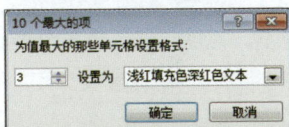

步骤 04 单击"设置为"下拉按钮，在展开的列表中选择"自定义格式"选项。

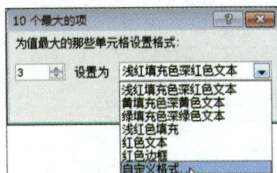

步骤 05 打开"设置单元格格式"对话框，在"字体"选项卡中设置"字形"为"加粗"，"颜色"为"红色"。

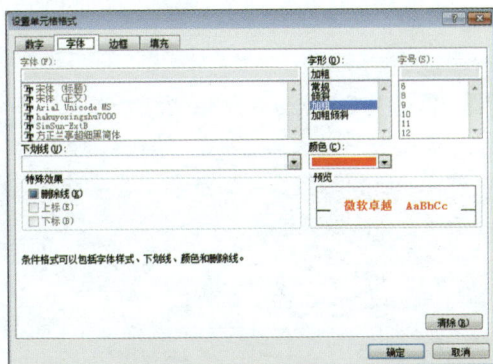

步骤 06 切换到"填充"选项卡，选择"背景色"为"黄色"，单击"确定"按钮。

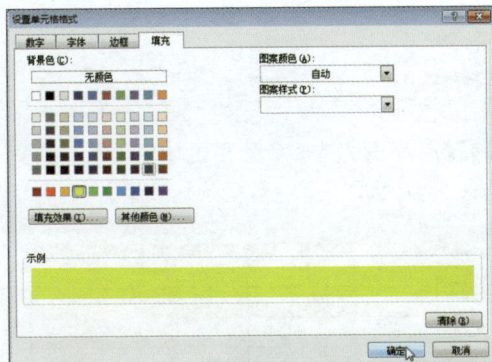

步骤 07 返回"10个最大的项"对话框，单击"确定"按钮。

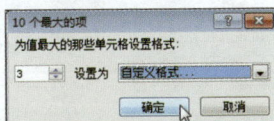

步骤08 返回工作表，此时选中的单元格区域中已经提取出综合成绩在前三名的单元格。

❸ 使用数据条填充单元格

为单元格中的数据应用数据条，便于我们对数据的大小进行直观的比较。下面介绍数据条的应用方法。

步骤01 选中C3:F29单元格区域，单击"开始"选项卡"样式"组中的"条件格式"下拉按钮，选择"数据条"选项，在下级列表中选择合适的填充选项。

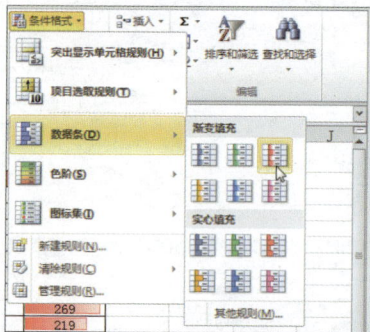

步骤02 下图为选中单元格区域应用了"渐变填充"组中的"红色数据条"效果。

❹ 使用色阶填充单元格

使用色阶可以快速直观地查看和分析数据。下面介绍色阶的使用方法。

步骤01 选中C3:E29单元格区域，单击"开始"选项卡"样式"组中的"条件格式"下拉按钮，选择"色阶"选项，在下级列表中选择合适的选项。

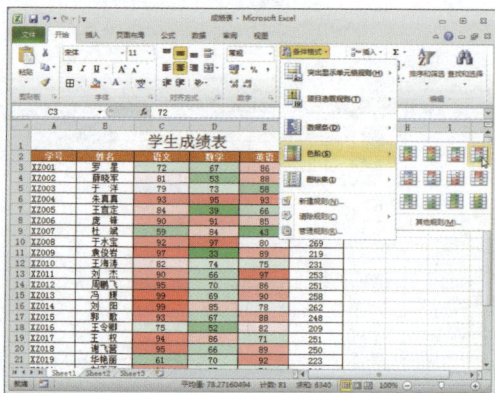

步骤02 选中区域的单元格即应用了所选的色阶样式，为不同数据段填充不同的颜色。

❺ 使用图标集显示数据

Excel 2010中的图标集共有20种图标样式，在单元格内加上各式各样的图标，可以形象地表示数据状态。下面介绍具体的步骤。

步骤01 选中C3:E29单元格区域，在"开始"选项卡的"样式"组中单击"条件格式"下拉按钮，选择"图标集"选项，在下级列表中选择合适的选项。

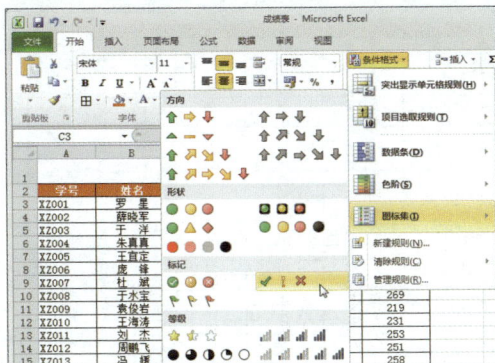

步骤02 选中区域的数据随即被设置了相应的图标集样式。

⑥ 新建等级

默认的条件格式等级也许不符合用户对数据的等级划分要求，这时候可以根据具体数据新建等级。

步骤01 选中C3:E29单元格区域，打开"开始"选项卡，在"样式"组中单击"条件格式"下拉按钮，在展开的列表中选择"新建规则"选项。

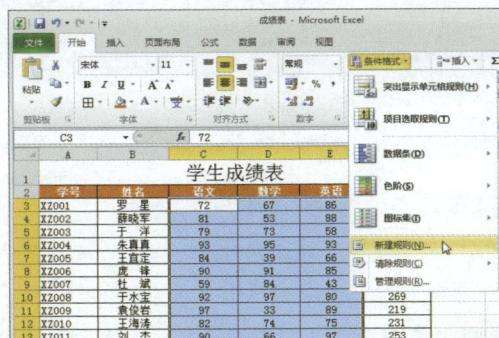

步骤02 弹出"新建格式规则"对话框，单击"格式样式"下拉按钮，选择"图标集"选项。

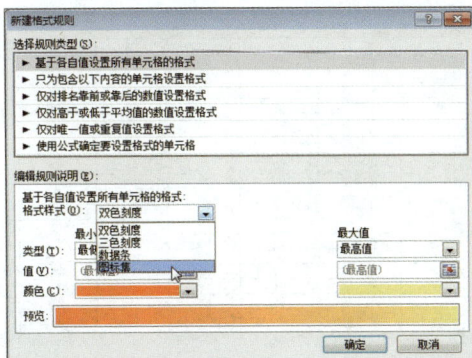

步骤03 单击"图标样式"下拉按钮，在展开的列表中选择合适的图标样式。

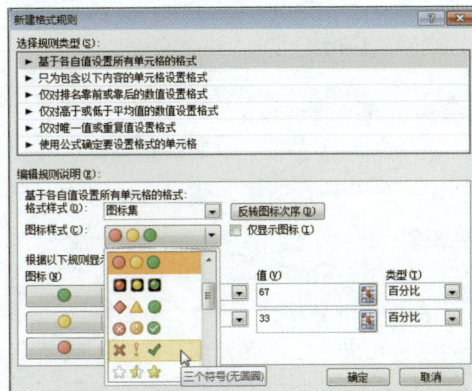

步骤04 在"根据以下规则显示各个图标"组中设置"类型"为"数字"，分别设置参数为">=""70"和"60"，单击"确定"按钮。

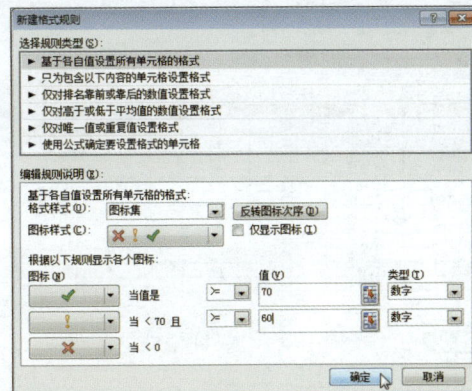

步骤05 返回工作表，此时选中区域的单元格应用了新建等级后的图标集条件格式。

7.4.2 编辑条件格式

为工作表设置了条件格式后还可以对条件格式进行各种编辑，比如查找、复制、修改、删除条件格式等。

❶ 查找条件格式

在一个大型工作表中如果要想快速查找到应用了条件格式的单元格，可以使用查找功能进行查找。

（1）使用"条件格式"命令查找

步骤01 打开设置了条件格式的工作表，在"开始"选项卡下"编辑"组中单击"查找和选择"下拉按钮，在展开的列表中选择"条件格式"选项。

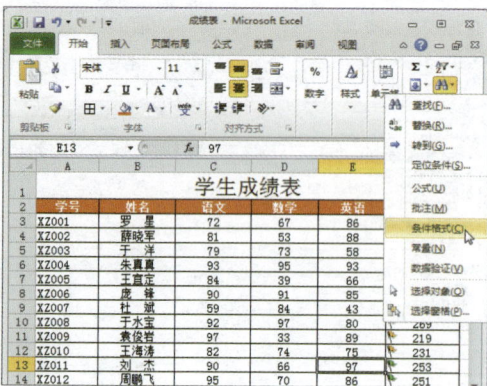

步骤02 工作表中应用了条件格式的单元格随即被全部选中。

（2）使用"定位条件"对话框查找

步骤01 单击"查找和选择"下拉按钮，在展开的列表中选择"定位条件"选项。

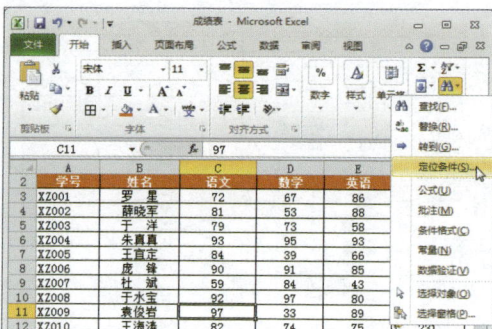

步骤02 弹出"定位条件"对话框，选中"条件格式"单选按钮，单击"确定"按钮，即可查找到工作表中所有设置了条件格式的单元格。

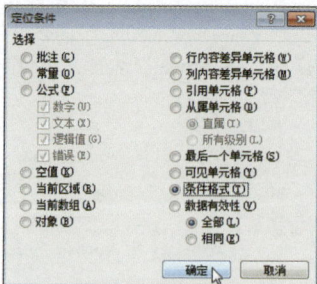

❷ 复制条件格式

为了减少工作量，用户可以将已经设置好的条件格式复制到需要应用相同条件格式的单元格中。

(1) 使用右键快捷菜单复制

步骤01 选中设置了条件格式的单元格区域并右击，在弹出的快捷菜单中单击选择"复制"选项。

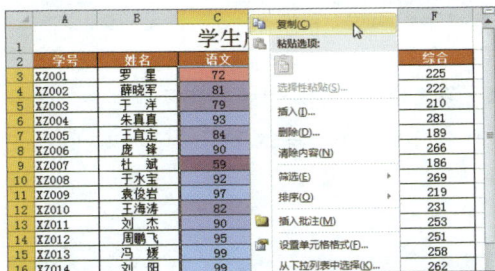

步骤02 选中需要设置相同格式的单元格区域并右击，在弹出的快捷菜单的"粘贴选项"组中选择"格式"选项，即可将条件格式复制到选中单元格区域。

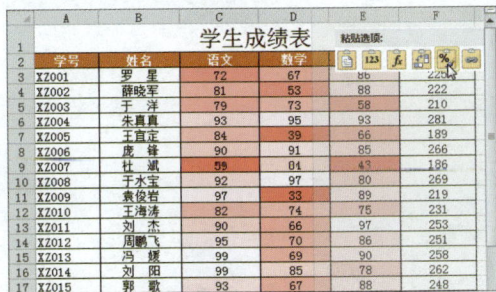

(2) 使用对话框复制

步骤01 选中设置了条件格式的单元格区域，单击"开始"选项卡"剪贴板"组中的"复制"按钮。

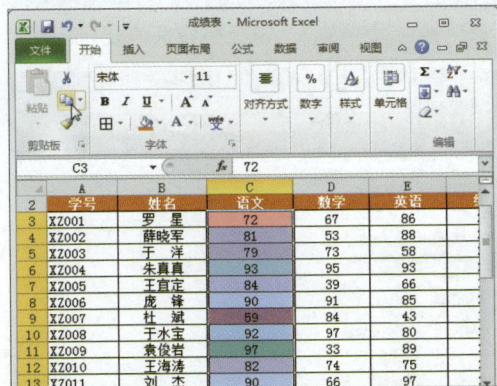

步骤02 选中要设置相同格式的单元格区域，单击"剪贴板"组中的"粘贴"下拉按钮，在展开的列表中选择"选择性粘贴"选项。

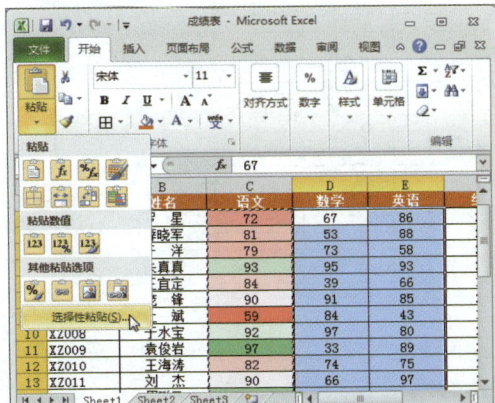

步骤03 弹出"选择性粘贴"对话框，单击"格式"单选按钮。单击"确定"按钮即可复制条件格式到选中区域。

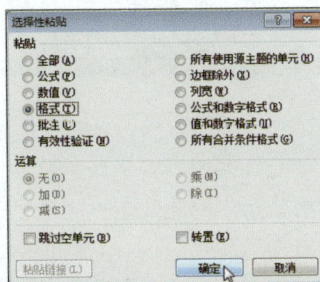

(3) 使用格式刷复制

步骤01 选中设置了条件格式的单元格区域，单击"剪贴板"组中的"格式刷"按钮。

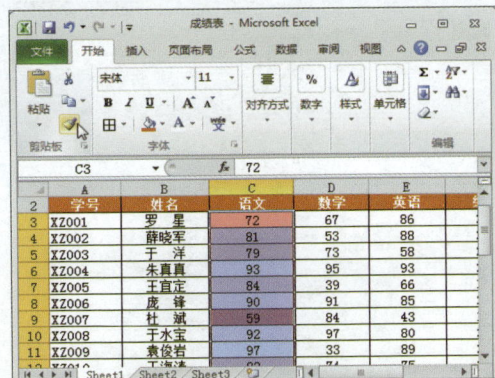

步骤02 单击并按住鼠标左键拖动，选中需要复制相同格式的单元格区域。

步骤03 松开鼠标左键，选中的单元格区域即被设置了相同的条件格式。

❸ 修改条件格式

为单元格或单元格区域设置了条件格式之后，还可以根据单元格中的数据类型对条件格式进行修改。

步骤01 选中设置了条件格式的单元格区域，单击"开始"选项卡中的"样式"组中的"条件格式"下拉按钮，在展开的列表中选择"管理规则"选项。

步骤02 弹出"条件格式规则管理器"对话框，单击"编辑规则"按钮。

步骤03 打开"编辑格式规则"对话框，修改"格式样式"为"图标集"，选择合适的"图标样式"，设置好图标显示规则后，单击"确定"按钮。

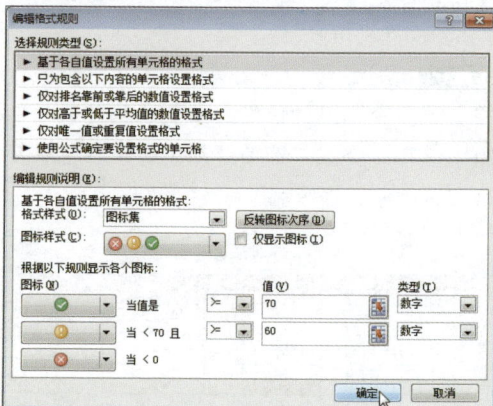

步骤04 返回"条件格式规则管理器"对话框，单击"新建规则"按钮。

步骤05 打开"新建格式规则"对话框，选择"只为包含以下内容的单元格设置格式"选项。

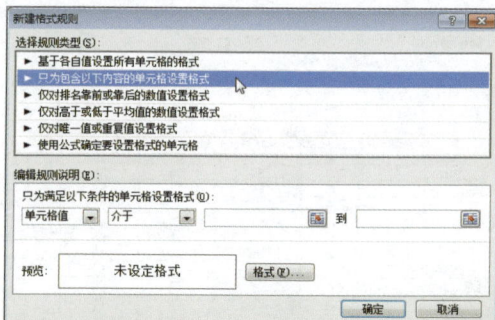

步骤06 设置单元格格式条件为"小于""60"，单击"格式"按钮。

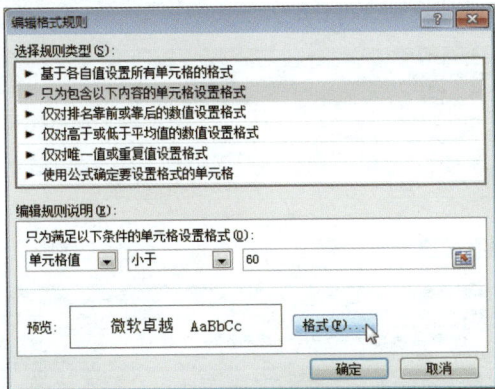

步骤07 打开"设置单元格格式"对话框，打开"填充"选项卡，设置合适的背景色，单击"确定"按钮。

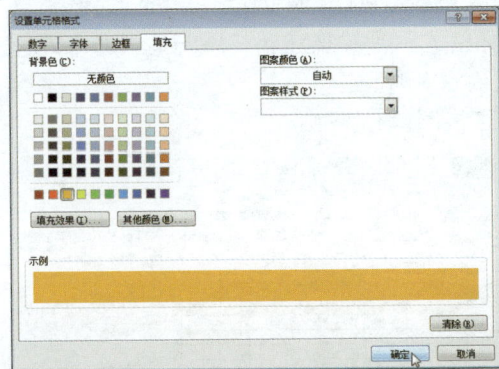

步骤08 返回"编辑格式规则"对话框，单击"确定"按钮。

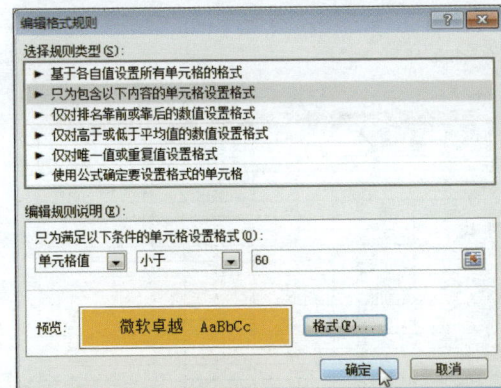

步骤09 返回"条件格式规则管理器"对话框，单击"确定"按钮。

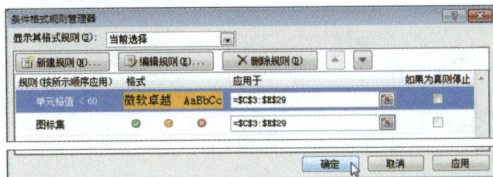

步骤10 选中区域单元格的条件格式随即被更改并添加了新的规则。

④ 修改优先级别

当对同一单元格区域设置多种条件格式时，默认情况下为新规则拥有最高级别。我们可以通过设置指定条件格式的优先级别。

步骤01 选中设置了多种条件格式的单元格区域，打开"开始"选项卡，在"样式"组中单击"条件格式"下拉按钮，在展开的列表中选择"管理规则"选项。

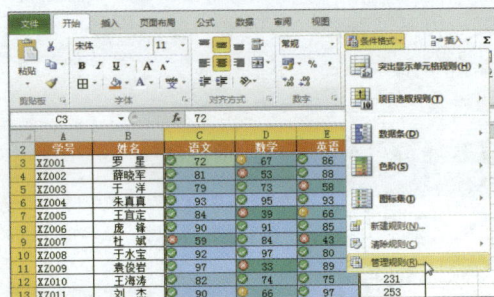

步骤02 弹出"条件格式规则管理器"对话框，选中需要优先显示的条件格式，单击"上移"按钮。

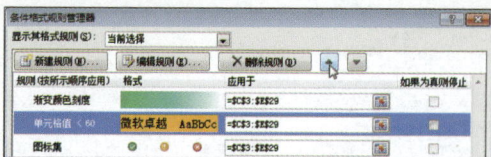

步骤03 单击"确定"按钮，关闭"条件格式规则管理器"对话框。

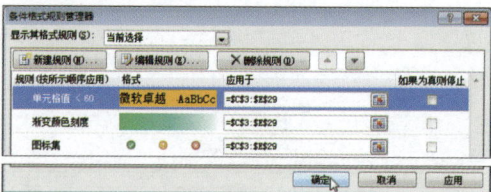

步骤04 选中单元格区域内的条件格式的优先级别随即得到相应调整。

❺ 删除条件格式规则

完成对工作表中的数据分析后我们可以将条件格式规则删除。下面介绍操作方法。

（1）使用对话框删除

步骤01 选中需要删除条件格式的单元格区域，打开"开始"选项卡，在"样式"组中单击"条件格式"下拉按钮，在展开的列表中选择"管理规则"选项。

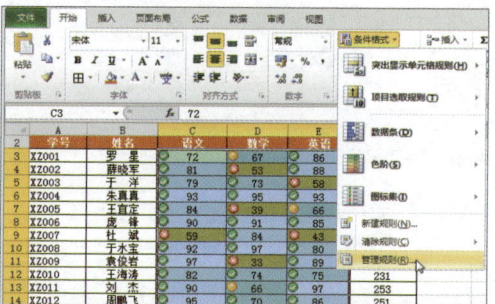

步骤02 打开"条件格式规则管理器"对话框，选中需要删除的条件格式规则，单击"删除规则"按钮。

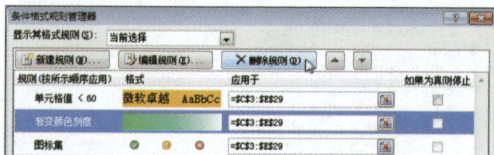

步骤03 单击"确定"按钮即可删除该规则。

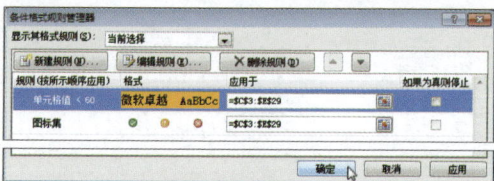

（2）使用选项卡命令删除

步骤01 选中工作表中任意单元格，单击"条件格式"下拉按钮，在展开的列表中选择"清除规则"选项，在下级列表中选择"清除整个工作表的规则"选项。

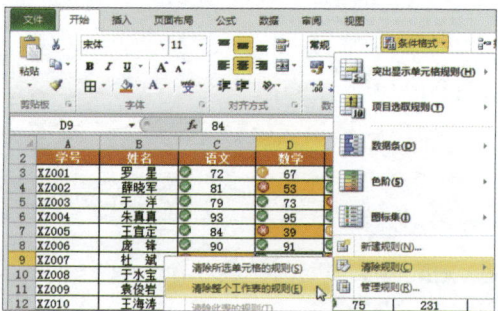

步骤02 工作表中所有单元格的条件格式随即被删除。

Chapter
08

数据透视表的妙用

本章概述

数据透视表是Excel表格提供的又一便捷的数据分析工具，利用它可以快速汇总大量数据，较快地将所需数据呈现在表格或者图形中。使用数据透视表可以直观地观察数据的总量，在处理庞大数据时非常方便。

本章要点

数据透视表的创建

数据透视表的编辑

数据透视表的美化

数据透视表的管理

数据透视图的应用

8.1 商品出库记录分析

公司出售的商品通常都有详细记录以供日后盘查，要想对一份大型的出库记录进行数据分析，如果不使用一些数据处理方法操作起来非常的麻烦，下面我们就给大家介绍使用数据透视表分析处理数据的方法。

8.1.1 创建数据透视表

数据透视表是一种交互式交叉制表的Excel表格，使用数据透视表可以快速对数据进行排列或汇总。

步骤01 选中表格中任意单元格，打开"插入"选项卡，在"表格"组中单击"数据透视表"下拉按钮，在展开的列表中选择"数据透视表"选项。

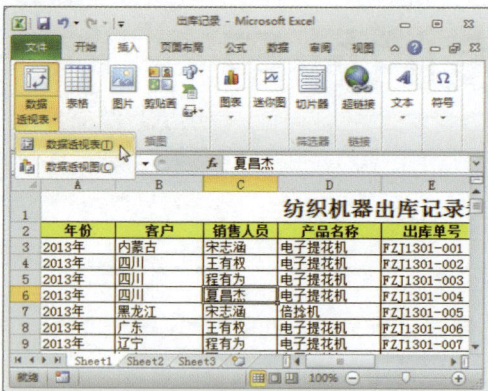

步骤02 弹出"创建数据透视表"对话框，保持"表/区域"文本框中的单元格区域为默认，单击"现有工作表"单选按钮，在"位置"文本框中指定数据透视的放置位置，单击"确定"按钮。

步骤03 在表Sheet2中自动创建一个数据透视表，并打开"数据透视表字段列表"窗格。

步骤04 在"数据透视表字段列表"窗格的"选择要添加到报表的字段"列表框中勾选复选框，向数据透视表中添加相应的字段。

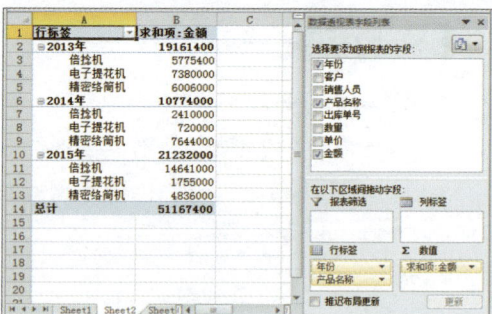

8.1.2 编辑数据透视表

创建数据透视表后，还可以对其进行编辑，下面介绍具体操作方法。

❶ 设置"数据透视表字段列表"窗格

创建数据透视表后，"数据透视表字段列表"窗格默认为打开状态，用户可以根据实际需要选择打开或关闭该窗格，也可以移动窗格位置、调整窗格大小等。

步骤01 选中数据透视表外的任意单元格时，

"数据透视表字段列表"窗格自动隐藏。选中数据透视表中的任意单元格时窗格显示，单击"关闭"按钮，可以将该窗格关闭。

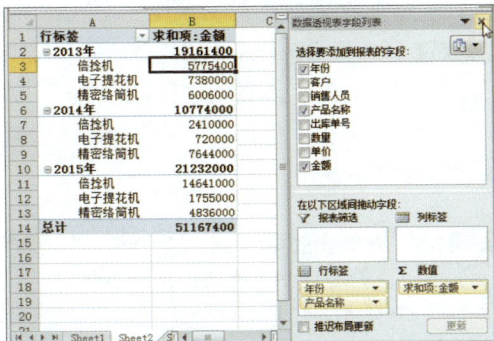

步骤 02 若想重新打开"数据透视表字段列表"窗格，则右击数据透视表中任意单元格，在弹出的快捷菜单中选择"显示字段列表"选项。

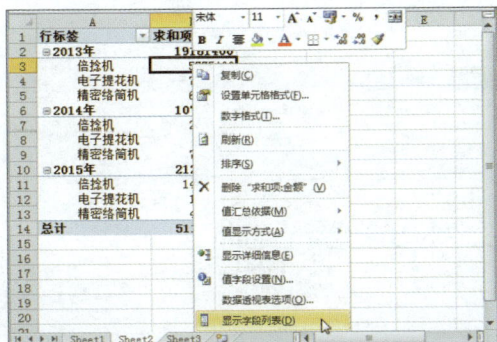

步骤 03 单击"数据透视表字段列表"窗格右上角下拉按钮，在展开的列表中选择"移动"选项。

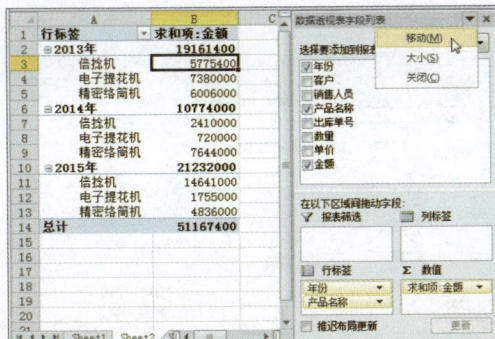

步骤 04 拖动鼠标可以将"数据透视表字段列表"窗格移动至工作表中任意位置。双击窗格标题栏可将窗格恢复到默认位置。

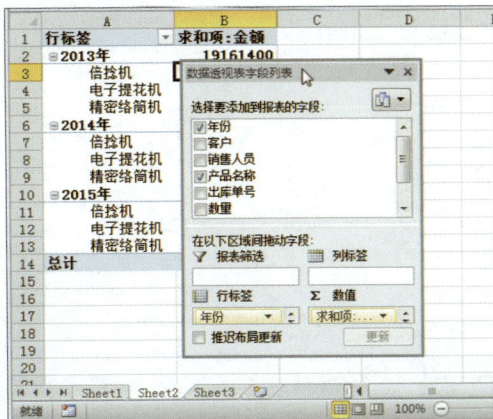

步骤 05 单击窗格右上角下拉按钮，在展开的列表中选择"大小"选项。

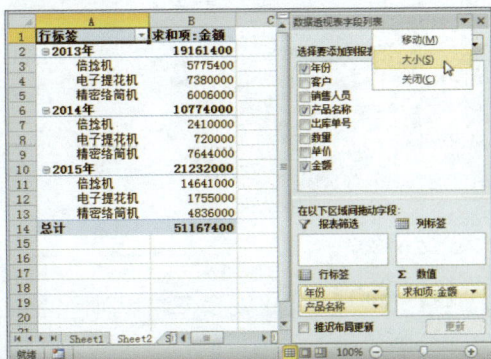

步骤 06 光标自动移动至窗格左侧并变为"↔"形状，拖动鼠标即可调整窗格的宽度。

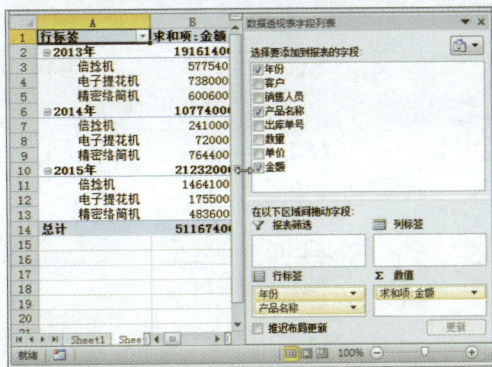

步骤 07 单击"选择要添加到报表的字段"右侧的""下拉按钮，在下拉列表中选择"字段节和区域节并排"选项。

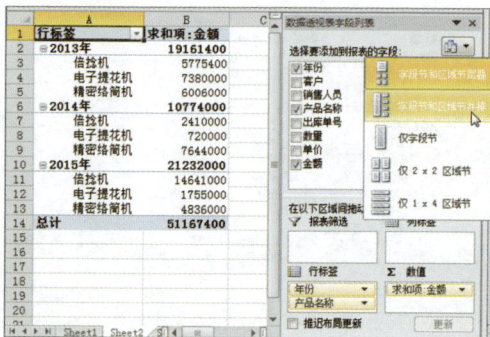

步骤 08 "数据透视表字段列表"窗格分为两列显示。

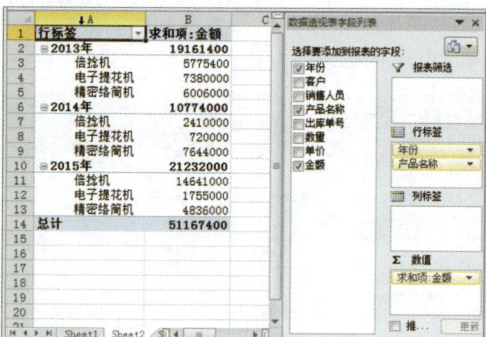

步骤 09 打开"数据透视表工具-选项"选项卡，单击"显示"组中的"字段列表"按钮，可以快速打开或关闭"数据透视表字段列表"窗格。

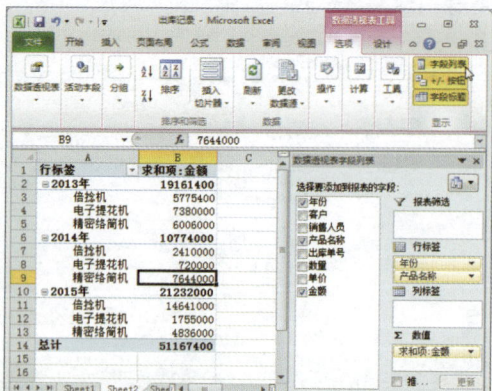

② 展开或折叠数据透视表字段

在进行数据分析的时候，用户可以使用字段的折叠功能显示或隐藏数据明细。

（1）使用选项卡设置

步骤 01 选中数据透视表中的任意字段，打开"数据透视表工具-选项"选项卡，单击"活动字段"组中的"折叠整个字段"按钮，即可折叠所有字段。

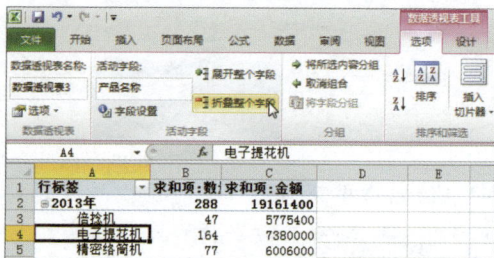

步骤 02 单击"展开整个字段"按钮，可以将所有字段展开。

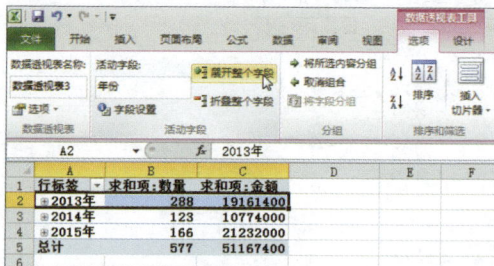

（2）使用右键快捷菜单设置

步骤 01 右击某字段，在弹出的快捷菜单中选择"展开/折叠"选项，在下级菜单中选择"折叠"选项，可将该字段折叠。若选择"折叠整个字段"选项，则将所有字段折叠。

步骤 02 右击某字段，在 "展开/折叠" 选项的下级菜单中选择 "展开" 选项，可将该字段展开。若选择 "展开整个字段" 选项则可以将所有字段展开。

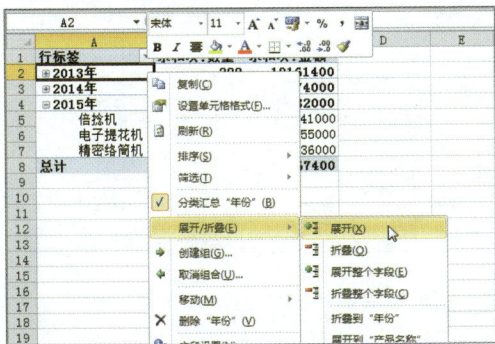

❸ 更改字段显示顺序

为了满足不同的数据分析需求，可以对数据透视表中字段的显示顺序进行更改。

步骤 01 打开 "数据透视表字段列表" 窗格，在 "行标签" 列表框中单击 "年份" 下拉按钮，在展开的列表中选择 "下移" 选项。

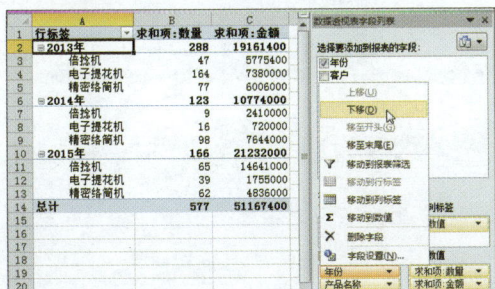

步骤 02 数据透视表中行标签 "年份" 和 "产品名称" 已经互换了位置。

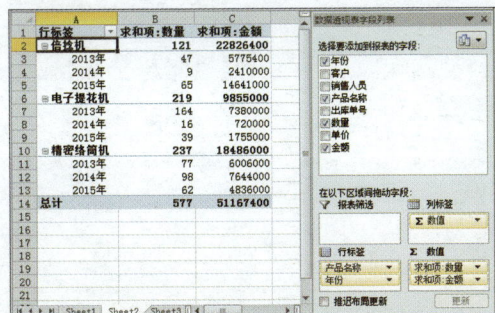

步骤 03 在 "选择要添加到报表的字段" 列表框中选中 "单价" 选项，按住鼠标左键将其拖动至 "数值" 列表中的 "求和项：数量" 和 "求和项：金额" 之间，松开鼠标左键。

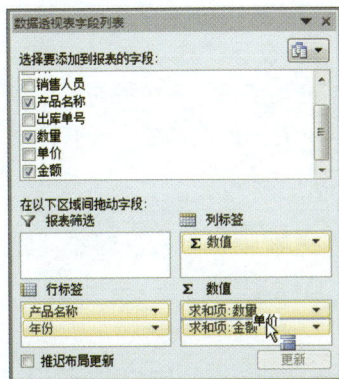

步骤 04 数据透视表中随即新增了 "求和项：单价" 数据。

步骤 05 若要删除数据透视表中的某字段，则在字段列表中的相应区域内单击该字段选项，在展开的列表中选择 "删除字段" 选项。

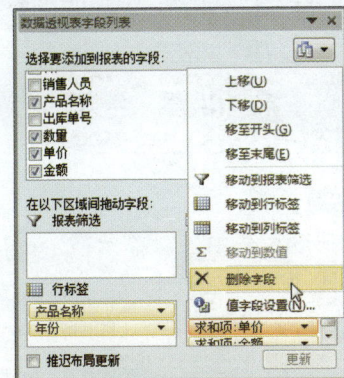

❹ 更改数据透视表布局

为了便于数据的分析，用户可以根据个人习惯更改数据透视表布局。

（1）设置分类汇总

步骤01 选中数据透视表中任意单元格，打开"数据透视表工具-设计"选项卡，在"布局"组中单击"分类汇总"下拉按钮，在展开的列表中选择"在组的底部显示所有分类汇总"选项。

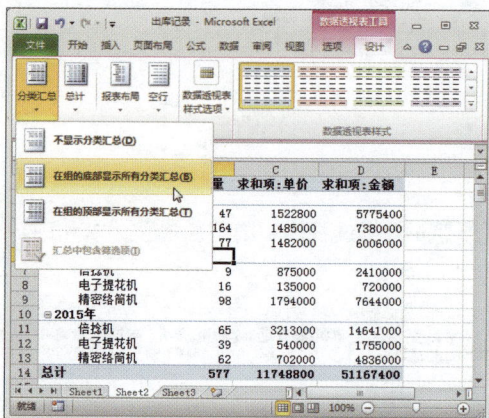

步骤02 数据透视表中每组底部即被添加了分类汇总。若要删除分类汇总，则在"分类汇总"下拉列表中选择"不显示分类汇总"选项。

（2）更改报表布局

步骤01 选中数据透视表中任意单元格，在"数据透视表工具-设计"选项卡下"布局"组中单击"报表布局"下拉按钮，在展开的列表中选择"以表格形式显示"选项。

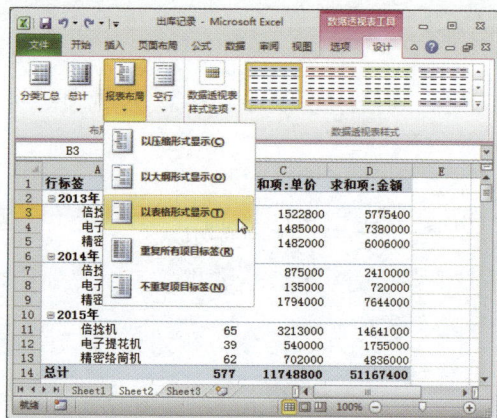

步骤02 数据透视表随即切换布局，以表格形式显示。

步骤03 单击"报表布局"下拉按钮，在展开的列表中选择"重复所有项目标签"选项。

步骤04 数据透视表中的重复项目标签随即全部显示。

⑤ 更改数据源

当根据某一数据源创建数据透视表后，如果要重新修改数据源，可以使用更改数据源命令按钮进行修改，而不需要重新建立一个新的数据透视表。

步骤01 选中数据透视表中任意单元格，打开"数据透视表工具-选项"选项卡，在"数据"组中单击"更改数据源"下拉按钮，在展开的列表中选择"更改数据源"选项。

步骤02 弹出"移动数据透视表"对话框，在"表/区域"文本框中重新设置数据源，单击"确定"按钮。

步骤03 数据透视表随即应用新数据源，并自动刷新数据。

⑥ 刷新数据透视表

当对数据透视表的数据源作出了修改以后，为了省去重新建立新数据透视表的麻烦，可以直接刷新数据透视表更新数据。

（1）使用选项卡命令刷新

步骤01 打开数据源所在工作表，在数据源中插入"产品型号"列内容。

步骤02 返回数据透视表所在工作表，选中数据透视表中任意单元格，打开"数据透视表工具-选项"选项卡，单击"刷新"下拉按钮，在展开的列表中选择"刷新"选项。

步骤 03 随即自动打开"数据透视表字段列表"窗格，可以发现新增了"产品型号"字段，勾选该字段前面的复选框，数据透视表中即可显示该字段。

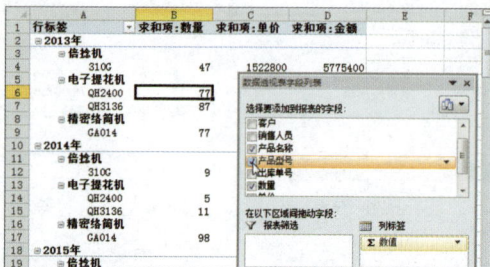

步骤 04 若在"刷新"下拉列表中选择"全部刷新"选项，则可以刷新由同一个数据源生成的多个数据透视表。

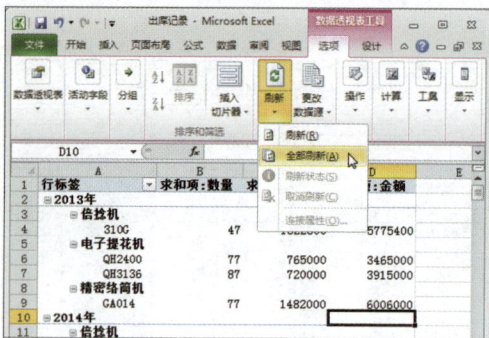

（2）使用右键快捷菜单刷新

更新数据源后，右击数据透视表中任意单元格，在弹出的快捷菜单中选择"刷新"按钮。即可刷新数据透视表数据。

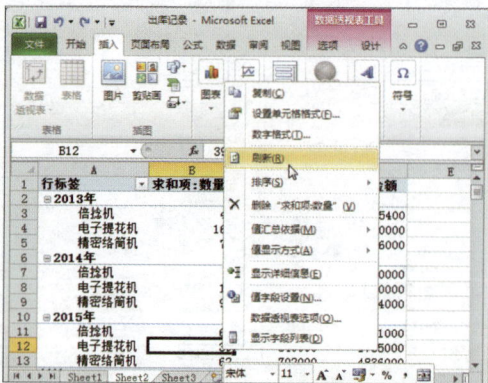

（3）打开数据透视表时自动刷新

步骤 01 选中数据透视表中任意单元格，打开"数据透视表工具-选项"选项卡，在"数据透视表"组中单击"选项"下拉按钮，在展开的列表中选择"选项"选项。

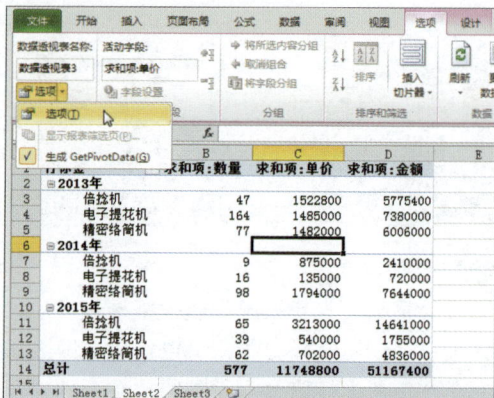

步骤 02 打开"数据透视表选项"对话框，切换到"数据"选项卡，勾选"打开文件时刷新数据"复选框，单击"确定"按钮即可。

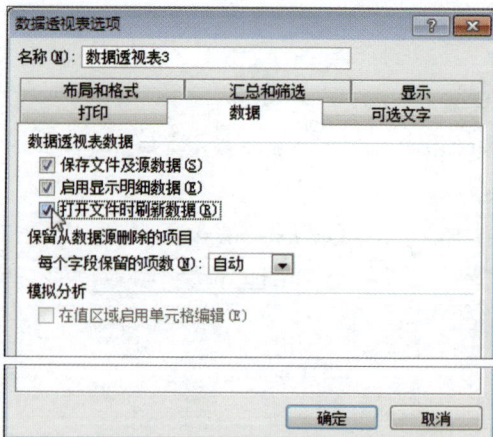

❼ 数据透视表的移动和删除

用户可根据需要移动数据透视表位置，或删除数据透视表，具体方法如下。

（1）移动数据透视表

步骤 01 选中数据透视表中任意单元格，打开"数据透视表工具-选项"选项卡，在"操作"组中单击"移动数据透视表"按钮。

步骤 02 弹出"移动数据透视表"对话框，选中"现有工作表"单选按钮，在"位置"文本框中指定移动位置，单击"确定"按钮。

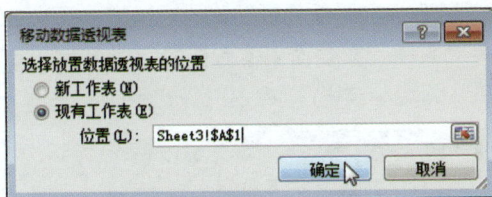

步骤 03 数据透视表随之移动到指定的位置。

步骤 04 若在"移动数据透视表"对话框中选中"新工作表"单选按钮，则工作簿自动新建一个工作表，自单元格A3起存放数据透视表。

（2）删除数据透视表

步骤 01 选中数据透视表中任意单元格，打开"数据透视表工具-选项"选项卡，在"操作"组中单击"清除"下拉按钮，在展开的列表中选择"全部清除"选项。

步骤 02 数据透视表中所有数据随即被清除。

步骤03 若要删除数据透视表，则先单击"操作"组中的"选择"下拉按钮，在展开的列表中选择"整个数据透视表"选项。

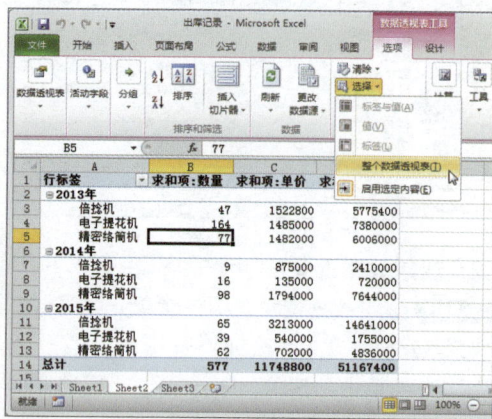

步骤04 按下Delete键即可将整个数据透视表删除。

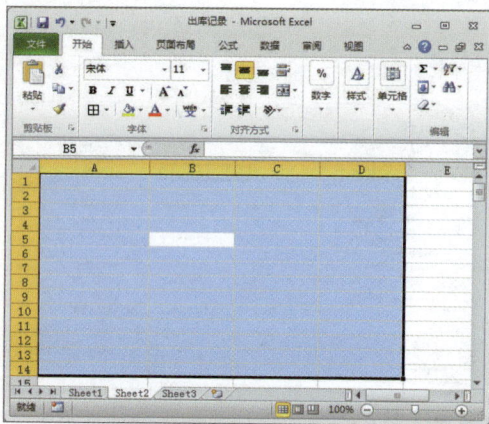

8.1.3 管理数据透视表字段

向数据透视表中添加字段后，还可以对字段进行进行一系列的编辑，比如修改字段名称、隐藏字段标题删除字段等。

❶ 修改字段名称

默认添加到数据透视表中的值字段名称通常都带有"求和项"或"计数项"字样的前缀，用户可以修改字段名称。

步骤01 选中数据透视表中需要修改名称的字段，打开"数据透视表工具-选项"选项卡，单击"活动字段"组中的"字段设置"按钮。

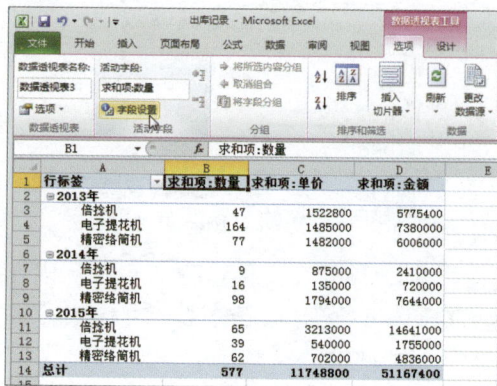

步骤02 弹出"值字段设置"对话框，在"自定义名称"文本框中输入新的字段名称，单击"确定"按钮。

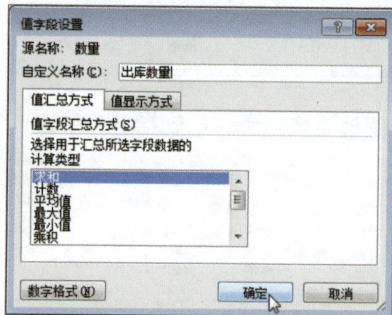

步骤03 选中字段的名称随即被修改为前面对话框中输入的名称。

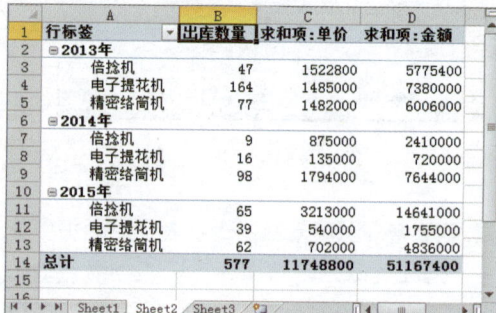

❷ 字段标题的显示和隐藏

用户既可以将字段标题显示出来，也可以将其隐藏。选中数据透视表中任意单元格，打开"数据透视表工具-选项"选项卡，单击"显示"组中的"字段标题"按钮即可隐藏字段标题，再次单击该按钮可以将字段标题重新显示出来。

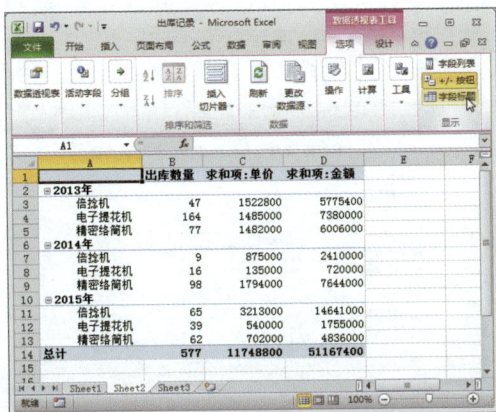

❸ 删除字段

对某字段分析完毕之后可将该字段删除，还可重新添加其他字段到数据透视表中进行数据分析。

（1）使用右键快捷菜单删除

步骤01 右击"出库数量"字段列中的任意单元格，在弹出的快捷菜单中选择"删除'出库数量'"选项。

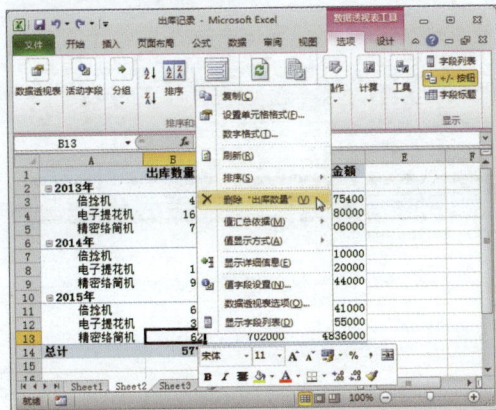

步骤02 数据透视表中的"出库数量"值字段随即被删除。

（2）使用字段列表删除

打开"数据透视表字段列表"对话框，在相应区域中单击需要删除的字段，在展开的列表中选择"删除字段"选项，即可将该字段删除。

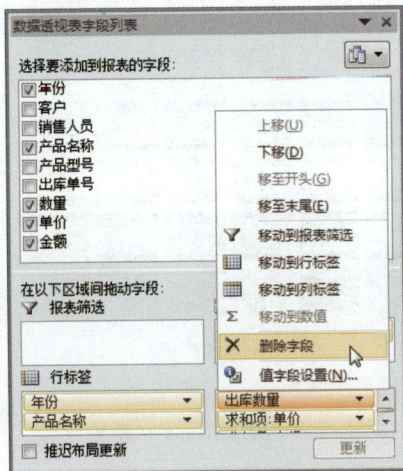

8.1.4 美化数据透视表

为了使数据透视表看上去更美观，我们可以对数据透视表进行美化。

❶ 为数据透视表套用表格格式

数据透视表也可以套用普通表格格式，使数据透视表瞬间变美观。

步骤01 选中数据透视表中任意单元格，打开"开始"选项卡，在"样式"组中单击"套用表格格式"下拉按钮。

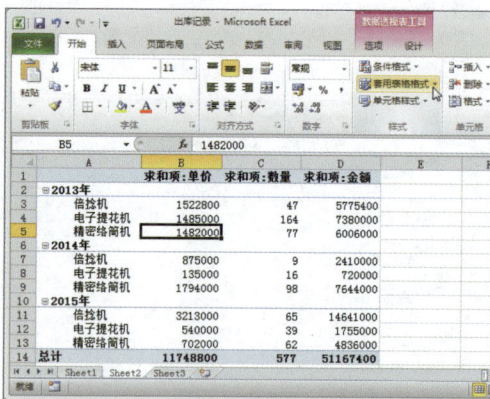

步骤02 在展开列表中选择合适的表格格式。

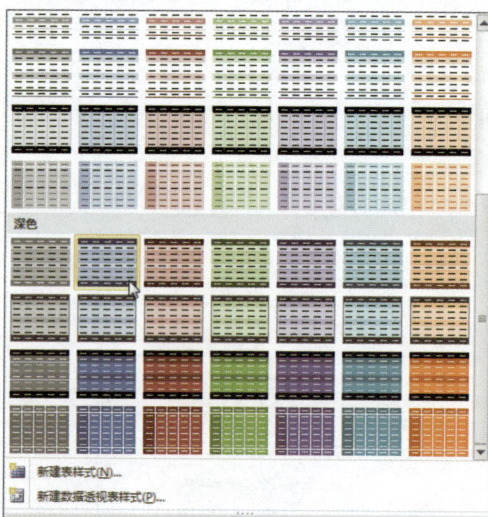

步骤03 数据透视表随即应用选中表格格式。

❷ 使用数据透视表样式

Excel 2010内置了很多数据透视表样式，用户可以直接选用。

步骤01 打开"数据透视表工具-设计"选项卡，在"数据透视表样式"组中单击"其他"下拉按钮。

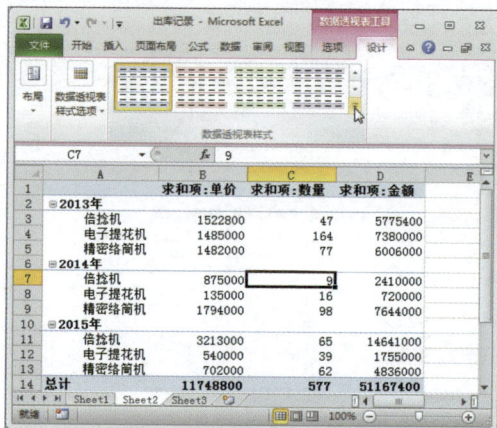

步骤02 在展开的列表中选择合适的样式，即可应用该数据透视表样式。

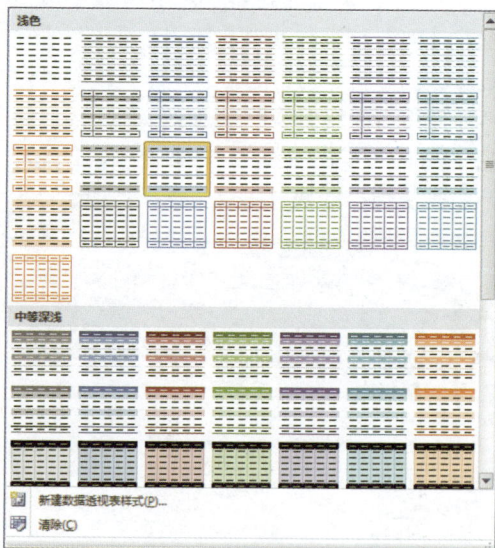

8.2 商品销售清单分析

当用户需要对一个大型的表格进行数据分析时，使用数据透视表是一个不错的选择，使用数据透视表不仅可以为数据排序、分组，还可以通过插入切片器对数据进行筛选。

8.2.1 对数据进行排序

数据透视表和普通表格一样也可以为数据进行排序，为数据透视表排序的方法有很多种，下面介绍几种常用的排序方法。

❶ 简单排序

下面介绍为数据透视表中的数据进行排序的方法。

（1）使用行标签排序

步骤01 单击"行标签"下拉按钮，在展开的列表中的"选择字段"下拉列表中选择"日期"选项。

步骤02 并选择日期的排序方式为"降序"。

步骤03 数据透视表随即按日期字段的降序进行排序。

（2）使用右键快捷菜单排序

步骤01 右击需要排序的字段中的任意单元格，在弹出的快捷菜单中选择"排序"选项，在下级菜单中选择排序方式。

步骤02 数据透视表随即按照选中的字段排序方式进行排序。

（3）使用选项卡命令排序

步骤01 选中需要排序的字段中的任意单元格，打开"选项"选项卡，单击"排序和筛选"组中的"排序"按钮。

步骤02 弹出"按值排序"对话框，选择合适的排序方式后，单击"确定"按钮即可。

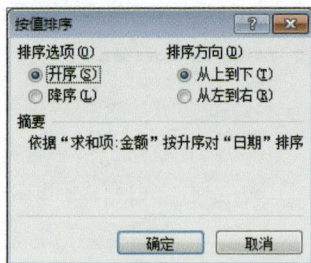

步骤03 单击"排序和筛选"组中的"升序"或"降序"按钮，也可以快速为选中字段进行相应的排序。

2 指定排序字段

若要对数据透视表中的特定项目进行排序或修改排序顺序，可以使用自定义排序。

步骤01 单击"行标签"下拉按钮，在展开的列表中选择"其他排序选项"选项。

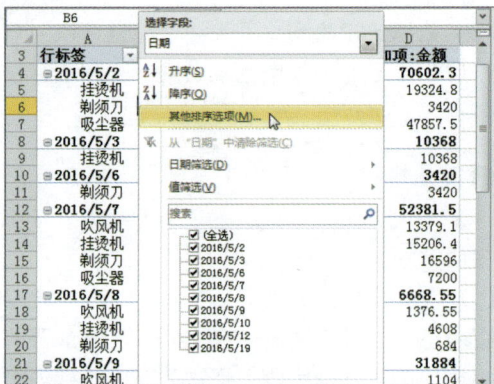

步骤02 打开"排序"对话框，选中"升序排序（A到Z）依据"单选按钮，在下拉列表中选择需要排序的字段。单击"其他选项"按钮。

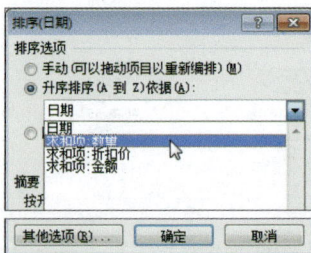

步骤03 弹出"其他排序选项"对话框，选择好排序依据。如果勾选"每次更新报表时自动排序"复选框，则每次打开数据透视表时自动排序。

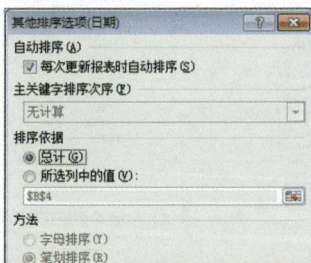

8.2.2 数据的分组操作

对数据透视表中的数据进行分组，可以显示要分析的数据的子集，当数据透视表中的数据特别多而且适合进行分组显示时，可以设置分组以方便数据的查看。

步骤 01 选中需要分为一组的字段，并右击，在弹出的快捷菜单中选择"创建组"选项。

步骤 02 选中的字段随即被创建为一个组，并自定命名为"数据组1"。

办公助手 关于数组

所谓数组，就是相同数据类型的元素按一定顺序排列的集合，就是把有限个类型相同的变量用一个名字命名，然后用编号区分他们的变量的集合，这个名字称为数组名，编号称为下标。

步骤 03 选中其他需要分组的字段，单击"数据透视表工具-选项"选项卡下"分组"组中的"将所选内容分组"按钮，按照同样步骤为选中的其他字段分组。

步骤 04 分组完成之后，选中"数据组1"单元格，直接输入文本"上旬"，为其更改组名称。接下来用同样的方法依次修改其他组名称。

步骤05 若要取消分组，则选中分组数据名称单元格，单击"数据透视表工具-选项"选项卡中的"取消组合"按钮。

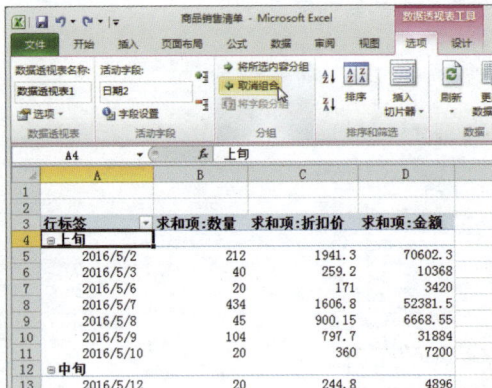

步骤06 对日期型数据进行分组时，还可以单击"将字段分组"按钮。

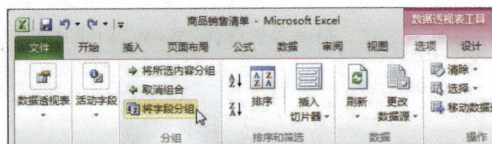

步骤07 在打开的"分组"对话框中选择不同的时间单位为数据分组。

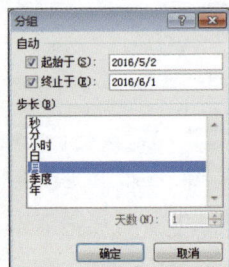

8.2.3 切片器的使用

插入切片器可以交互方式筛选数据。使用切片器，可以更快速轻松地筛选数据透视表和多维数据。

❶ 插入切片器

下面介绍在数据透视表中插入切片器的具体操作步骤。

步骤01 选中数据透视表中任意单元格，打开"数据透视表工具-选项"选项卡，在"排序和筛选"组中单击"插入切片器"下拉按钮，在展开的列表中选择"插入切片器"选项。

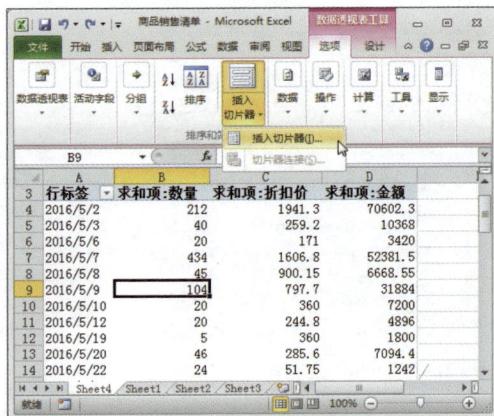

步骤02 弹出"插入切片器"对话框，勾选需要插入的切片器字段，单击"确定"按钮。

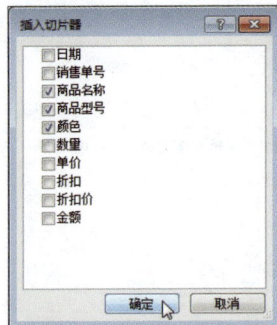

步骤03 数据透视表中随即被插入相应字段的切片器。

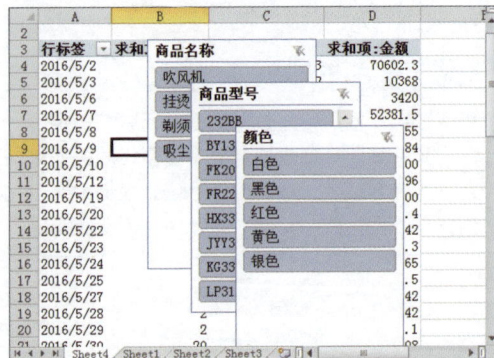

❷ 调整切片器位置和大小

默认情况下插入到数据透视表中的切片器是按次序叠放的，位于上方的切片器会遮盖位于下方的切片器，为了避免给操作带来不便，可以移动切片器的位置和大小。

（1）调整位置

步骤 01 选中位于最上方的切片器，打开"切片器工具-选项"选项卡，单击"排列"组中的"下移一层"下拉按钮，在展开的列表中选择"下移一层"选项。

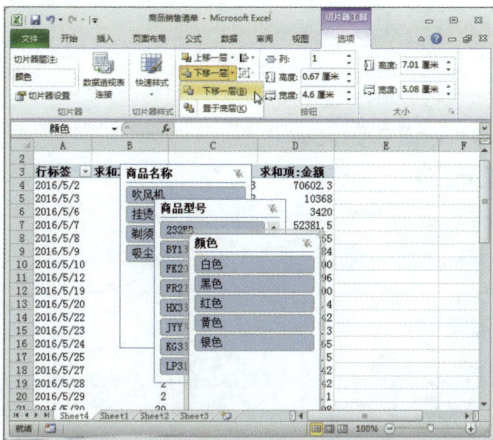

步骤 02 选中的切片器即被向下移动了一层。

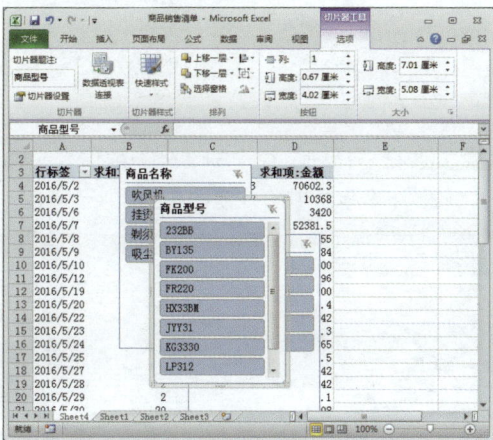

步骤 03 选中位于最底层的切片器，单击"排序"组中的"上移一层"下拉按钮，在展开的列表中选择"置于顶层"选项。

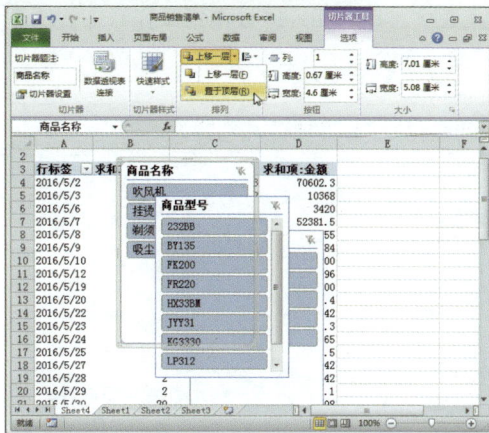

步骤 04 选中的切片器随即如下图所示，被调整到最顶层显示。

步骤 05 将光标移动至切片器上，单击并按住鼠标左键不放，拖动鼠标。

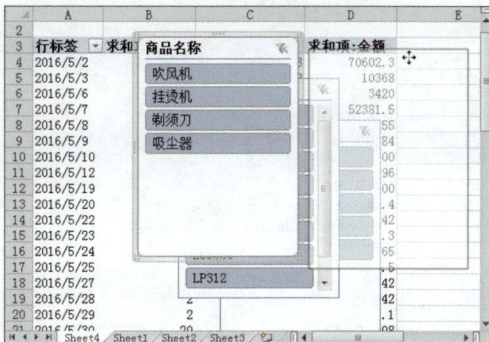

步骤06 可以将切片器移动到工作表中的任意位置。

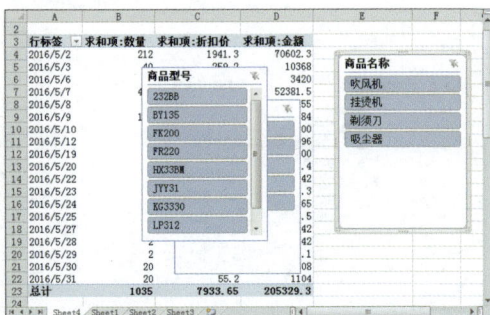

（2）设置筛选器大小

步骤01 右击切片器，在弹出的快捷菜单中选择"大小和属性"选项。

步骤02 弹出"大小和属性"对话框，设置好合适的"高度"和"宽度"，即可将选中切片器设置为相应大小。

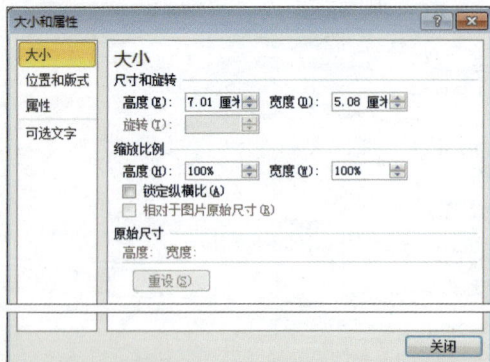

步骤03 选中切片器，在"切片器工具-选项"选项卡的"大小"组中设置"高度"和"宽度"值，也可以改变切片器的大小。

（3）设置按钮大小

步骤01 选中筛选器，打开"切片器工具-选项"选项卡，在"按钮"组中输入"高度"和"宽度"值，即可将按钮设置为相应尺寸。

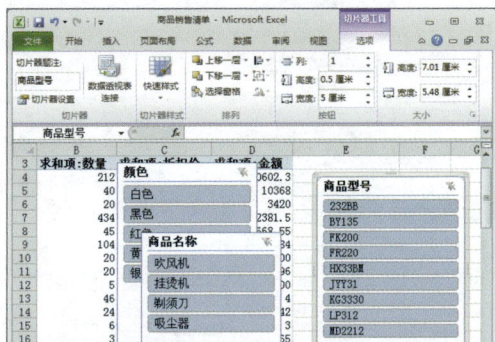

步骤02 在"按钮"组中的"列"数值框中输入"2"，筛选器中的按钮即变为2列显示。

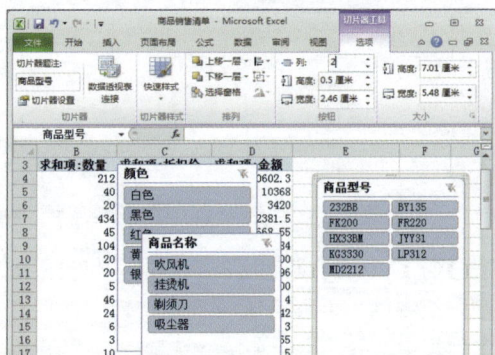

❸ 设置切片器样式

用户可以为切片器设置快速样式，使切片器拥有不一样的外观。

步骤 01 选中需要设置样式的切片器，打开"切片器工具-选项"选项卡，在"切片器样式"组中单击"其他"下拉按钮。

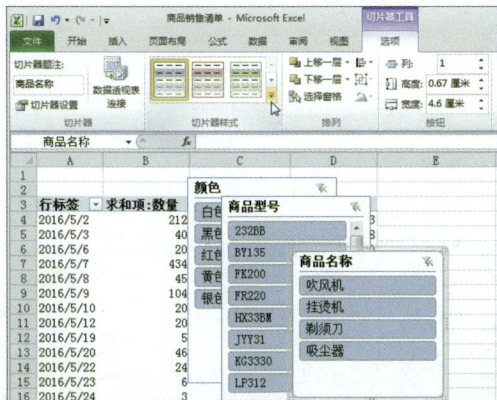

步骤 02 在展开的列表中选择合适的样式，选中的切片器即可应用该样式。

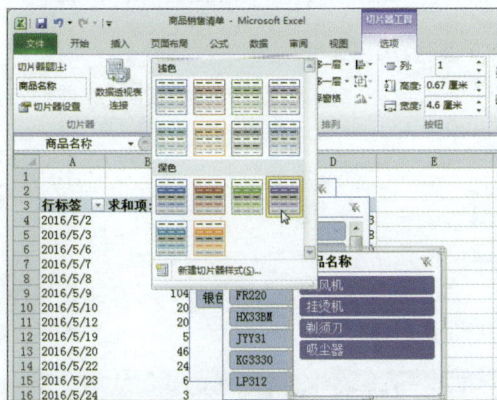

步骤 03 用户还可以根据需要新建切片器样式。在"快速样式"下拉列表中选择"新建切片器样式"选项。

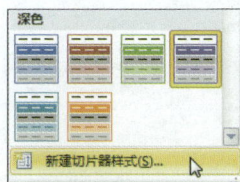

步骤 04 随即弹出"新建切片器快速样式"对话框，在列表框中选择"整个切片器"选项。单击"格式"按钮。

步骤 05 打开"格式切片器元素"对话框，分别在"字体"、"边框"、"填充"选项卡中进行相应的设置。单击"确定"按钮。

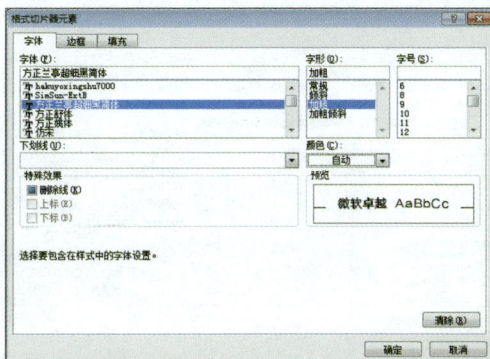

步骤 06 返回"修改切片器快速样式"对话框，单击"确定"按钮。

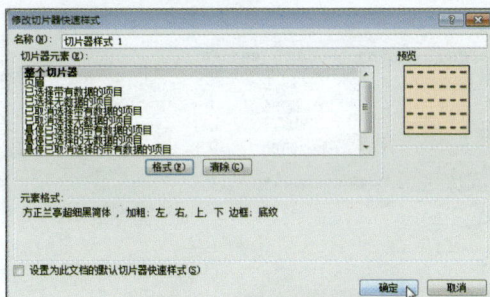

步骤 07 再次打开"快速样式"下拉列表，此时该列表中新增了自定义样式，单击自定义样式即可为选中筛选器应用该样式。

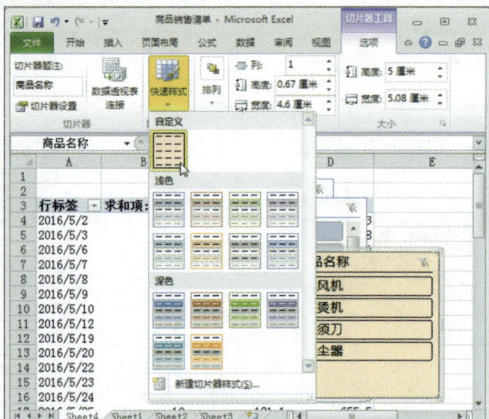

4 使用切片器筛选数据

通过单击切片器中的按钮可以对数据透视表进行筛选。

步骤01 在"商品名称"切片器中选择"吹风机"选项。

步骤02 数据透视表随即筛选出所有和吹风机有关的数据。

步骤03 在"商品型号"切片器中单击选择"KF200"选项，数据透视表随即筛选出吹风机中型号为KF200的所有数据。

步骤04 若要清除筛选条件，则单击切片器右上角的"清除筛选器"按钮。

5 删除切片器

筛选完成后如果不在需要进行数据筛选操作，可以将切片器删除。

右击"商品名称"切片器，在弹出的快捷菜单中选择"删除'商品名称'"选项，即可将该切片器删除。

选中需要删除的切片器，按Delete键也可将其删除。

8.3 区域销量统计分析

公司将商品销售到多个区域后，为了对比各个区域的销售情况，可以将各区域销售数据制作成数据透视表，然后对销售数据进行分析。为了更加直观地体现数据，还可以将数据透视表中的数据转化成图形。

8.3.1 创建数据透视图

数据透视图将数据透视表中的汇总数据以可视化形式显示出来，以便用户轻松查看比较、模式和趋势。下面介绍数据透视图的创建方法。

①使用数据源直接创建

步骤01 选中数据源中任意单元格，打开"插入"选项卡，在"表格"组中单击"数据透视表"下拉按钮，在展开的列表中选择"数据透透视图"选项。

步骤02 弹出"创建数据透视表及数据透视图"对话框，选中"现有工作表"单选按钮，设置好数据透视表的创建位置，单击"确定"按钮。

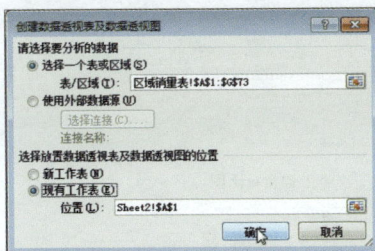

步骤03 工作表Sheet2自A1单元格起建立了空白数据透视表和数据透视图。

步骤04 在"数据透视表字段列表"窗格中勾选字段复选框，向数据透视图和数据透视表中添加数据。

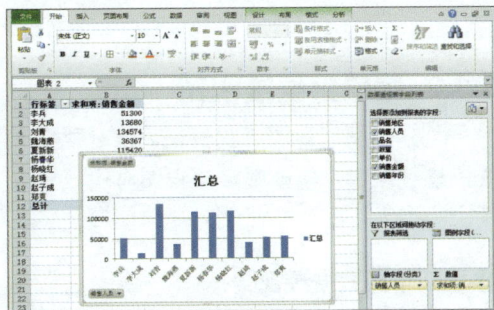

②通过数据透视表创建

用户也可以先创建数据透视表，通过数据透视表创建数据透视图。

步骤01 选中数据透视表中任意单元格，打开"数据透视表工具-选项"选项卡，单击"工具"组中的"数据透视图"按钮。

步骤02 弹出"插入图表"对话框，选中合适的图形，单击"确定"按钮。

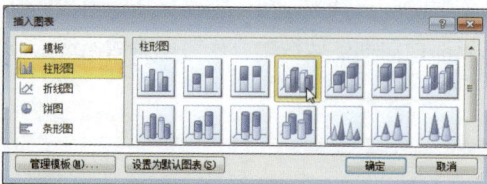

步骤03 工作表中随即根据数据透视表数据创建相应的数据透视图。

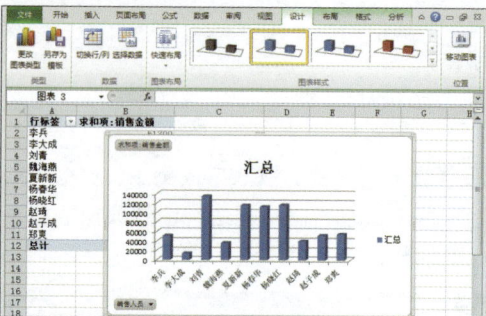

8.3.2 编辑数据透视图

创建数据透视图后我们还可以对数据透视图进行编辑，修改数据透视图布局，更改图表类型等。

❶ 重新布局数据透视图

（1）快速更改数据透视图布局

步骤01 选中数据透视图，打开"数据透视图工具-设计"选项卡，在"图表布局"组中单击"其他"下拉按钮，选择合适的布局选项。

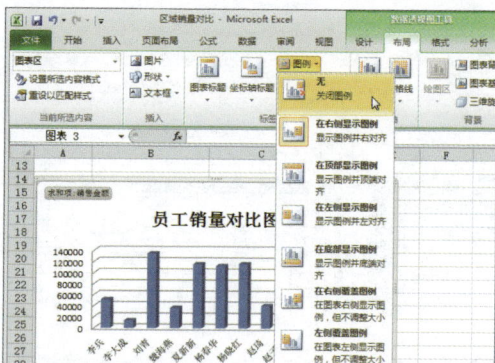

步骤02 数据透视图随即应用该布局样式。最后修改好横坐标和纵坐标标题即可。

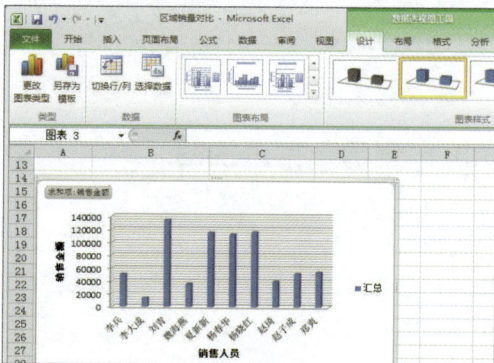

（2）自定义数据透视图布局

步骤01 选中数据透视图，打开"数据透视图工具-布局"选项卡，单击"标签"组中的"图例"下拉按钮，选择"无"选项。

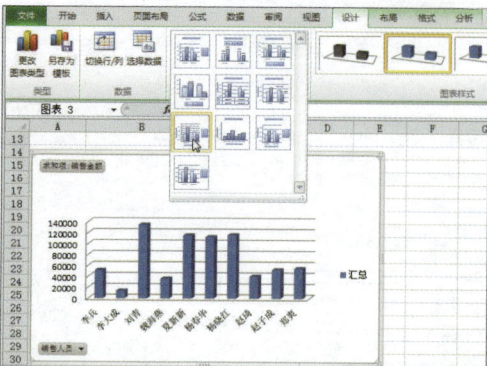

步骤02 单击"标签"组中的"数据标签"下拉按钮，在展开的列表中选择"显示"选项。

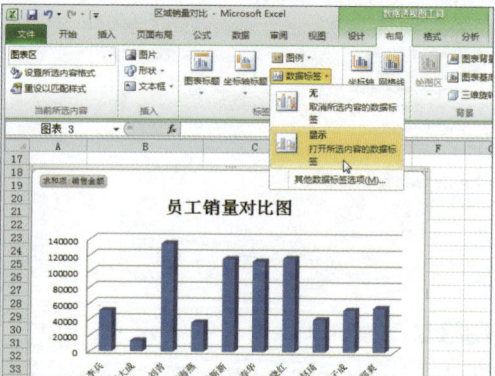

步骤 03 单击"坐标轴"组中的"坐标轴"下拉按钮，选择"主要纵坐标轴"选项，在下级列表中选择"显示前单位坐标轴"选项。

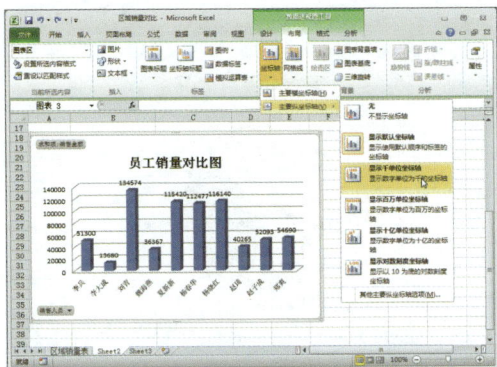

步骤 04 单击"坐标轴"组中的"网格线"下拉按钮，在展开的列表中选择"主要网格线"选项。

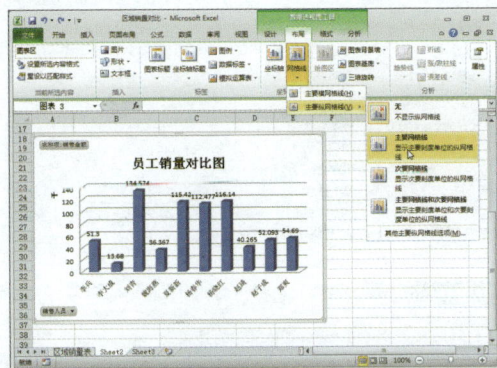

步骤 05 数据透视图被应用了各项设置，显示新的布局样式。

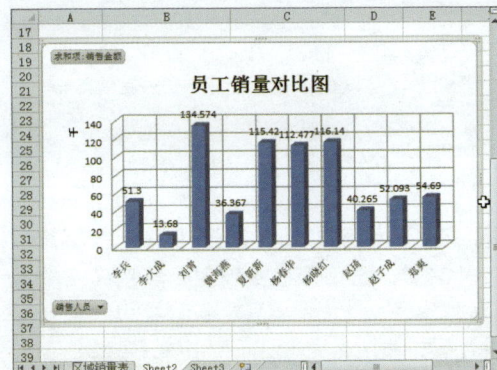

②更改数据透视图类型

使用数据源创建数据透视图时，如果默认的图表类型不能令用户满意，可以更改数据透视图类型。

步骤 01 选中数据透视图，打开"数据透视图工具-设计"选项卡，在"类型"组中单击"更改图表类型"按钮。

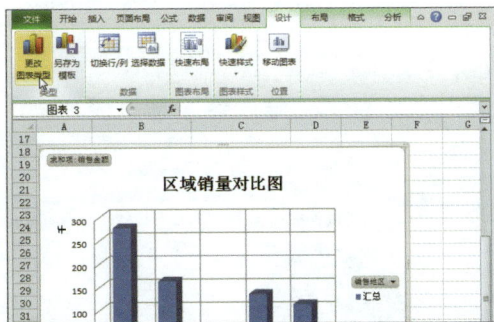

步骤 02 弹出"更改图表类型"对话框，在"饼图"选项面板中中选中合适的图表类型。单击"确定"按钮。

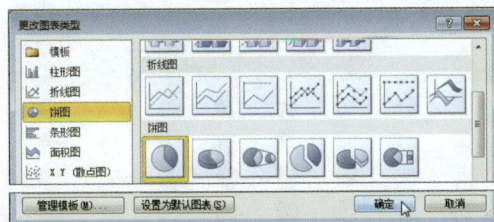

步骤 03 数据透视图类型随即更改为选中的饼图类型。

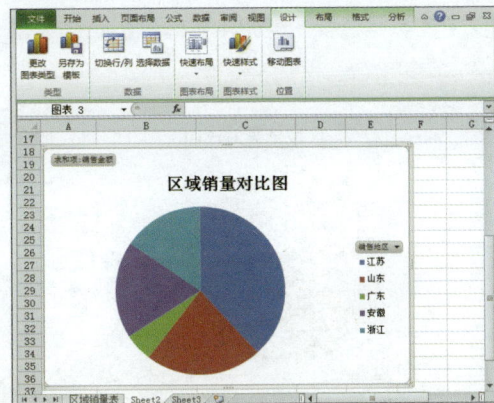

❸ 美化数据透视图

数据透视图创建完成后，我们还可以对数据透视图进行一些美化工作，使数据透视图变得更完美。

（1）应用快速样式

步骤01 选中数据透视图，打开"数据透视图工具-设计"选项卡，单击"图表样式"组中的"其他"下拉按钮。

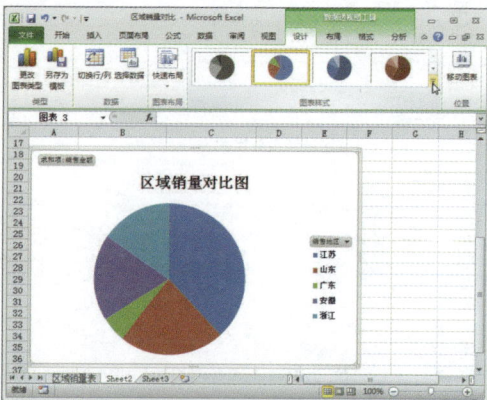

步骤02 在展开列表中选择合适的图表样式。

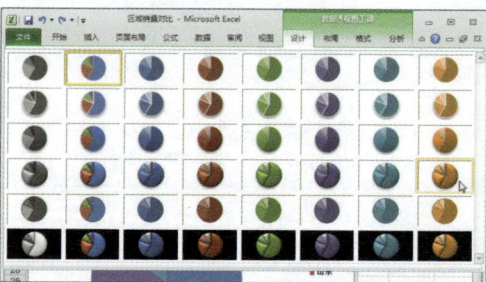

步骤03 数据透视图随即应用选中图表样式。

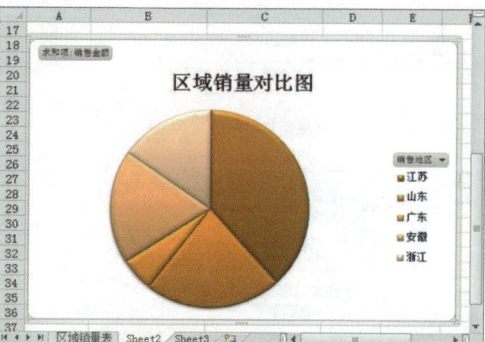

（2）设置图表区填充效果

步骤01 右击数据透视图图表区，在弹出的快捷菜单中选择"设置图表区域格式"选项。

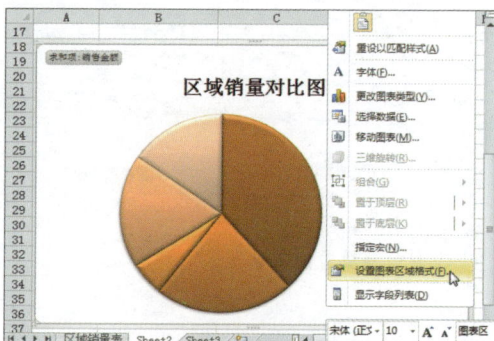

步骤02 打开"设置图表区格式"对话框，在"填充"选项面板中选中"图片或纹理填充"单选按钮，单击"文件"按钮。

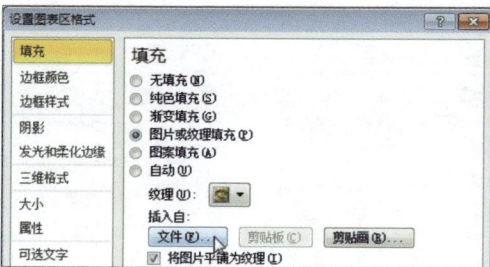

步骤03 打开"插入图片"对话框，选中合适的图片，单击"插入"按钮。

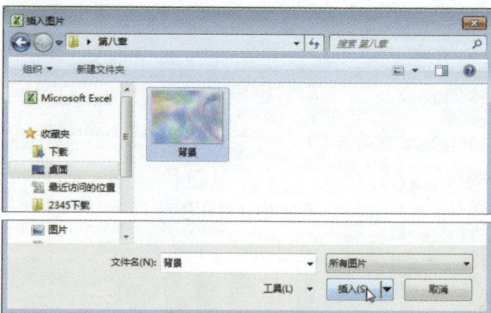

步骤04 返回工作表，数据透视图已被填充了图片背景。选中数据透视图的绘图区，单击"数据透视图工具-布局"选项卡下"当前所选内容"组中的"设置所选内容格式"按钮。

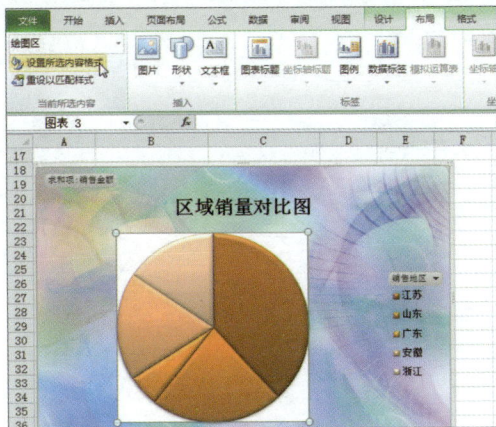

步骤05 打开"设置绘图区格式"对话框，在"填充"选项面板中单击"无填充"单选按钮，单击"关闭"按钮。

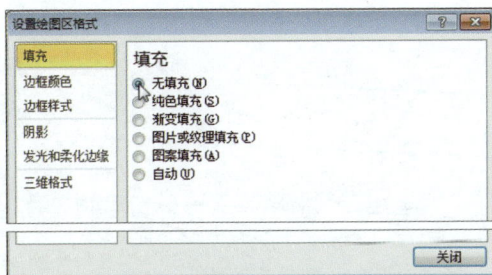

步骤06 数据透视图的绘图区随即变透明，至此完成了数据透视图的美化工作。

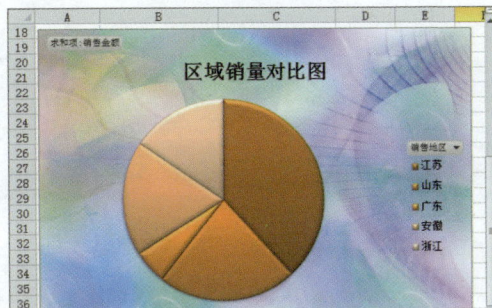

④ 使用数据透视图筛选数据

数据透视图不仅用于直观地体现数据，也可以直接用于数据的筛选。下面介绍操作方法。

步骤01 选中数据透视图，单击"销售地区"

下拉按钮，在展开的下拉列表中取消"全选"复选框的勾选，勾选"江苏"和"安徽"复选框，单击"确定"按钮。

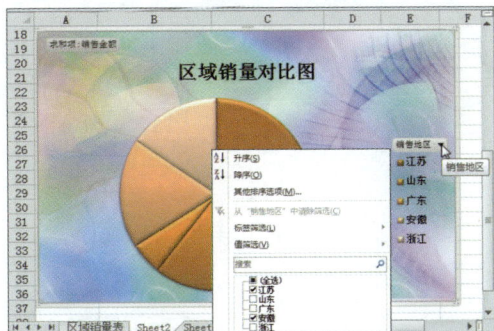

步骤02 数据透视图和数据透视表随即筛选并显示出相应的数据。

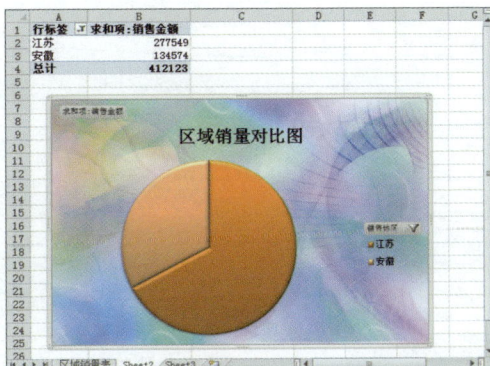

④ 删除数据透视图

如果不再需要使用数据透视图，可以将数据透视图删除。选中数据透视图，直接按Delete键，即可将数据透视图删除。

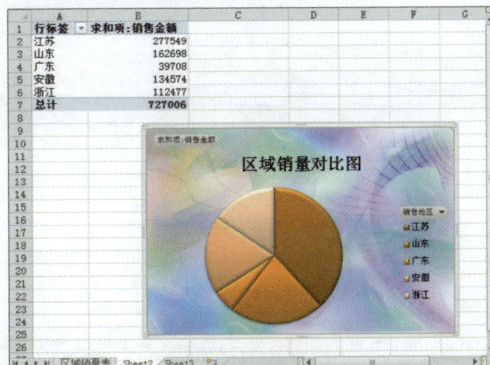

读书笔记

Chapter
09

数据变图表很直观

本章概述

为了更直观地展现工作表中数据的关系，使数据间的对比变得一目了然，可以使用图表来关联数据，图表以图形的形式来展现数据的系列值，和数据间的相对关系。Excel 2010中内置的图表类型有柱形图、折线图、饼图、条形图、面积图等11大类，不同的图表应用于不同类型的数据。

本章要点

图表的创建

图表的美化

迷你图的创建

迷你图的设置

迷你图的美化

9.1 制作居民可支配收入图表

居民可支配收入被认为是消费开支最重要的决定性因素，因而常被用来衡量一个国家生活水平的变化情况。本节将以城市和农村居民收入对比数据为例，制作图表分析数据之间的差距。

9.1.1 创建图表

在Excel中创建图表的方法很简单，下面就为大家介绍创建图表的具体操作。

❶ 插入图表

根据数据插入图表时，Excel会自动选择最合适的图表类型，下面介绍两种插入图表的方法。

（1）使用选项卡命令创建

步骤01 选中工作表中的数据区域，如选择A2:C12单元格区域，打开"插入"选项卡，单击"图表"组中的"柱形图"下拉按钮，在展开的列表中选择合适的图表类型。

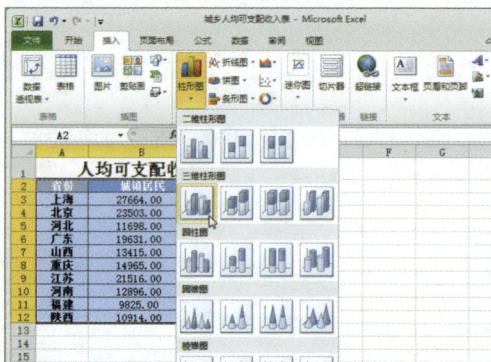

步骤02 工作表中随即插入指定类型的图表。

（2）在对话框中创建

步骤01 打开工作表，选中A2:C12单元格区域，单击"插入"选项卡下"图表"组中的"对话框启动器"按钮。

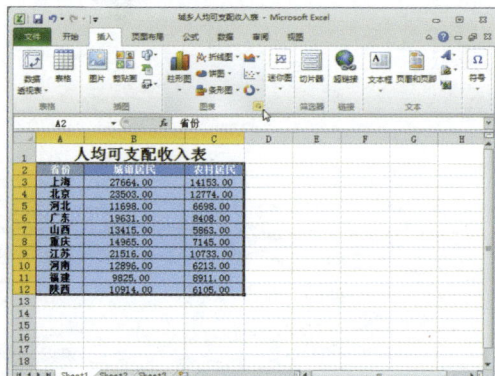

步骤02 弹出"插入图表"对话框，在对话框中选择合适的图表类型后单击"确定"按钮，即可将选中的图表插入到工作表中。

❷ 重新设置图表大小

默认插入到工作表中的图表大小是固定的，用户可根据实际需要调整图表的大小。

步骤01 选中图表，将光标置于图表周围的控制点上。此处置于图表右下角控制点上，光标变为"⤡"形状。

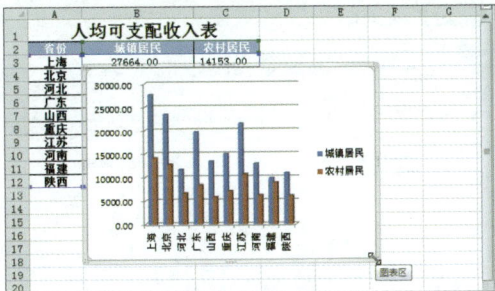

步骤 02 单击并按住鼠标左键不放，拖动鼠标将图表调整到合适大小时松开鼠标左键即可。

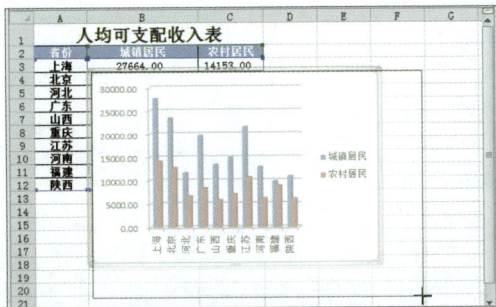

步骤 03 选中图表，打开"图表工具-格式"选项卡，在"大小"组中输入"高度"和"宽度"数值可以精确调整图表大小。

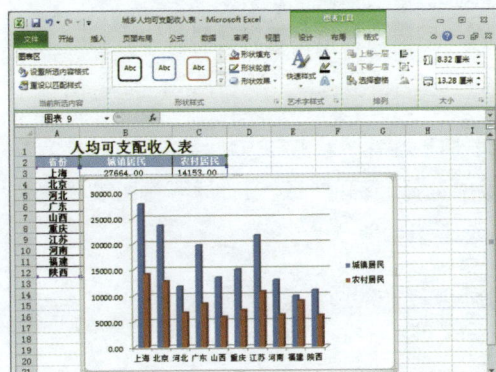

❸ 图表的移动

　　有时新插入的图表会遮挡数据表中的部分数据，这时便需移动图表的位置。

步骤 01 将光标移动到图表上，单击并按住鼠标左键不放，拖动鼠标即可将图表移动到工作表中的合适的位置。

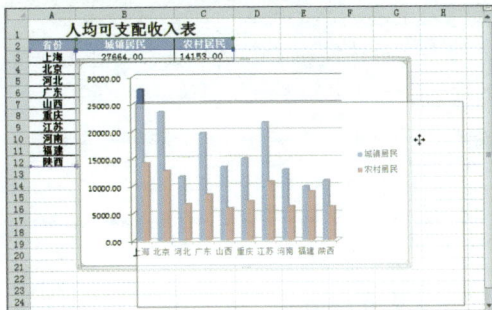

步骤 02 选中图表，打开"图表工具-设计"选项卡，单击"位置"组中的"移动图表"按钮。

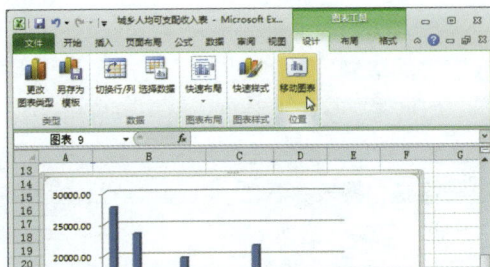

步骤 03 弹出"移动图表"对话框，选中"对象位于"单选按钮，单击右侧的下拉按钮，在展开的列表中选择"Sheet2"，单击"确定"按钮。

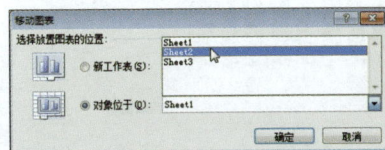

步骤 04 选中的图表随即被移动到Sheet2工作表中。

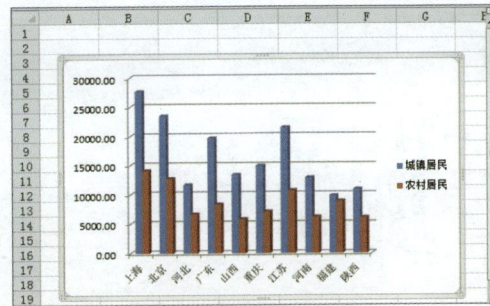

步骤05 若在"移动图表"对话框中选中"新工作表"单选按钮，图表会被移动至工作簿新建的Chart1工作表中。

④ 图表的复制

如果需要将图表备份或将图表应用到其他位置，可以对图表进行复制。

步骤01 选中图表并右击，在弹出的快捷菜单中选择"复制"选项。

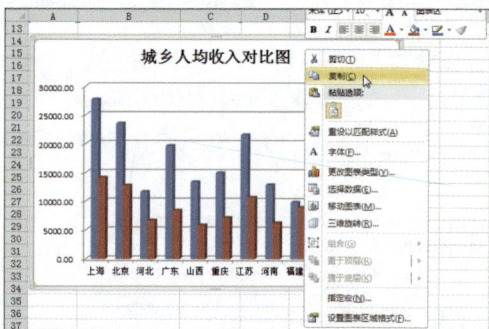

步骤02 在工作表中需要粘贴图片的位置右击，在弹出的快捷菜单中的"粘贴选项"组中选择"保留源格式"选项。

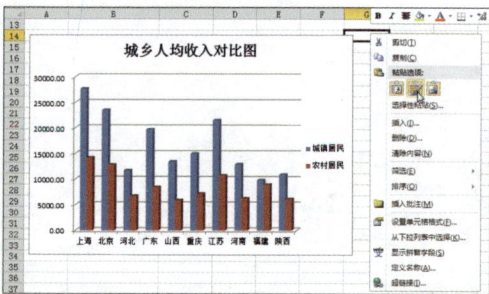

步骤03 选中的图表随即被复制到指定位置。

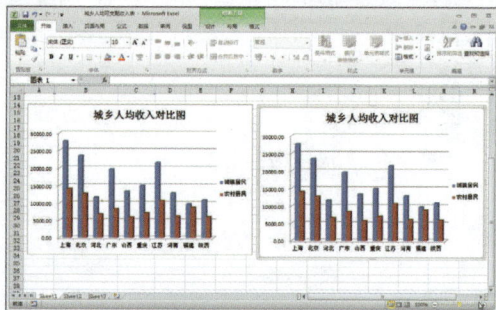

步骤04 若要将图表复制为图片，则选中图表，打开"开始"选项卡，在"剪贴板"组中单击"复制"下拉按钮，在展开的列表中选择"复制为图片"选项。

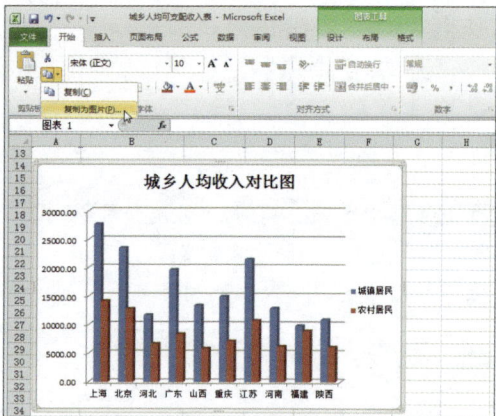

步骤05 单击"粘贴"下拉按钮，在展开的列表中选择"粘贴"选项，即可将图表复制粘贴为图片。

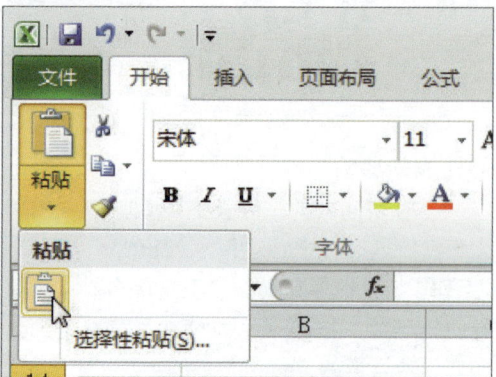

❺ 更改图表类型

创建图表后如果觉得图表的类型不足以体现数据，可以选择更改图表类型。

步骤01 选中图表，打开"图表工具-设计"选项卡，在"类型"组中单击"更改图表类型"按钮。

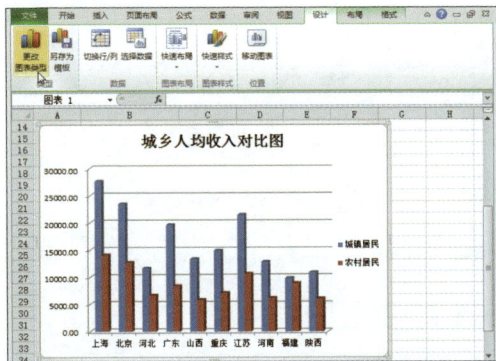

步骤02 打开"更改图表类型"对话框，选择合适的图表类型，单击"确定"按钮。

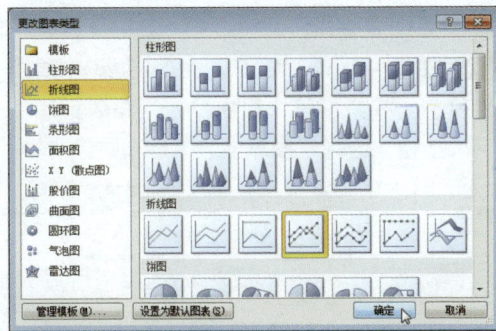

步骤03 选中的图表即被改为指定图表类型。

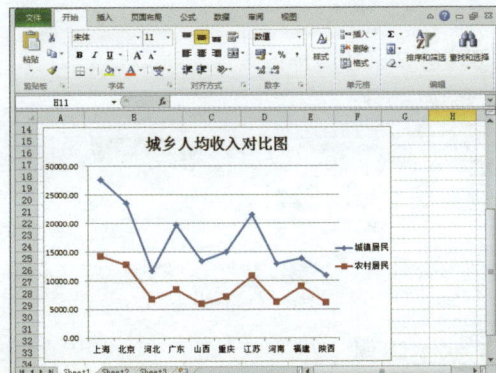

❻ 快速设置图表布局

Excel 2010内置12种快速布局类型，使用快速布局可节省工作时间提高工作效率。

步骤01 选中该图表，打开"图表工具-设计"选项卡，单击"图表布局"组中的"其他"下拉按钮。

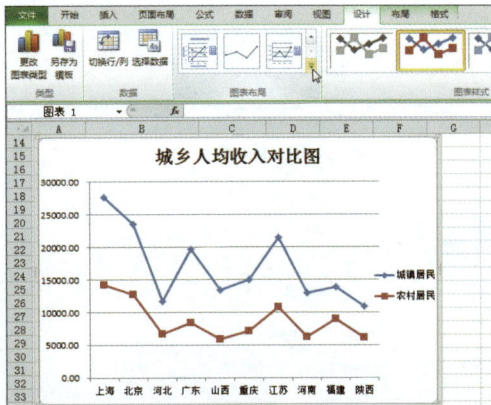

步骤02 在展开列表中选择合适的布局类型。

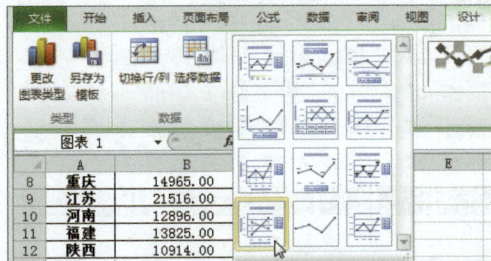

步骤03 选中的图表随即应用选中的快速布局样式。

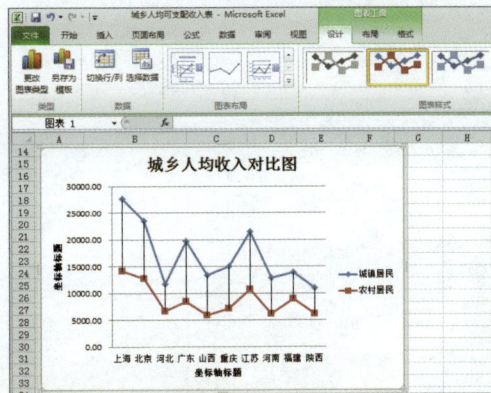

⑦ 选择图表样式

若用户想要快速更改图表外观样式，可以直接套用快速样式。下面介绍操作方法。

步骤01 选中图表，打开"图表工具-设计"选项卡，在"图表样式"组中单击"其他"下拉按钮。

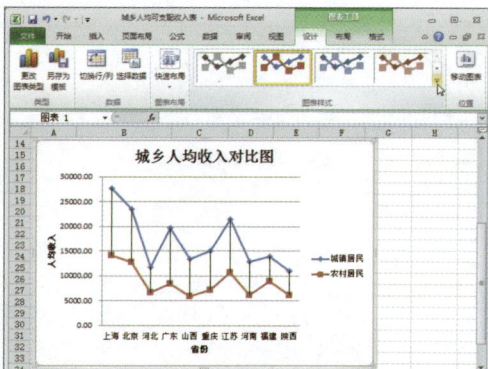

步骤02 在展开列表中选择合适的图表样式。

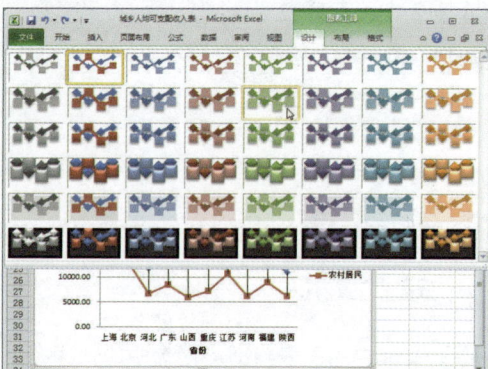

步骤03 图表随即应用选中的快速图表样式。

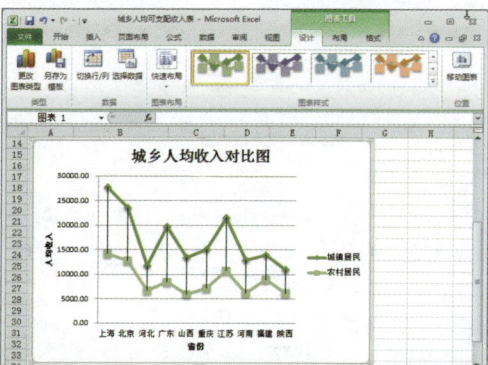

⑧ 删除图表

若不再需要使用图表分析数据，可将图表删除。选中图表，按Delete键或Backspace键即可将图表删除。

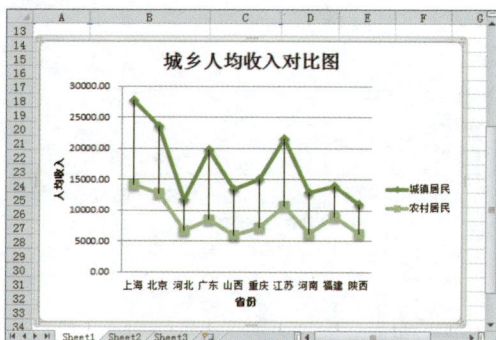

9.1.2 设置图表外观

作为直观的数据体现，需要将图表制作得更加美观。美化图表的方式包括添加图表标签、填充图表区域、设置文字效果等。

① 设置图表标题

步骤01 选中图表，打开"图表工具-布局"选项卡，在"标签"组中单击"图表标题"下拉按钮，选择"图表上方"选项。

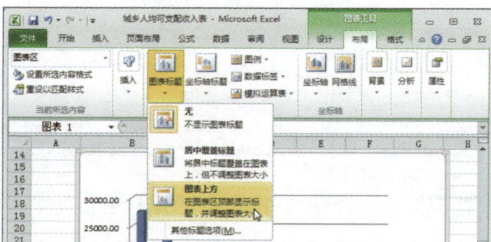

步骤02 图表上方随即添加标题文本框，在文本框中输入图表标题。

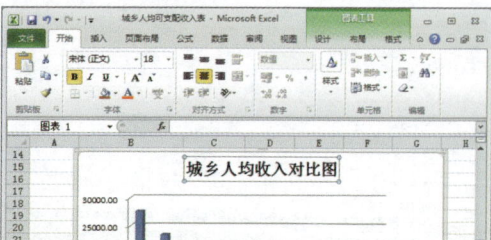

②添加图例

　　图例用于显示系列名称，用户可根据图表的类型选择图例在图表中的显示位置。

步骤01 选中图表，打开"图表工具-布局"选项卡，在"标签"组中单击"图例"下拉按钮，选择"在右侧显示"选项。

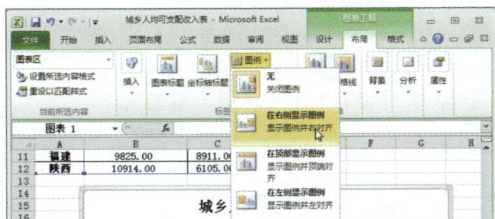

步骤02 图表右侧随即添加图例。选中图例，在"当前所选内容"组中单击"设置所选内容格式"按钮。

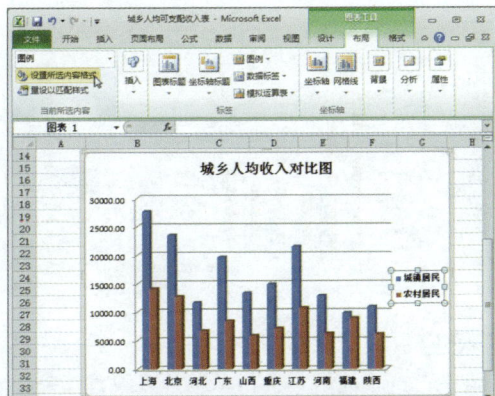

步骤03 弹出"设置图例格式"对话框，打开"填充"选项面板，选中"渐变填充"单选按钮。选中不同的滑块设置好渐变颜色。

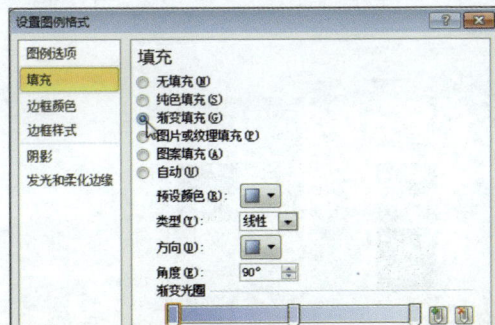

步骤04 切换到"边框颜色"选项面板，选中"实线"单选按钮，设置好颜色后，单击"关闭"按钮。

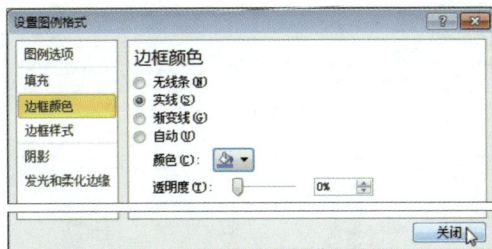

步骤05 返回工作表，图表中的图例已经被填充了颜色，边框颜色也得到了相应修改。

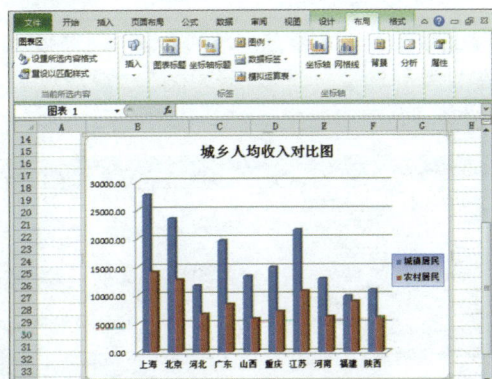

③设置系列样式

　　系列是图表中最重要的一项内容，我们可以调整系列间距，修改系列颜色，使系列变得更美观。

步骤01 选中图表，打开"图表工具-布局"选项卡，单击"当前所选内容"组中的"图表元素"下拉按钮，在展开的列表中选择"系列'城镇居民'"选项。

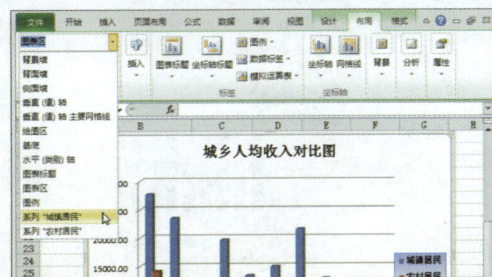

步骤 02 单击"当前所选内容"组中的"设置所选内容格式"按钮。

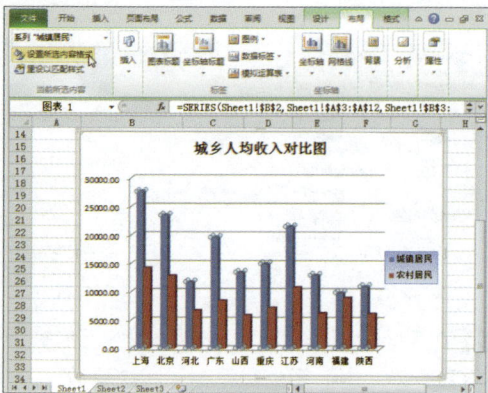

步骤 03 打开"设置数据系列格式"对话框，在"系列选项"选项面板中拖动滑块设置"分类间距"。

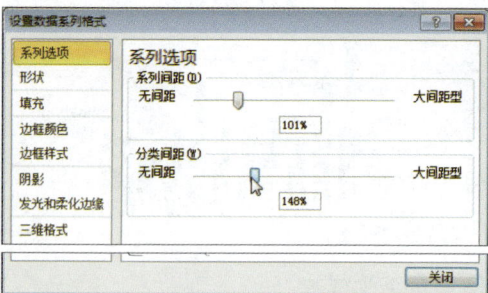

步骤 04 在"填充"选项面板中选中"纯色填充"单选按钮，在"颜色"下拉列表中选择合适的颜色。

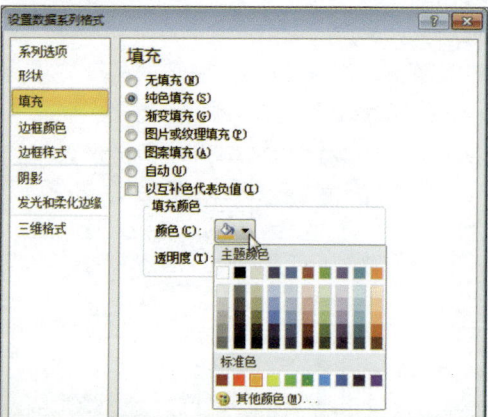

步骤 05 用同样方法设置"农村居民"系列，设置完成之后单击"关闭"按钮关闭对话框，返回图表中查看设置效果。

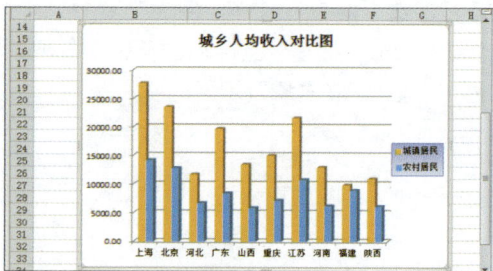

❹ 为图表区设置填充效果

为图表区设置填充效果可以瞬间提升整个图片的美观度，下面介绍具体操作方法。

步骤 01 右击图表区，在弹出的快捷菜单中选择"设置图表区域格式"选项。

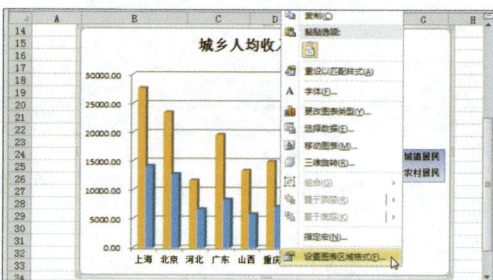

步骤 02 弹出"设置图表区格式"对话框，在"填充"选项面板中选中"图片或纹理填充"单选按钮，在"纹理"下拉列表中选择"再生纸"选项。

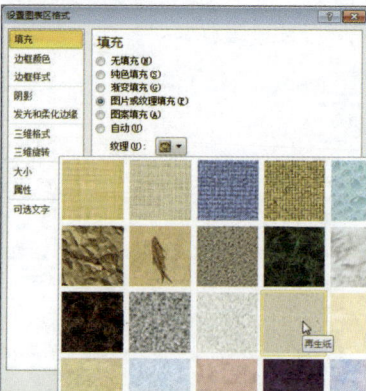

步骤03 切换到"阴影"选项面板，单击"预设"下拉按钮，在展开的列表中选择"左下斜偏移"选项。

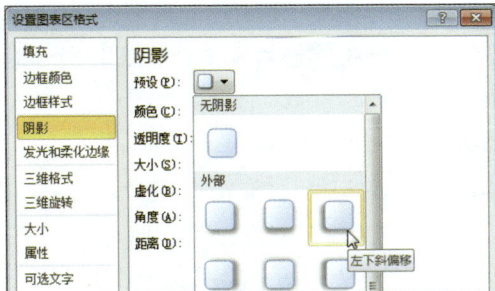

步骤04 拖动滑块设置"大小"和"虚化"值，单击"关闭"按钮。

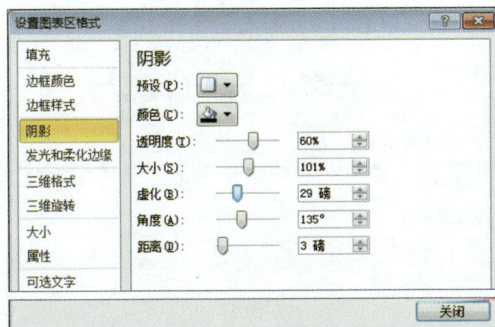

步骤05 返回工作表可以看到图表的图表区已经填充了纹理，并为边框添加了阴影效果。

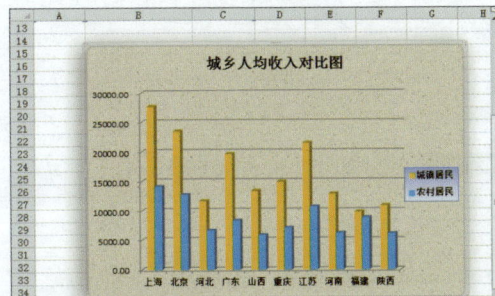

⑤ 设置坐标轴格式

在纵坐标数值较大的时候，我们可以设置坐标轴的单位。

步骤01 选中图表，打开"图表工具-布局"选项卡，单击"坐标轴"下拉按钮，在展开

列表中选择"主要纵坐标轴"选项，在下级列表中选择"其他主要纵坐标轴选项"选项。

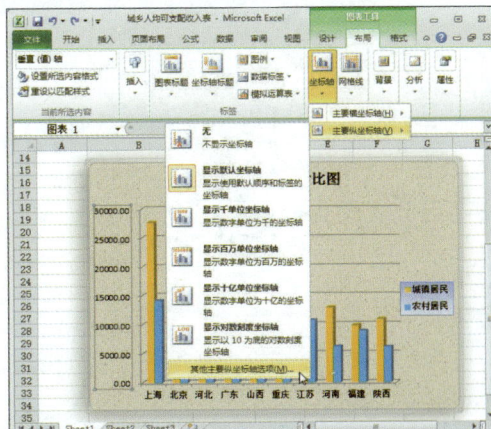

步骤02 弹出"设置坐标轴格式"对话框，在"坐标轴选项"选项面板中设置"显示单位"为"10000"。

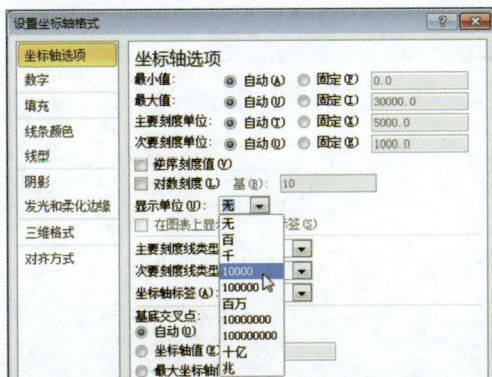

步骤03 打开"线条颜色"选项面板，选中"实线"单选按钮，设置好"颜色"后单击"关闭"按钮。

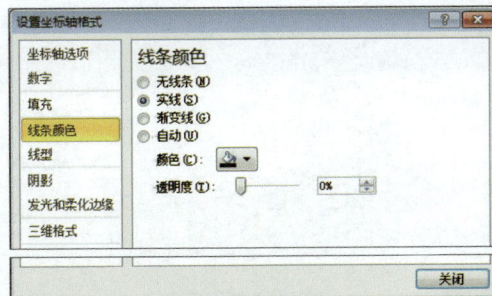

步骤 04 返回图表查看坐标轴设置效果。

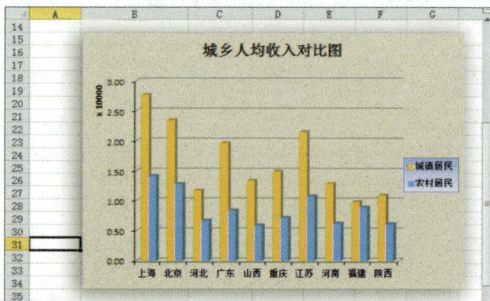

⑥ 添加网格线

图表的横坐标和纵坐标都包含主要网格线和次要网格线，用户可以根据图表类型选择需要添加的网格线。

步骤 01 选中图表，打开"图表工具-布局"选项卡，单击"网格线"下拉按钮，选择"主要横网格线"选项，在下级列表中选择"次要网格线"选项。

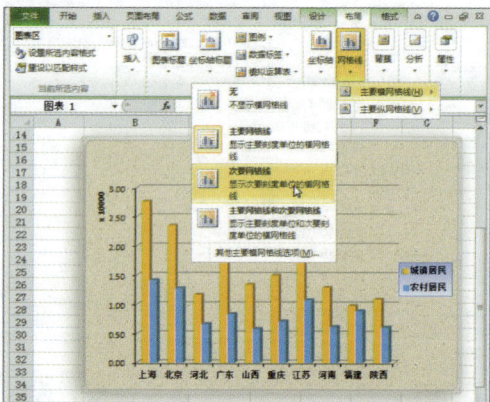

步骤 02 图表横坐标随即被添加次要网格线。

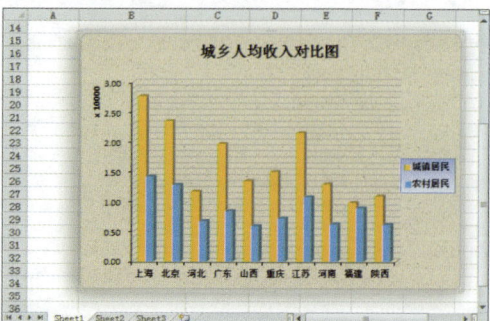

⑦ 为图表文字设置艺术字效果

若觉得图表中的文字过于平淡无奇，可以为文字应用艺术字效果。

步骤 01 选中图表，打开"图表工具-格式"选项卡，单击"艺术字样式"组中的"其他"下拉按钮。

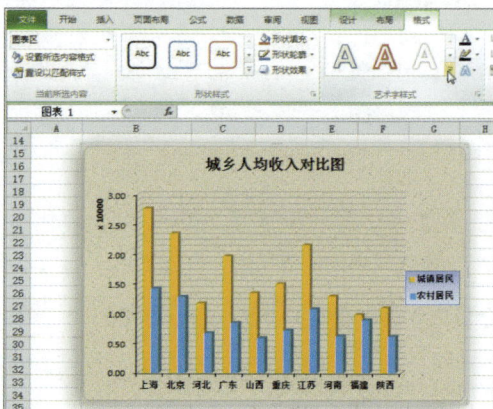

步骤 02 在展开列表中选择合适的艺术字样式。

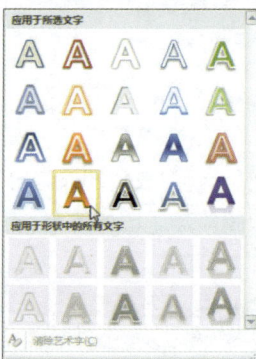

步骤 03 图表中所有文字随即应用选中样式。

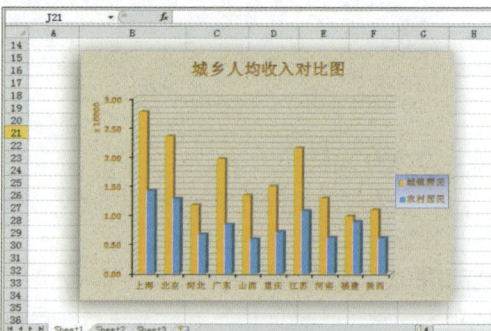

9.1.3 编辑图表数据

图表中的系列是表格中数据的形象化显示，如果更改了图表的数据源，图表也会随之变化。

❶ 切换行与列

切换行与列，即将数据源中的行与列的值相互转换，下面介绍操作方法。

步骤 01 选中图表，单击打开"图表工具-设计"选项卡，在"数据"组中单击"切换行/列"按钮。

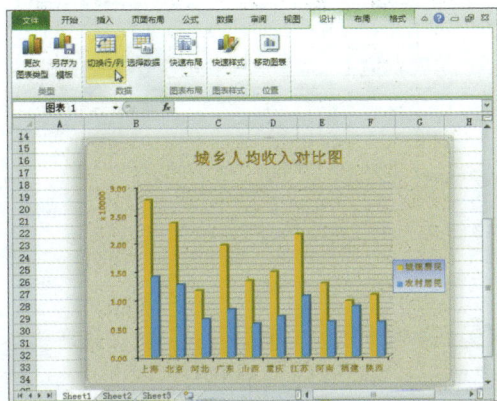

步骤 02 图表随即显示数据源切换行与列后的效果。

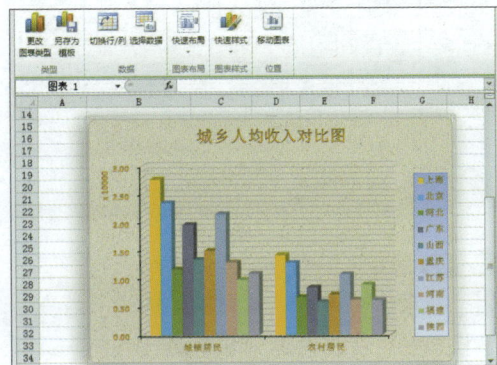

❷ 更改图表数据源

更改了图表的数据源之后，图表中的数据系列会随之发生改变，但是图表的样式并不会改变。

步骤 01 选中图表，打开"图表工具-设计"选项卡，在"数据"组中单击"选择数据"按钮。

步骤 02 弹出"选择数据"对话框，在"图表数据区域"文本框中重新选取数据源区域。

步骤 03 单击"确定"按钮返回工作表，此时的图表显示新数据源的数据信息。

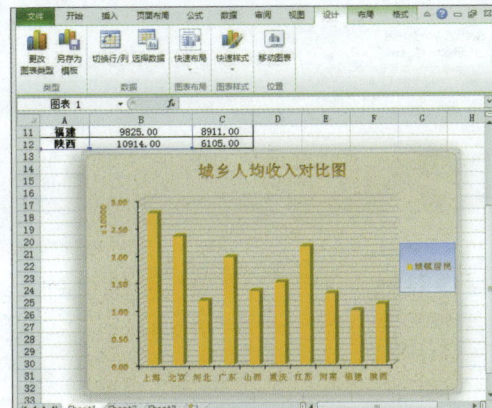

217

9.2 制作食品全年销量图表

食品公司将所有商品每个月的销量制作成表格用以观察销售趋势，但是烦琐的数据往往看得人眼花缭乱。本章我们将介绍使用迷你图快速有效地观察数据的变化趋势。

9.2.1 迷你图的创建

迷你图是在单元格中创建的一种微型图表，用于显示数据的变化趋势，有折线图、柱形图、盈亏图3种类型。

步骤 01 选中需要创建迷你图的单元格，打开"插入"选项卡，在"迷你图"组中单击"折线图"按钮。

步骤 02 弹出"创建迷你图"对话框，在"数据范围"文本框中选取单元格区域。单击"确定"按钮。

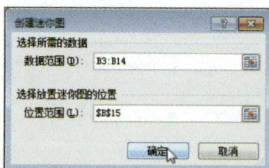

步骤 03 选中单元格中随即被创建一个折线型迷你图。

9.2.2 快速填充迷你图

创建迷你图后我们可以将迷你图填充到其他单元格中。

步骤 01 选中迷你图所在单元格B15，按住右下角控制柄，向右拖动鼠标至单元格G15。

步骤 02 松开鼠标左键后可以看到光标拖动过的单元格均被填充了迷你图。

步骤 03 选中B15:G15单元格区域，打开"开始"选项卡，单击"编辑"组中的"填充"下拉按钮，在展开的列表中选择"向右"选项，也可以向选中单元格中填充迷你图。

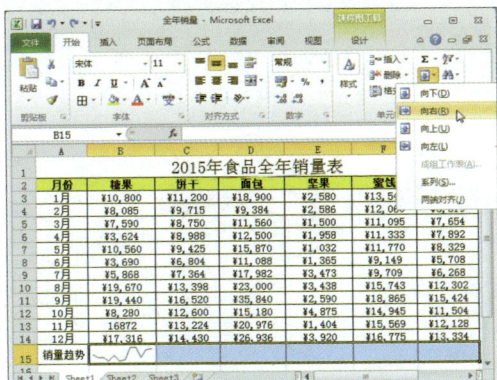

9.2.3 同时创建一组迷你图

为了减少操作步骤提高工作效率，我们可以在一个单元格区域内创建性质相同的一组迷你图。

步骤01 选中B15:G15单元格区域，打开"插入"选项卡，在"迷你图"组中单击"柱形图"按钮。

步骤02 弹出"创建迷你图"对话框，在"数据范围"文本框中选取单元格区域，单击"确定"按钮。

步骤03 选中的单元格区域中被创建了一组柱形迷你图。

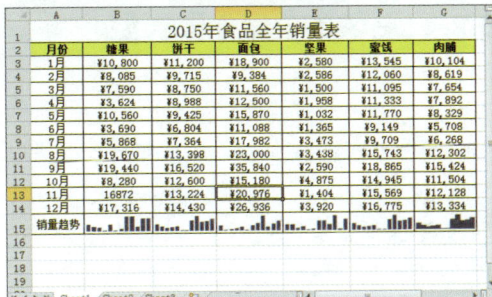

创建迷你图后，如果对迷你图的样式不满意，删除重新创建又很麻烦，这时候可以选择修改迷你图类型。

步骤01 选中需要更改类型的一组迷你图，打开"迷你图工具-设计"选项卡，在"类型"组中单击"折线图"按钮。

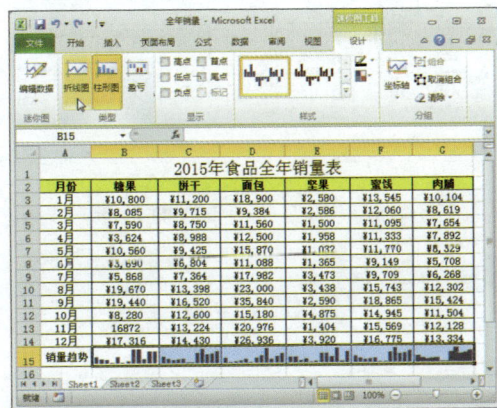

步骤02 选中区域内的一组柱形迷你图随即被更改为折线迷你图。

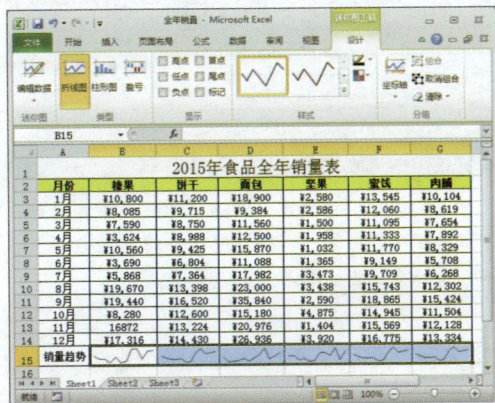

9.2.4 更改单个迷你图类型

我们发现，当选中一组迷你图中的其中一个迷你图视图更改类型的时候，一组迷你图的类型都会跟着更改，若要更改单个迷你图类型，我们需要先取消组合。

步骤 01 选中需要更改类型的单个迷你图，在"迷你图工具-设计"选项卡中的"分组"组中单击"取消组合"按钮。

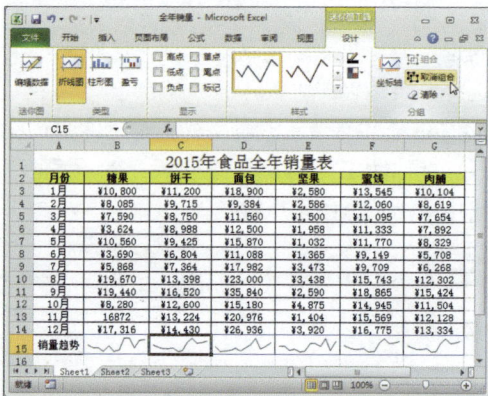

步骤 02 单击"类型"组中的"柱形图"按钮。

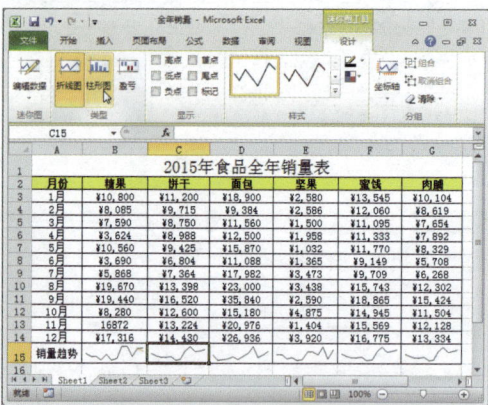

办公助手 **关于更改迷你图类型**

不同的应用场合需要不同的迷你图类型，这样有利于更好地表现出所要给用户展示的效果，因地制宜更改迷你图类型很重要。

步骤 03 选中的单个迷你图随即被更改为柱型迷你图。

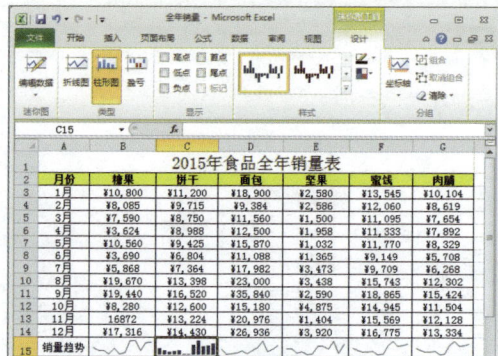

9.2.5 添加迷你图数据点

创建迷你图后，我们可以为迷你图添加数据点，以便数据的查看和分析。

选中一组迷你图中的一个迷你图，打开"迷你图工具-设计"选项卡，在"显示"组中勾选复选框即可为折线图添加相应的数据点。

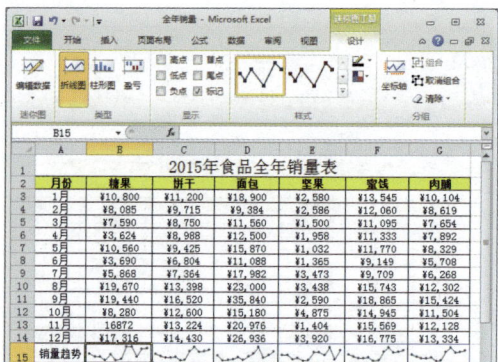

9.2.6 迷你图也需要美化

创建迷你图后还可对迷你图进行美化。例如使用内置的迷你图样式、设置数据点颜色、调整迷你图宽度等。

① 应用内置样式

Excel 2010内置了很多迷你图样式，用户可以直接选用，美化迷你图。

步骤 01 选中一组迷你图中的任意一个迷你图，打开"迷你图工具-设计"选项卡，单击"样式"组中的"其他"下拉按钮。

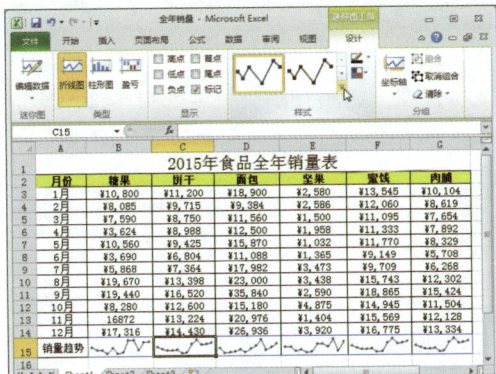

步骤02 在展开的列表中选择合适的样式。

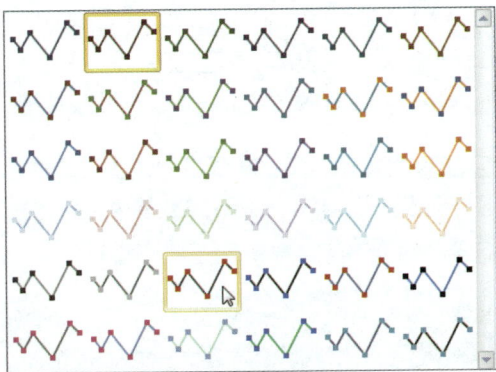

步骤03 迷你图随即应用选中的样式。

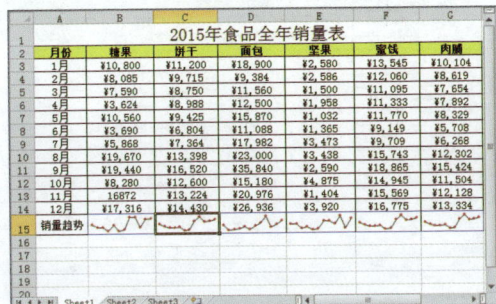

❷ 设置迷你图数据点颜色

用户可以为迷你图不同的数据点设置不同的颜色，用以区分数据。

步骤01 选中迷你图，打开"迷你图工具-设计"选项卡，在"样式"组中单击"标记颜色"下拉按钮，在展开的列表中选择"高点"选项，在颜色列表中选择"绿色"。

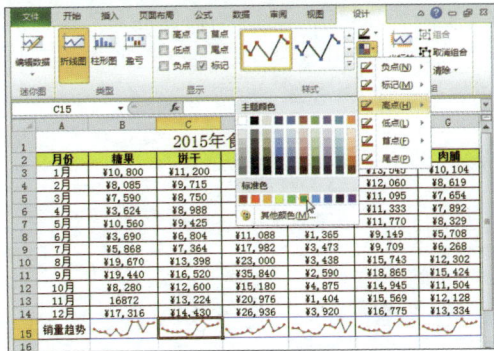

步骤02 再次单击"标记颜色"下拉按钮，在展开的列表中选择"低点"选项，在颜色列表中选择"黄色"。

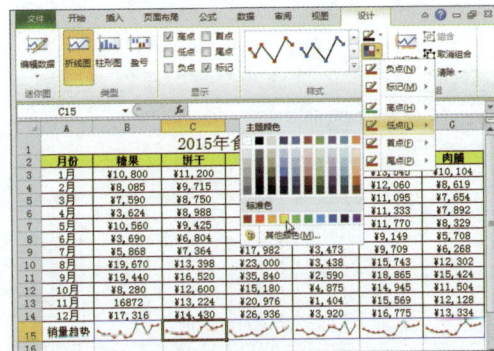

❸ 迷你图颜色和宽度轻松改

迷你图的颜色和宽度也可以更改，下面介绍具体步骤。

步骤01 选中迷你图，打开"迷你图工具-设计"选项卡，单击"样式"组中的"迷你图颜色"下拉按钮，选择"浅蓝"色。

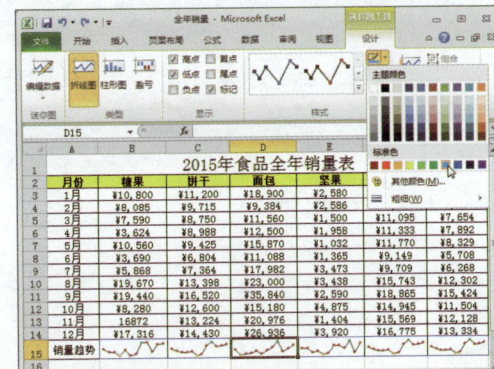

步骤 02 再次单击"迷你图颜色"下拉按钮，在展开的列表中选择"粗细"选项，在下级列表中选择"1.5磅"选项。

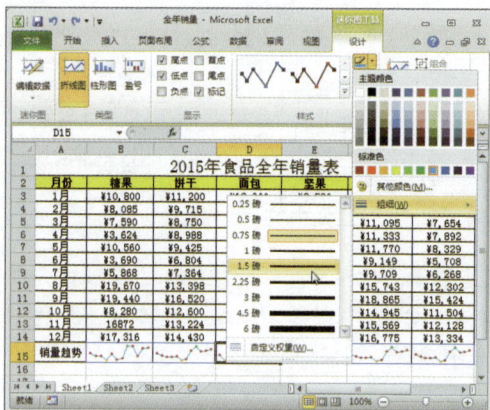

步骤 03 美化后的迷你图最终效果在单元格中显示效果如下图所示。

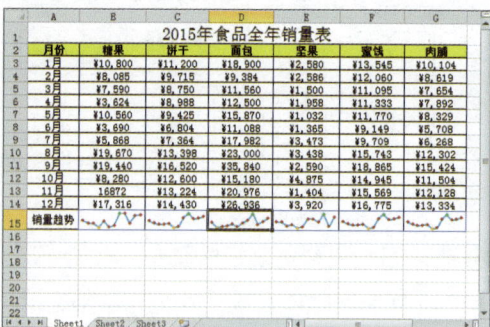

④ 清除迷你图

完成数据分析后我们可以将迷你图清除。下面介绍清除迷你图的方法。

步骤 01 选中迷你图，打开"迷你图工具-设计"选项卡，在"分组"组中单击"清除"下拉按钮，在展开的列表中选择"清除所选的迷你图组"选项即可将整组迷你图删除。

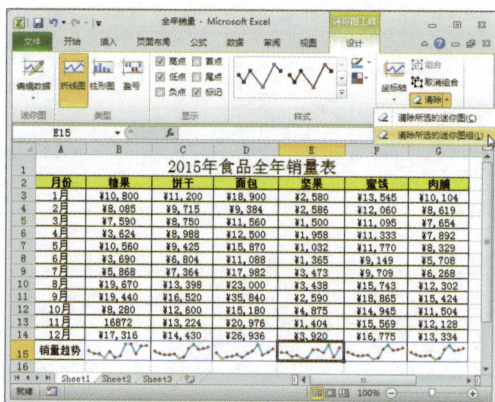

步骤 03 右击迷你图，在弹出的快捷菜单中选择"迷你图"选项，在下级菜单中也可以执行迷你图的清除工作。

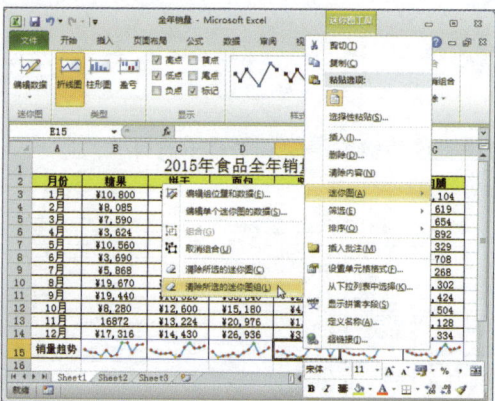

Chapter
10

幻灯片的创建

本章概述

我们的生活中经常会有各种会议、演讲等，很多大型会议、演讲中都会用到幻灯片演示文稿。在PowerPoint 2010中您可以使用更多轻松的方式创建动态演示文稿，通过向幻灯片中添加文本、图片、图形、图表等内容，可使幻灯片变得丰富多彩。本章就从创建演示文稿开始，逐步介绍幻灯片的基本操作。

本章要点

演示文稿的创建

幻灯片的基本操作

幻灯片母版的设计

幻灯片母版的应用

10.1 年度工作报告方案

　　为了更好地总结回顾整个年度的工作经验，每到年终公司内部都要举行本年度工作报告大会，在会议上用播放幻灯片的方式展示会议内容无疑是最生动直观的。下面就从演示文稿的入门知识开始，教用户制作这样一份演示文稿。

10.1.1 演示文稿基础操作

　　制作演示文稿的前提是先创建一份演示文稿，然后将该演示文稿保存到计算机中的指定位置。创建和保存演示文稿的方法有很多种，下面一一讲解。

❶ 创建演示文稿

　　在PowerPoint 2010中创建演示文稿的方法有很多种，用户可以根据需要选择不同的常见方法。

（1）创建空白演示文稿

　　在计算机桌面上双击PowerPoint图标，即可打开一份空白演示文稿。

（2）在已打开的演示文稿中创建

步骤 01 在打开的演示文稿左上角单击"文件"按钮。

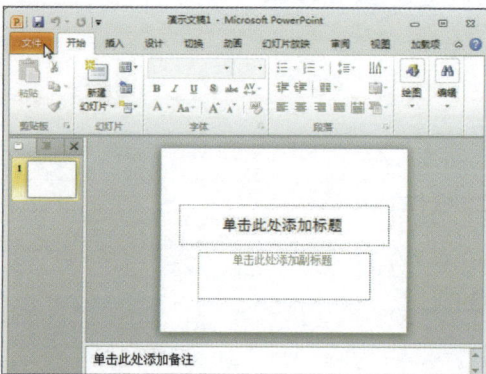

步骤 02 在展开的"文件"菜单中选择"新建"选项。

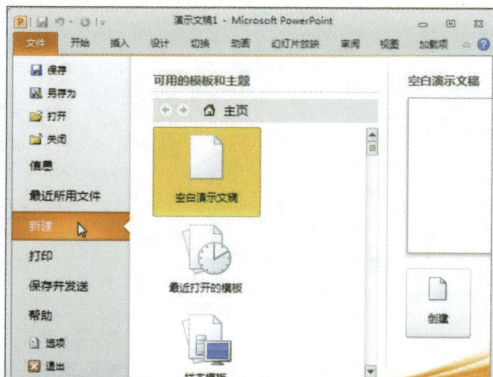

步骤 03 选择"空白演示文稿"选项，在右侧面板中单击"创建"按钮。

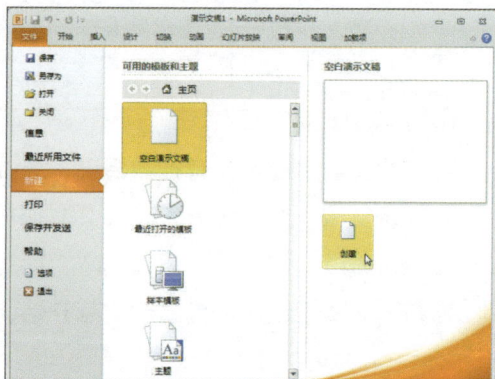

步骤 04 系统随即创建出一份空白演示文稿。

（3）创建模板演示文稿

步骤01 打开"文件"菜单，在"新建"选项面板中选择"样本模板"选项。

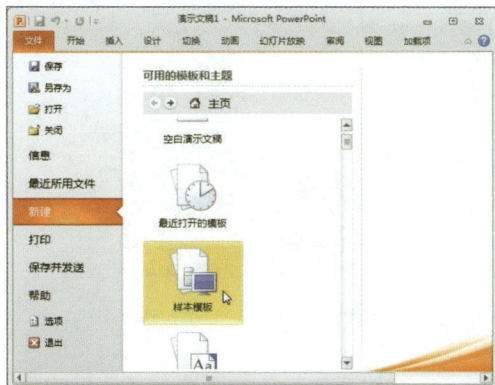

步骤02 在"样本模版"组中选择"宽屏演示文稿"选项。

步骤03 在"宽屏演示文稿"组中，单击"创建"按钮。

步骤04 系统随即创建了一份宽屏模板演示文稿，用户可以在此基础上快速完成幻灯片的设计。

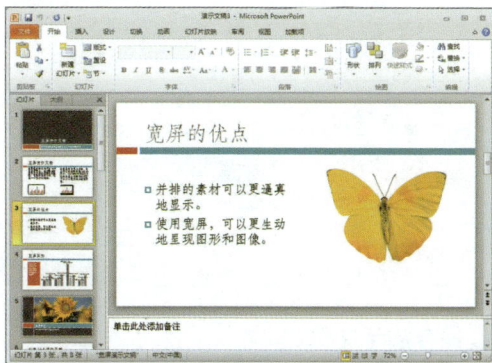

（4）创建主题演示文稿

步骤01 在"文件"菜单中单击打开"新建"选项面板，选择"主题"选项。

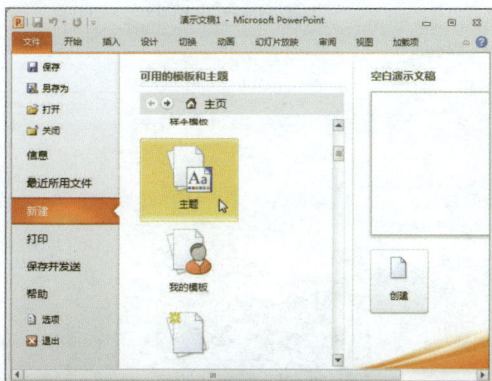

步骤02 在"主题"组中选择"暗香扑面"选项，单击右侧面板中的"创建"按钮。

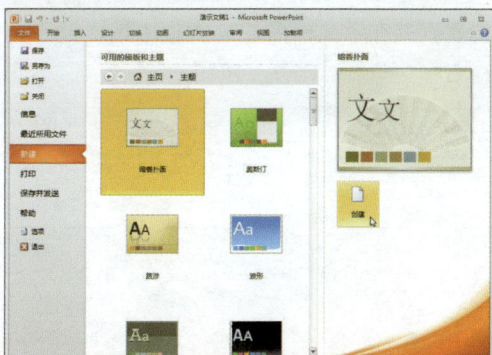

步骤 03 系统随即创建一份相应主题的空白演示文稿。

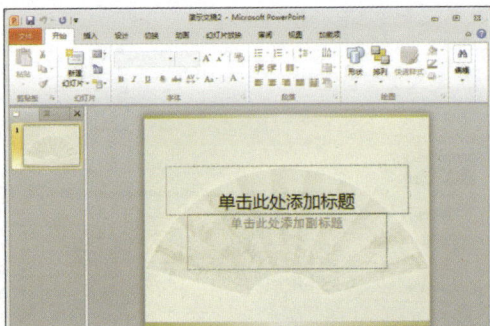

❷ 保存演示文稿

在编辑演示文稿的过程中，为了防止突发情况导致的内容丢失，应及时对演示文稿进行保存。对于初次保存的演示文稿，需要指定保存路径和名称。

步骤 01 单击"快速访问工具栏"中的"保存"按钮。

步骤 02 弹出"另存为"对话框，选择好保存位置，并在"文件名"文本框中输入演示文稿名称，单击"保存"按钮。

步骤 03 演示文稿标的名称随即变为对话框中设置的名称。

步骤 04 在以后的操作中若要另存演示文稿，则打开"文件"菜单，选择"另存为"选项。

❸ 自动保存演示文稿

在实际操作的过程中有时候会忘记保存演示文稿，用户可以设置每隔几分钟系统自动保存一次，其具体的操作方法如下。

步骤 01 在"文件"菜单中选择"选项"选项。

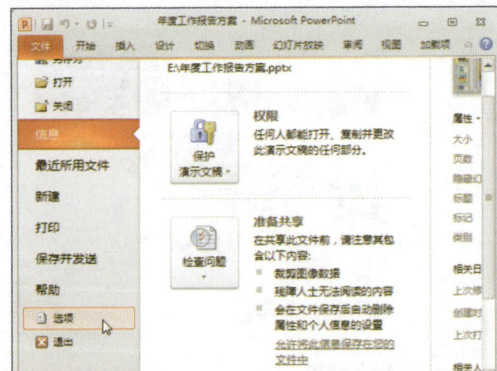

步骤02 弹出"PowerPoint选项"对话框，选择"保存"选项。

① 设置页面大小

当默认的幻灯片页面大小不能满足用户的需要时，用户可以选择其他的内置页面尺寸，也可以自定义页面大小。

步骤01 打开"设计"选项卡，单击"页面设置"按钮。

步骤03 在"保存演示文稿"组中勾选"保存自动恢复信息时间间隔"复选框。

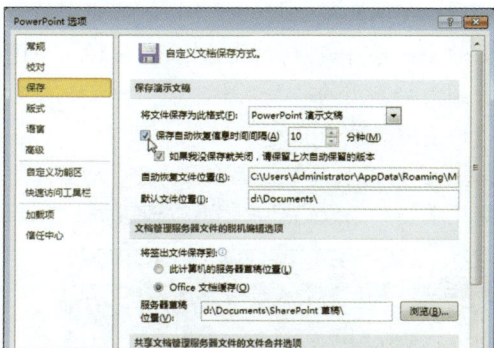

步骤02 弹出"页面设置"对话框，单击"幻灯片大小"下拉按钮。

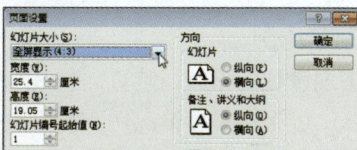

步骤03 在展开的列表中选择合适的选项。此处选择"全屏显示（16:10）"选项。

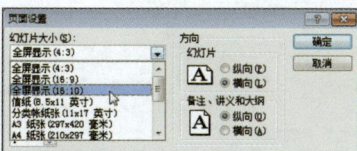

步骤04 在右侧微调框中调整自动保存间隔时间，完成后单击"确定"按钮即可。

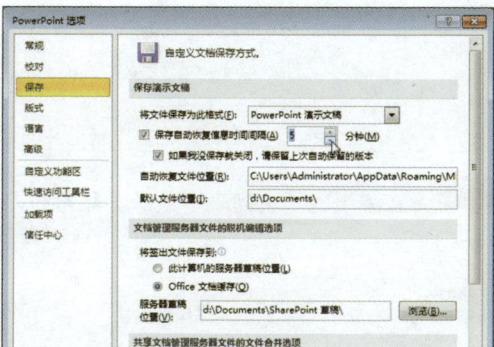

步骤04 单击"确定"按钮，幻灯片随即调整到相应的大小。

10.1.2 幻灯片的操作

幻灯片的基本操作包括设置幻灯片页面大小、调整页面显示比例、插入新幻灯片、复制或移动幻灯片、隐藏幻灯片等。

步骤05 若要自定义幻灯片大小，则在"页面设置"对话框的"幻灯片大小"下拉列表中选择"自定义"选项。

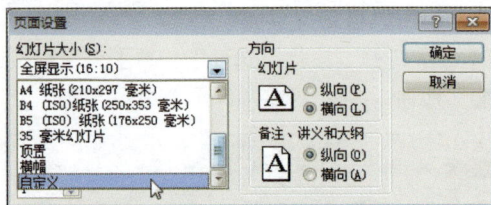

步骤06 在"宽度"和"高度"微调框中输入幻灯片的尺寸，单击"确定"按钮即可。

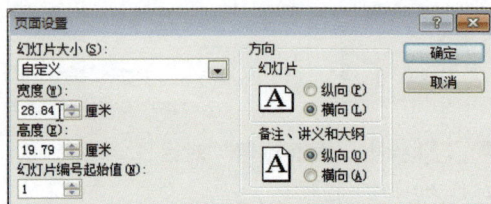

❷ 调整页面显示比例

为了便于细微处的修改，且更加有效地使用屏幕资源，可根据实际情况调整页面显示比例。

步骤01 在底端状态栏的右侧，拖动"显示比例"滑块，调整幻灯片的显示比例。向左滑动缩小比例，向右滑动放大比例。

步骤02 单击"使幻灯片适用当前窗口"按钮，可以将幻灯片在当前窗口中调整到最佳比例显示。

❸ 插入新幻灯片

在编辑幻灯片的过程中经常需要向演示文稿中插入新的幻灯片，用以制作更多的页面效果。添加幻灯片的方法有很多种，下面介绍两种常用的插入方法。

（1）使用选项卡插入

步骤01 打开"开始"选项卡，在"幻灯片"组中单击"新建幻灯片"下拉按钮。

步骤02 在弹出的下拉列表中选择"标题和内容"选项。

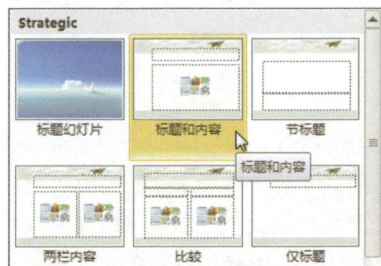

步骤 03 选中幻灯片下方随即被插入了一个"标题和内容"版式的空白幻灯片。

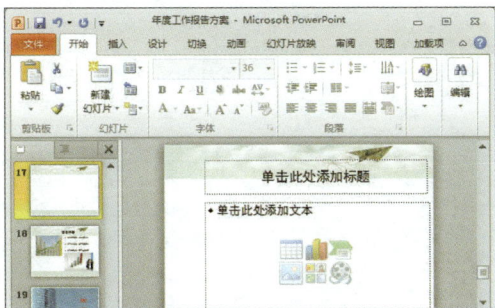

（2）使用右键快捷菜单插入

步骤 01 在"幻灯片/大纲浏览"窗格中右击幻灯片，在弹出的快捷菜单中选择"新建幻灯片"选项。

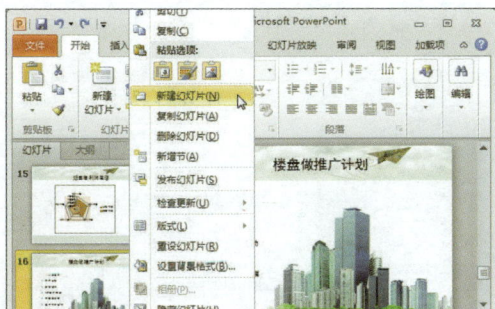

步骤 02 选中幻灯片下方随即被插入一张空白幻灯片。

（3）使用快捷键插入

在"幻灯片/大纲浏览"窗格中选中一张幻灯片，按下Enter键，即可在选中幻灯片下方插入一张空白幻灯片。

④ 复制幻灯片

在编辑内容或版式相似的幻灯片时，如果重新编辑会很浪费时间，这时候用户可以选择复制幻灯片，然后进行修改。

（1）使用选项卡复制

步骤 01 选中需要复制的幻灯片，单击"开始"选项卡中的"新建幻灯片"下拉按钮。

步骤 02 在弹出的下拉列表中选择"复制所选幻灯片"选项。

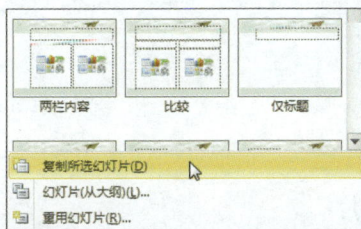

步骤 03 在所选幻灯片下方随即复制了一张版式和内容完全相同的幻灯片。

（2）使用右键快捷菜单复制

步骤01 右击需要复制的幻灯片，在弹出的快捷菜单中选择"复制幻灯片"选项。

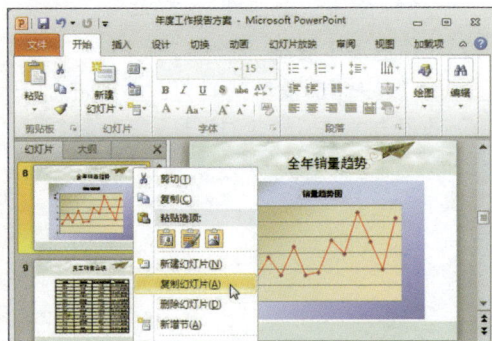

步骤02 选中的幻灯片下方随即复制出一份相同的幻灯片。

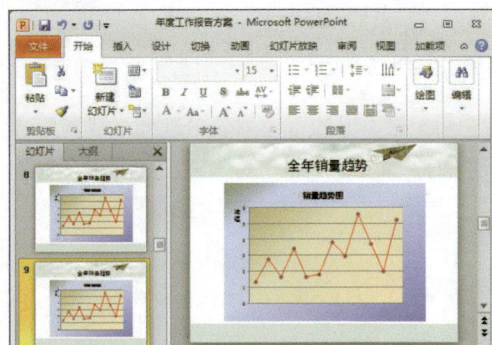

⑤ 移动幻灯片

　　若用户觉得幻灯片的放映顺序不合理，可以对幻灯片的顺序进行移动。

步骤01 选中需要移动位置的幻灯片，按住鼠标左键不放，向目标位置拖动。

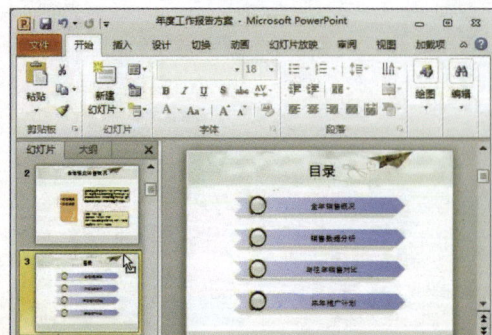

步骤02 当目标位置出现一道横线的时候，松开鼠标左键。

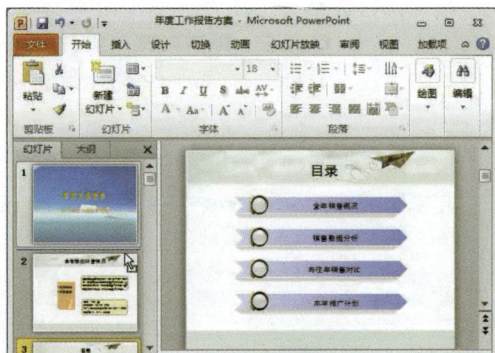

步骤03 选中幻灯片即被移动到了目标位置。

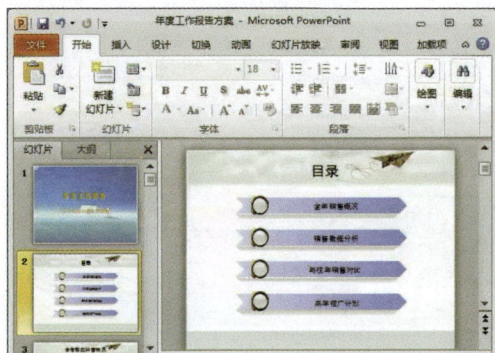

⑥ 隐藏幻灯片

　　若不希望演示文稿中的某些幻灯片被放映，可以提前将这些幻灯片进行隐藏。

（1）使用选项卡隐藏

步骤01 选中需要隐藏的幻灯片，打开"幻灯片放映"选项卡，单击"隐藏幻灯片"按钮。

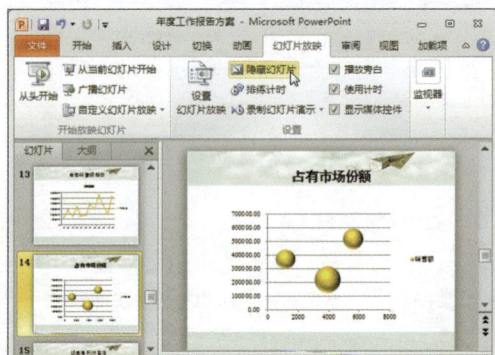

步骤 02 选中的幻灯片随即被隐藏。在"幻灯片/大纲浏览"窗格中可以查看到，被隐藏幻灯片的页码被黑色斜框线覆盖。

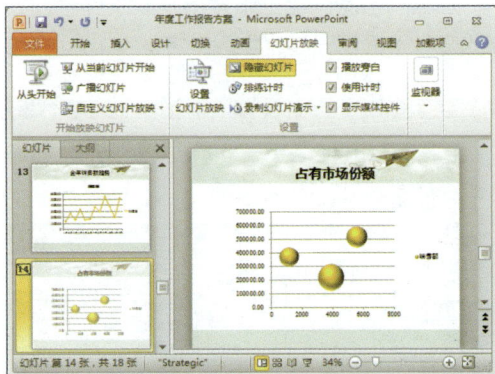

步骤 03 若要取消隐藏，则再次单击"隐藏幻灯片"按钮即可。

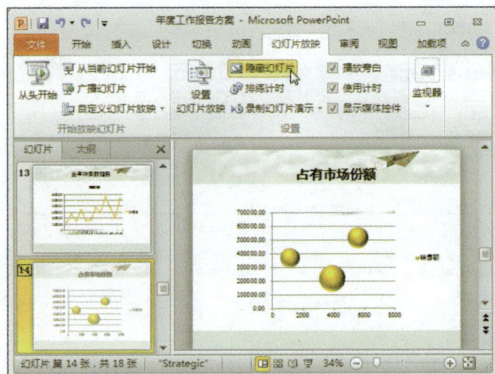

（2）使用右键快捷菜单隐藏

右击需要隐藏的幻灯片，在弹出的快捷菜单中选择"隐藏幻灯片"选项即可。

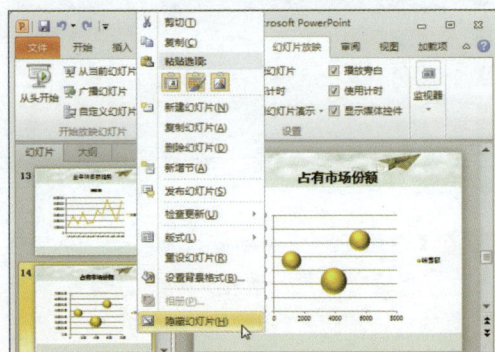

7 删除幻灯片

对于多余的幻灯片，可以将其删除，删除幻灯片的方法如下：

步骤 01 右击需要删除的幻灯片，在弹出的快捷菜单中选择"删除幻灯片"选项。

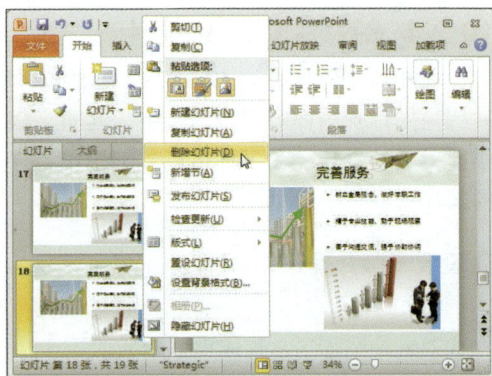

步骤 02 选中的幻灯片随即被删除，效果如下图所示。

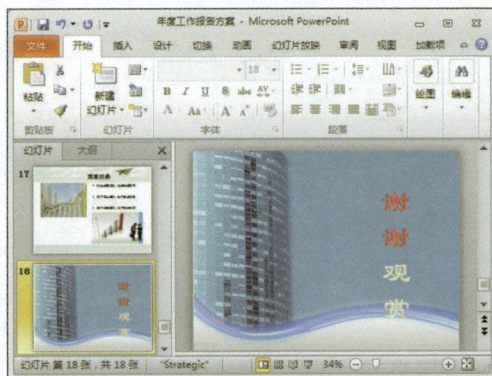

此外，选中需要删除的幻灯片，按下Delete键也可将其删除。

10.2 新品上市宣传方案

如果你身为某公司的市场推广专员，当公司有新产品上市的时候，不可避免地要制定推广活动方案，这时候如果能够熟练应用PowerPoint，那么一份新产品上市宣传方案文件就迎刃而解了，幻灯片中的产品宣传方案是怎样制作出来的呢？下面就一起来学习一下。

10.2.1 幻灯片母版的设计

在观看一些优秀的幻灯片时，也许你会被每张幻灯片同样的背景所吸引。其实只要掌握母版的设计要领，你也可以制作出这样的幻灯片。

❶ 设置母版背景

将幻灯片设置为统一背景，可以让幻灯片看上去井然有序，具体设置方法如下。

步骤01 创建演示文稿，在演示文稿中插入多张空白幻灯片。

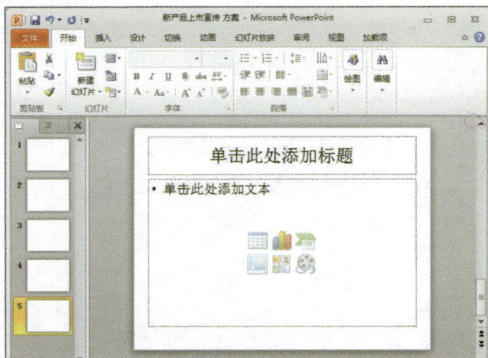

步骤02 打开"设计"选项卡，单击"页面设置"按钮。

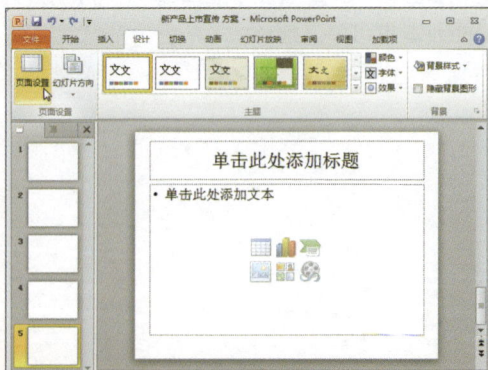

步骤03 弹出"页面设置"对话框，单击"幻灯片大小"下拉按钮，在展开的列表中选择"全屏显示（16:10）"选项。

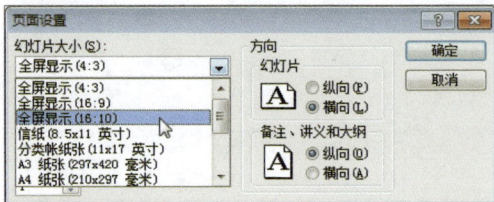

步骤04 单击"确定"按钮，关闭对话框。

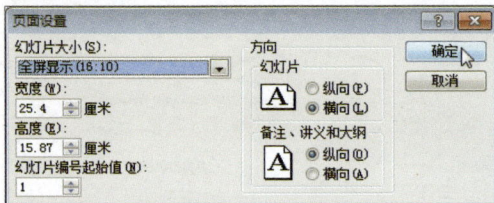

步骤05 打开"视图"选项卡，单击"母版视图"组中的"幻灯片母版"按钮。

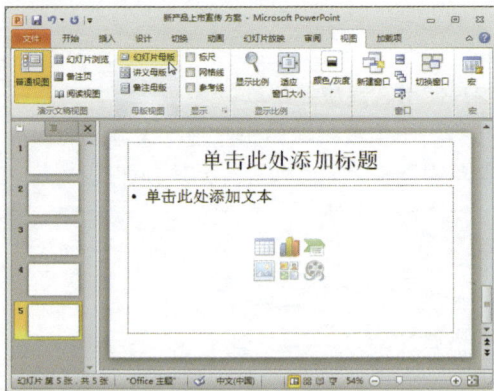

步骤06 激活"幻灯片母版"选项卡，进入幻灯片母版编辑模式。选中幻灯片"标题和内容 版式：由幻灯片2-5使用"。

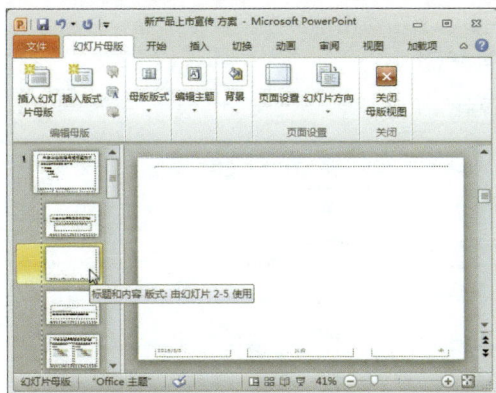

步骤 07 打开"插入"选项卡，单击"图片"按钮。

步骤 08 弹出"插入图片"对话框，选中合适的图片，单击"插入"按钮。

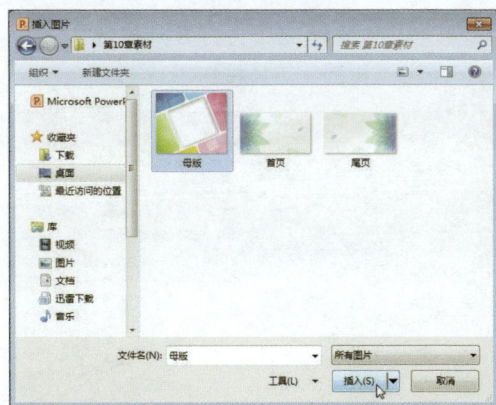

步骤 09 按住鼠标左键拖动图片周围控制点，将插入的图片调整到和幻灯片一样大小。

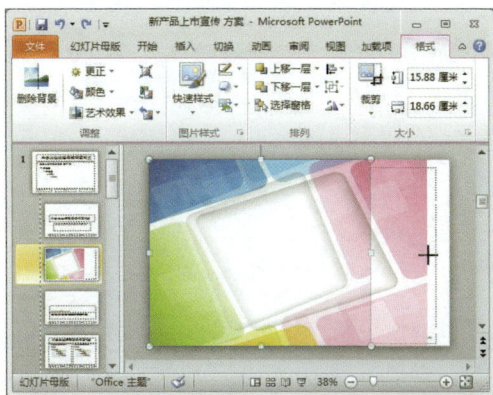

步骤 10 在"插入"选项卡中单击"形状"下拉按钮。

步骤 11 在展开的列表中选择"矩形"选项。

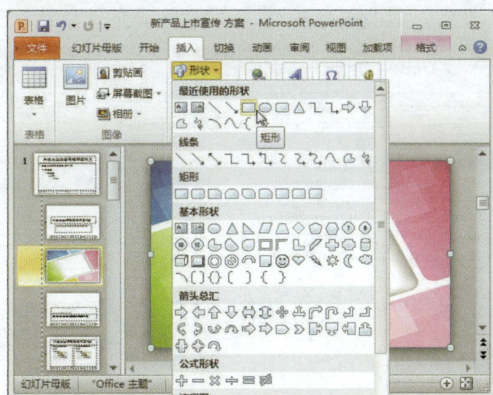

步骤12 按住鼠标左键，拖动鼠标在刚插入的图片上方绘制矩形。

步骤13 右击绘制好的矩形，在弹出的快捷菜单中选择"设置形状格式"选项。

步骤14 弹出"设置形状格式"对话框，在"填充"选项面板中选中"纯色填充"单选按钮，单击"颜色"下拉按钮。

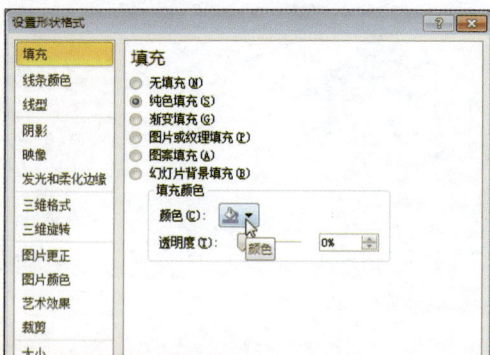

步骤15 在弹出的颜色列表中选择"白色，背景1"选项。

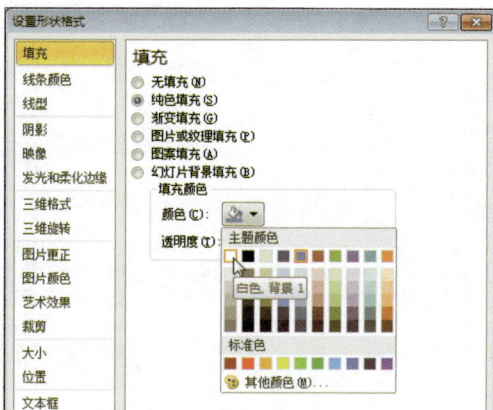

步骤16 切换到"线条颜色"选项面板，选中"无线条"单选按钮。单击"关闭"按钮。

步骤17 返回演示文稿。打开"开始"选项卡，单击"排列"下拉按钮。

步骤18 在"放置对象"组中选择"对齐"选项，在其下级列表中选择"左右居中"选项。

步骤19 再次打开"排列"下拉列表，在"对齐"下级列表中选择"上下居中"选项。

步骤20 在"大纲/幻灯片浏览"窗格中选中"标题幻灯片 版式：由幻灯片1使用"。

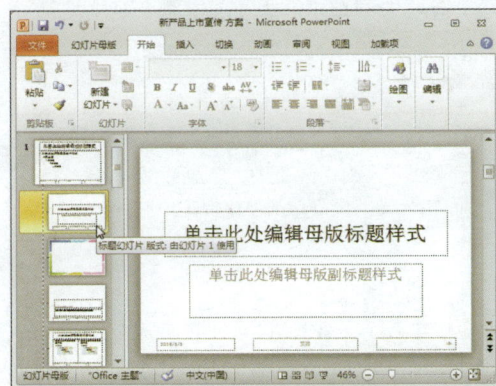

步骤21 打开"插入"选项卡，单击"图片"按钮。

步骤22 弹出"插入图片"对话框，选中合适的图片，单击"插入"按钮。

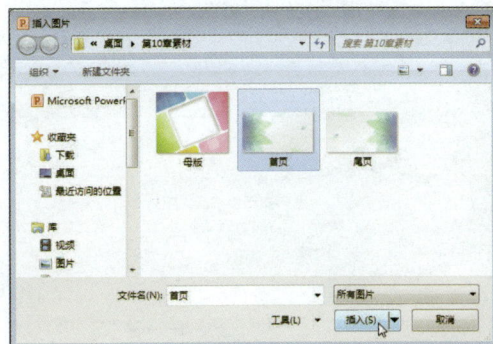

步骤23 单击并按住鼠标左键不放，拖动图片周围的控制点将图片调整到和幻灯片一样大小。

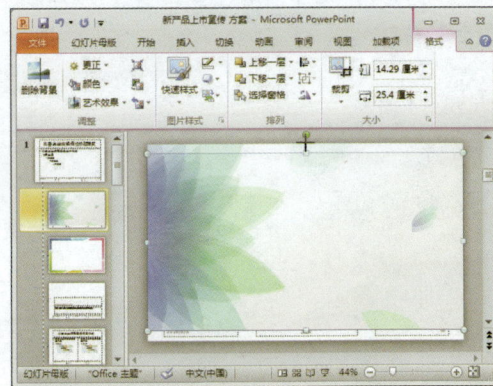

步骤24 在"幻灯片母版"选项卡中单击"关闭母版视图"按钮。

步骤25 退出母版设置模式。此时除第一页幻灯片，其他幻灯片均已被设置为统一的背景。

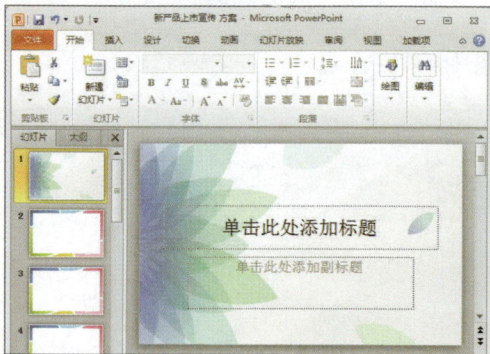

❷ 设置母版版式

除了为幻灯片设置统一的背景，还可以在母版视图中对版式进行设置。

步骤01 打开"视图"选项卡，单击"幻灯片母版"按钮。

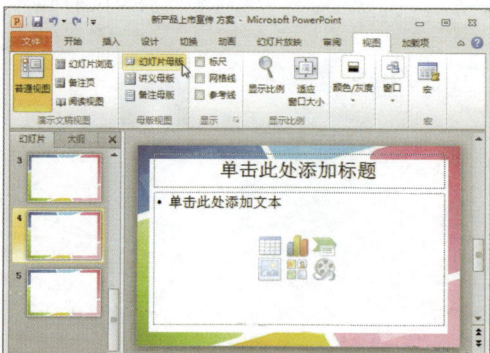

步骤02 进入幻灯片母版视图，选中一张幻灯片，在"幻灯片母版"选项卡中单击"插入版式"按钮。

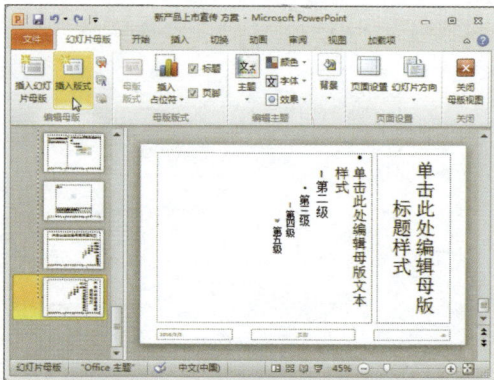

步骤03 在选中幻灯片下方即被插入了一张自定义版式幻灯片。

步骤04 选中新插入的幻灯片，在"幻灯片母版"选项卡中单击"插入占位符"下拉按钮。

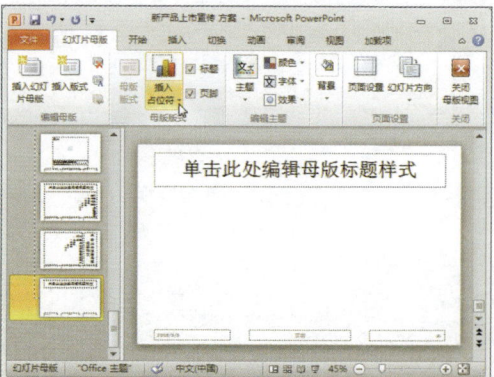

步骤 05 在"插入占位符"下拉列表中选择"表格"选项。

步骤 06 单击并按住鼠标左键不放，拖动鼠标在幻灯片中绘制占位符。

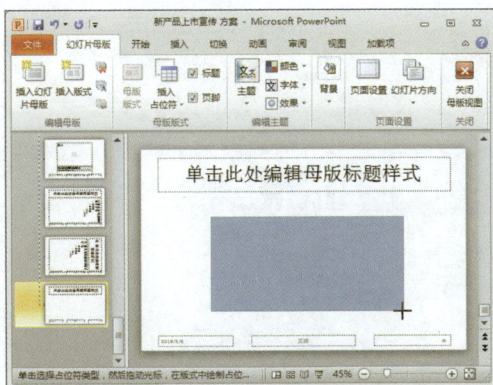

步骤 07 绘制到合适大小后松开鼠标左键。单击"编辑母版"组中的"重命名"按钮。

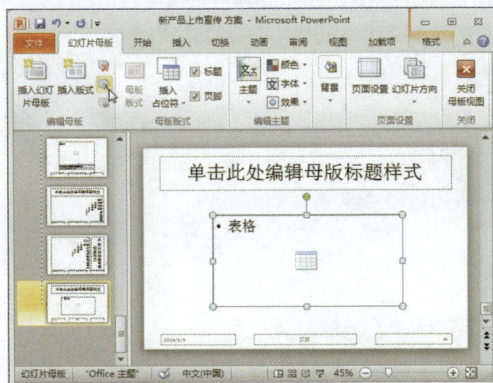

步骤 08 弹出"重命名版式"对话框，在"版式名称"文本框中输入"表格"，单击"重命名"按钮。

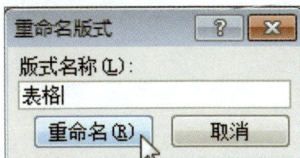

步骤 09 单击"幻灯片母版"选项卡中的"关闭母版视图"按钮。

步骤 10 退出母版视图，打开"开始"选项卡，在"幻灯片"组中单击"幻灯片版式"按钮。

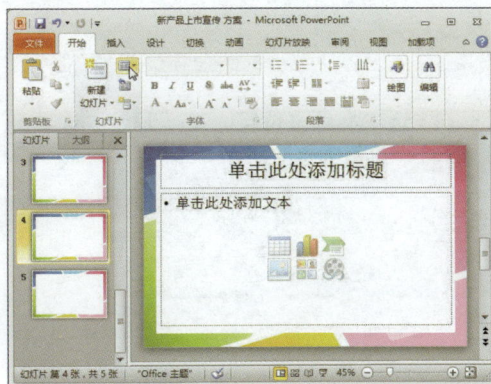

步骤 11 在展开的下拉列表中可以查看到新插入的幻灯片版式"表格"，鼠标单击即可应用该版式。

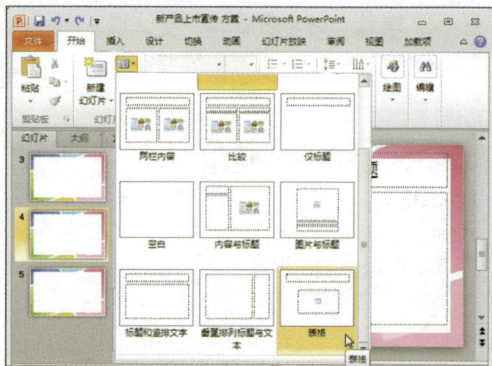

10.2.2 标题幻灯片的设计

标题页位于幻灯片的首页，也相当于整个演示文稿的门面，标题页设计得好会给观看者一个良好的第一印象。

步骤 01 将光标置于标题占位符中，输入文本"产品宣传方案"。

步骤 02 选中标题占位符，在"开始"选项卡中单击"字体"下拉按钮。

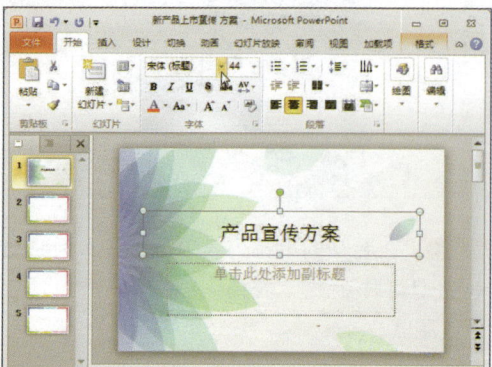

步骤 03 在展开的下拉列表中选择合适的字体，此处选择"叶根友毛笔行书2.0版"选项。

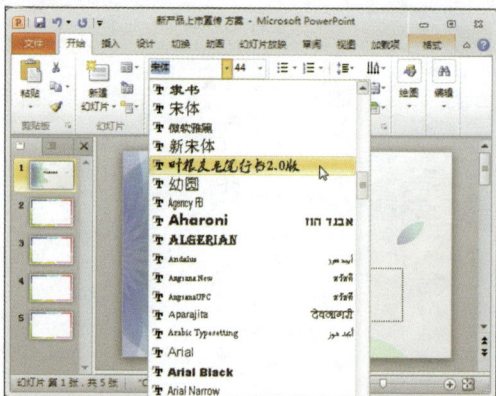

步骤 04 单击"字体颜色"下拉按钮，在展开的颜色列表中选择合适的颜色。

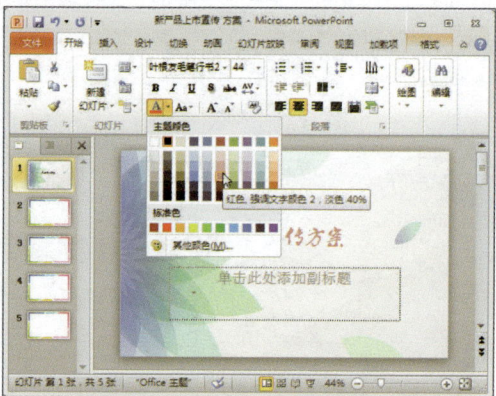

步骤 05 保持标题占位符为选中状态，在"字体"组中单击"文字阴影"按钮。

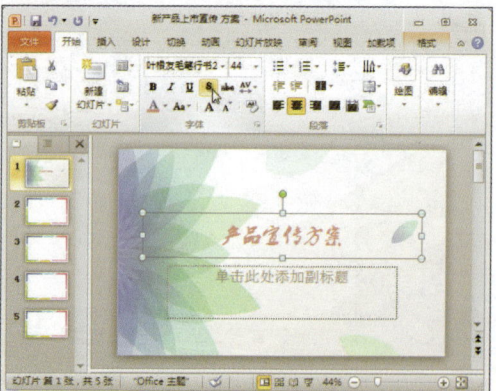

步骤06 单击"字号"下拉按钮，在展开的列表中选择"54"。

步骤07 将光标置于副标题占位符中，并输入文本"新品手机上市宣传"。

步骤08 选中副标题占位符，单击"字体"下拉按钮，在展开的列表中选择"楷体"选项。

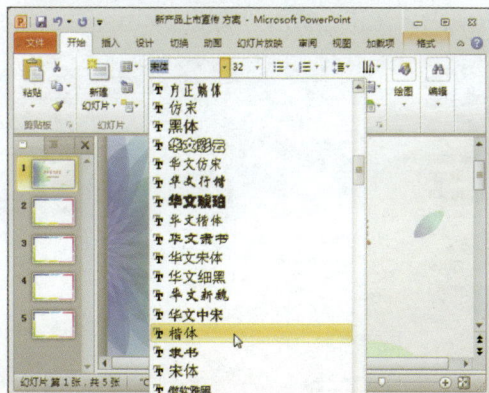

步骤09 保持占位符为选中状态，单击"字体"组中的"加粗"按钮。

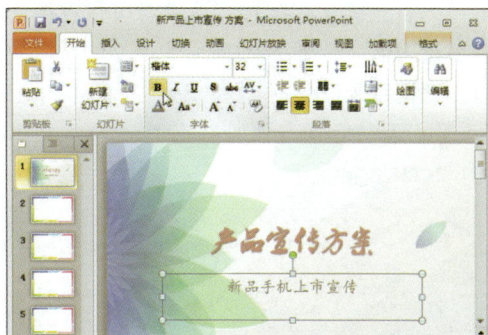

步骤10 选中占位符并按住鼠标左键不放，拖动鼠标，将文本移动到合适的位置。

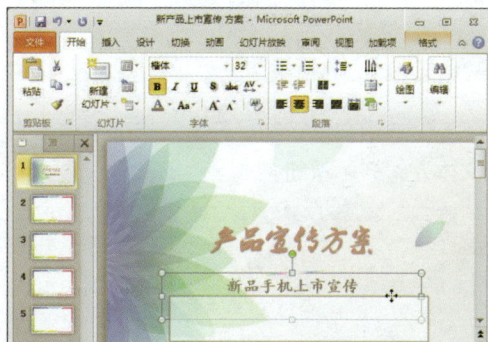

步骤11 设置好的标题幻灯片的最终效果如下图所示。

10.2.3　内容幻灯片的设计

　　一份完整的演示文稿通常由多张幻灯片组成，这些组成部分一般情况下包括目录、正文和尾页。

❶ 制作目录页幻灯片

目录页用于显示演示文稿的结构组成，通过为目录添加超链接，演讲者可以直接选择演讲内容。

（1）编辑目录页标题

步骤 01 选中标题占位符并在其中输入文本"目录catalogue"。

步骤 02 选中文本，在"开始"选项卡中单击"文本左对齐"按钮。

步骤 03 在"字体"组中修改字体为"微软雅黑"，字号为"32"号，单击"加粗"按钮。

步骤 04 选中需要设置颜色的文本，在"开始"选项卡的"字体颜色"下拉列表中设置合适的颜色。

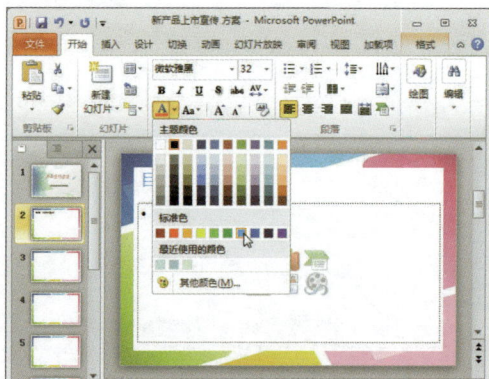

（2）在目录页中插入装饰图片

步骤 01 选中文本占位符，在内容占位符中单击"插入来自文件的图片"按钮。

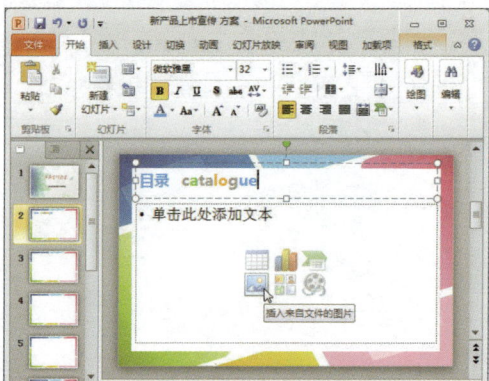

步骤 02 弹出"插入图片"对话框，选中合适的图片，单击"插入"按钮。

步骤 03 调整好图片的大小，将图片拖动到合适的位置摆放。

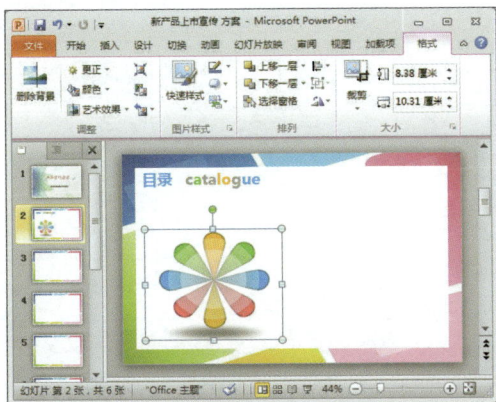

（3）在目录页中编辑图形

步骤 01 打开"插入"选项卡，单击"形状"下拉按钮，选择"圆角矩形"选项。

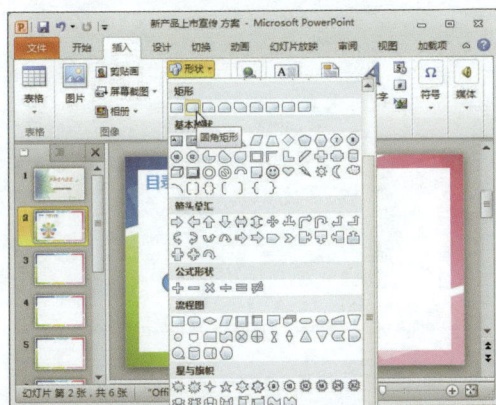

步骤 02 单击并按住鼠标左键不放，拖动鼠标在幻灯片中绘制矩形。

步骤 03 打开"格式"选项卡，在"形状样式"组中单击"形状填充"下拉按钮，选择"无填充颜色"选项。

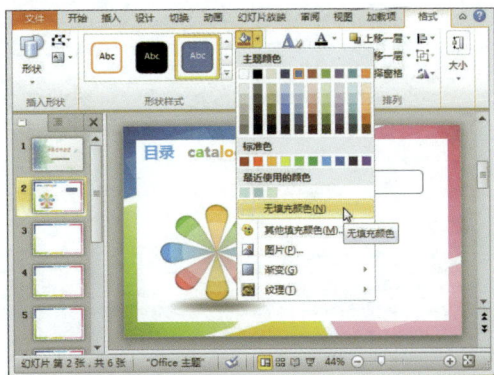

步骤 04 在"形状样式"组中单击"形状轮廓"下拉按钮，选择"浅绿"选项。

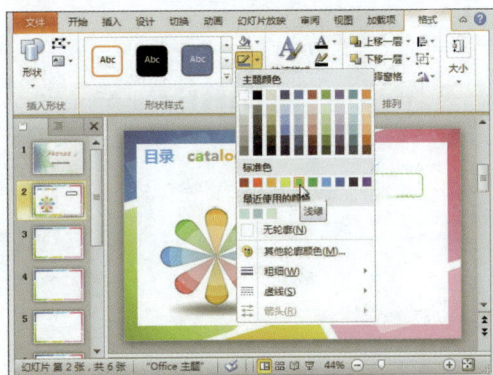

步骤 05 打开"插入"选项卡，单击"形状"下拉按钮，选择"椭圆"选项。

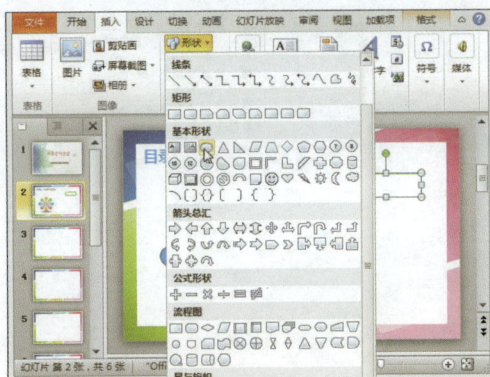

步骤 06 按住Ctrl键的同时，单击并按住鼠标左键拖动，在幻灯片中绘制一个正圆。

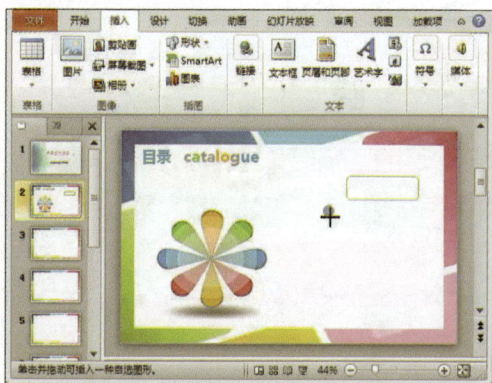

步骤 07 选中圆形，在"格式"选项卡中单击"形状填充"下拉按钮，选择"浅绿"选项。

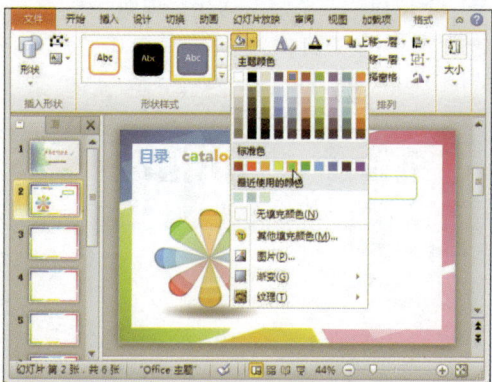

步骤 08 单击"形状轮廓"下拉按钮，在展开的列表中选择合适的颜色。

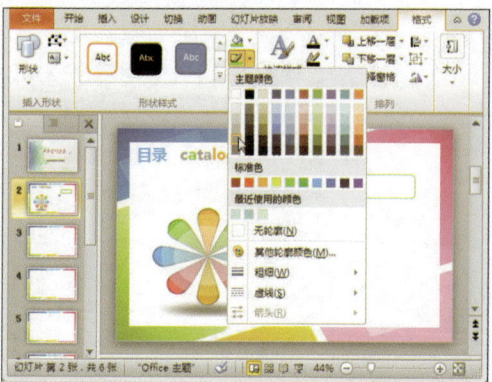

步骤 09 将设置好填充颜色和轮廓颜色的圆形拖动到矩形上的合适位置摆放。

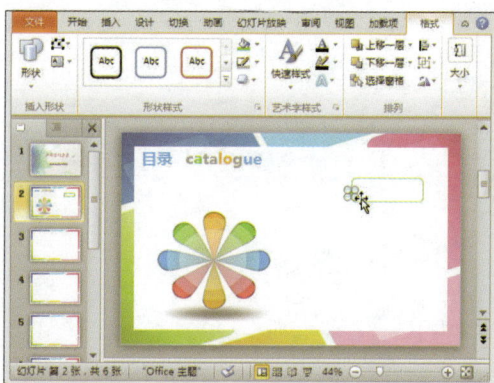

步骤 10 再次单击"形状"下拉按钮，在展开的列表中选择"直线"选项。

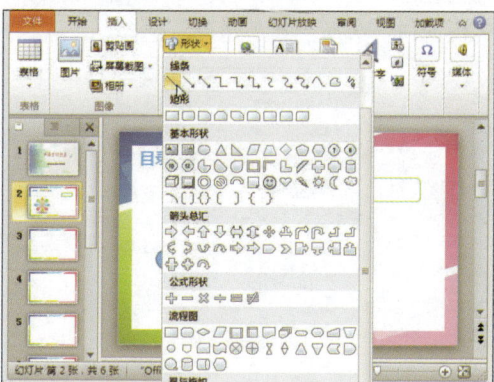

步骤 11 在幻灯片中绘制一条直线。然后将该直线拖动到矩形上方，使之覆盖住矩形左下角边框线。

步骤 12 选中直线，在"格式"选项卡中单击"形状轮廓"下拉按钮，在展开的列表中选择"白色，背景1"选项。

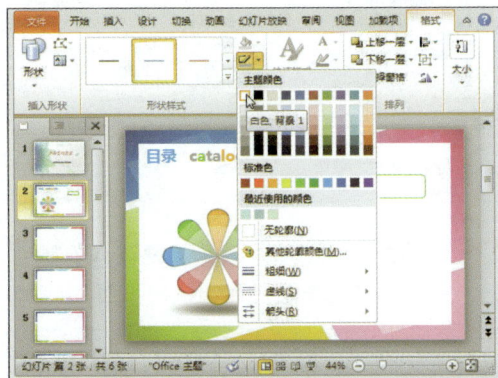

（4）在目录页中插入文本

步骤 01 打开"插入"选项卡，单击"文本框"下拉按钮，选择"横排文本框"选项。

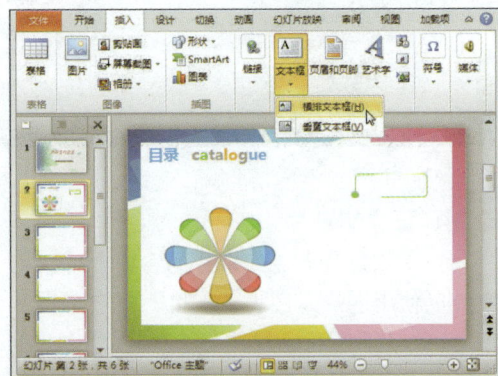

步骤 02 单击并按住鼠标左键不放，拖动鼠标在幻灯片中绘制文本框。

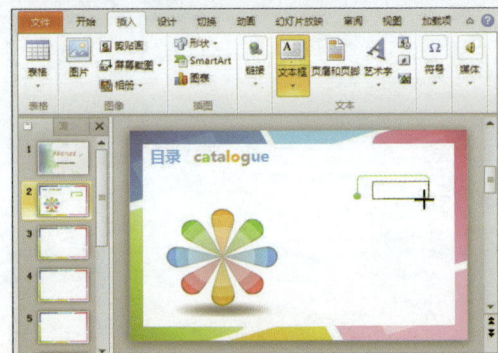

步骤 03 在文本框中输入文本，在"开始"选项卡的"字体"组中设置文本的字体及颜色。

（5）组合图形

步骤 01 按住Shift键选中所有图形及文本框，右击图形，在弹出的快捷菜单中选择"组合"选项，在下级列表中选择"组合"选项。

步骤 02 参照以上步骤制作目录页中其他对象。

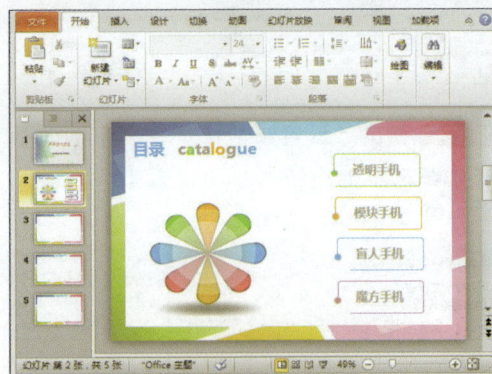

（6）在目录中插入超链接

步骤01 选中组合图形中的矩形，打开"插入"选项卡，单击"超链接"按钮。

步骤02 弹出"插入超链接"对话框，在"链接到"列表框中选择"文本档中的位置"。

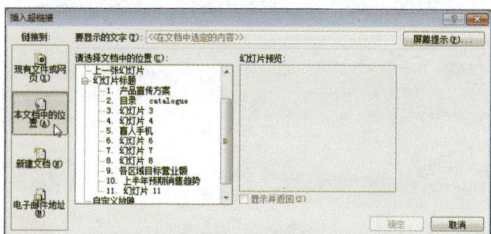

步骤03 在"请选择文档中的位置"列表框中选择"幻灯片3"选项。单击"屏幕提示"按钮。

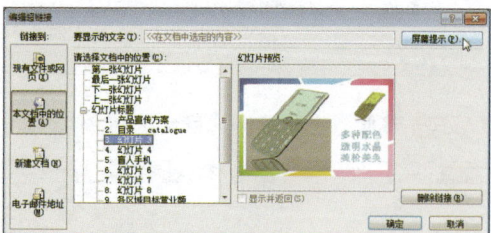

步骤04 弹出"设置超链接屏幕提示"对话框，在文本框中输入"单击直接转到"文本，单击"确定"按钮。

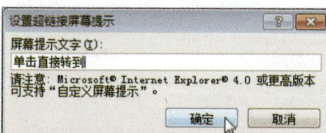

步骤05 返回"超链接"对话框，单击"确定"按钮。

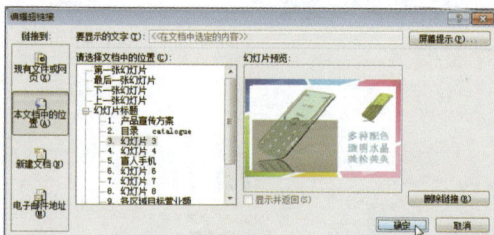

步骤06 返回演示文稿，按F5键进入放映状态，单击图形可直接转到超链接页面。

❷ 制作正文幻灯片

正文幻灯片即为幻灯片的主要内容，用户可以使用图片、图表、表格、文字等设计正文幻灯片。

（1）在正文中插入表格

步骤01 在内容占位符中单击"插入表格"按钮。

步骤 02 弹出"插入表格"对话框，输入"行数"和"列数"值，单击"确定"按钮。

步骤 03 幻灯片中随即被插入相应行数与列数的表格。

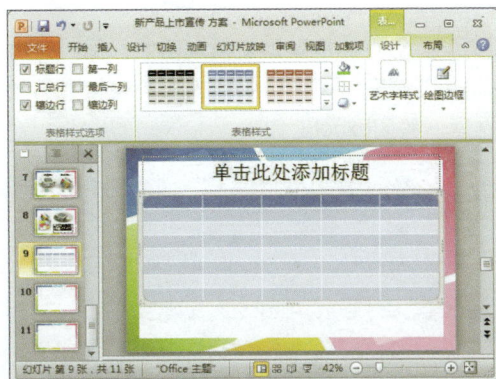

步骤 04 打开"表格工具-设计"选项卡，然后在"表格样式"组中单击"其他"下拉按钮。

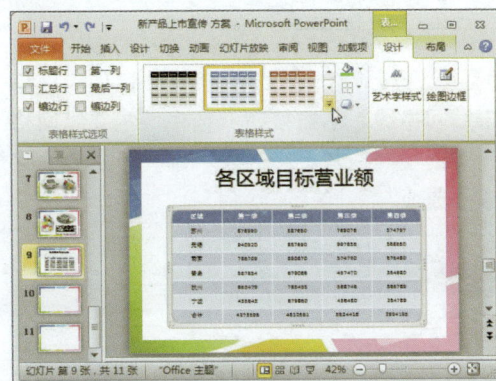

办公助手　关于插入表格

在PPT中插入表格可以更直观地表现数据，让用户和观众看得更清楚明白。表格的设计也很重要，美观大方的设计可以带来更好的视觉体验。

步骤 05 在展开的列表中可以选择合适的表格样式，此处选择"清除表格"选项。

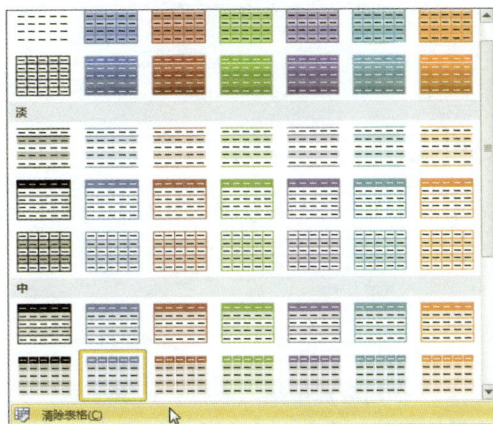

步骤 06 单击"表格样式"组中的"底纹"下拉按钮。

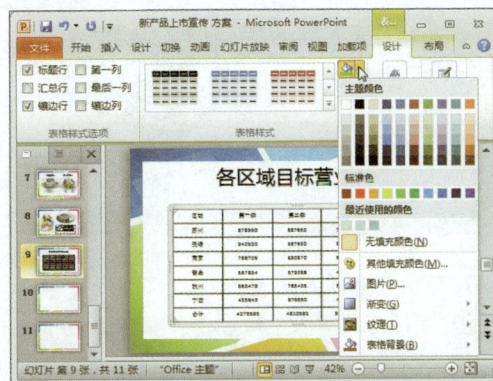

步骤 07 在展开的列表中选择"表格背景"选项，在下级列表中选择"图片"选项。

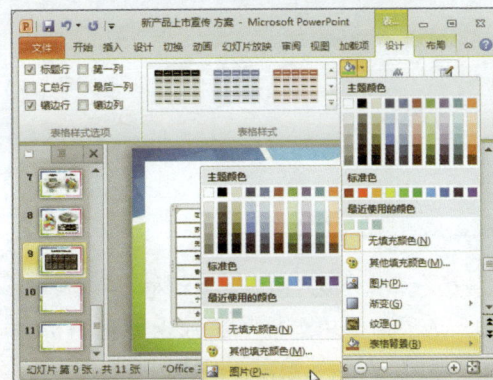

步骤08 弹出"插入图片"对话框，选中合适的图片，单击"插入"按钮。

步骤09 在幻灯片中插入表格并设置了背景的效果如下图所示。

（2）在正文中插入图表

步骤01 打开"插入"选项卡，单击"图表"按钮。

步骤02 弹出"插入图表"对话框，在"折线图"选项面板中选择"带数据标记的折线图"选项，单击"确定"按钮。

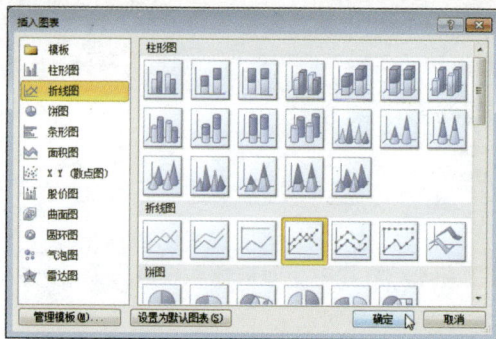

步骤03 幻灯片中随即被插入图表，同时弹出Excel工作表，在表格中输入与图表相关的数据后，关闭Excel工作表。

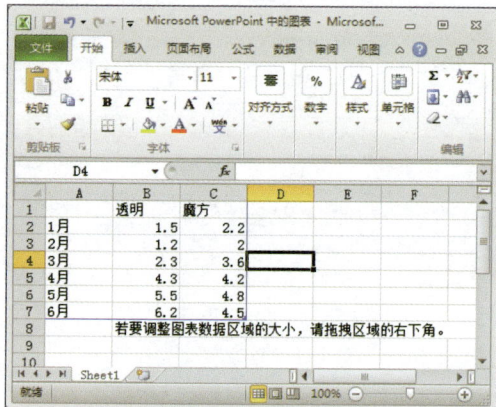

步骤04 打开"图表工具-布局"选项卡，单击"网格线"下拉按钮，选择"主要纵网格线"选项，在其下级列表中选择"主要网格线"选项。

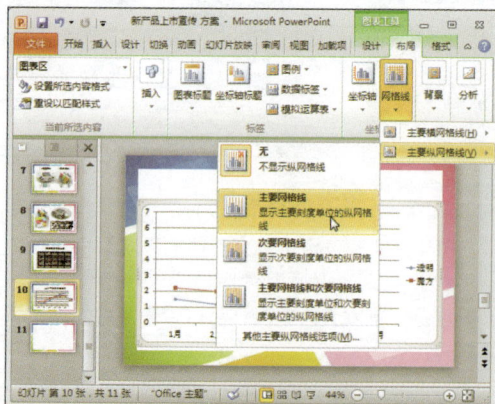

步骤 05 在"当前所选内容"组中单击"图表元素"下拉按钮，在展开的列表中选择"绘图区"选项。

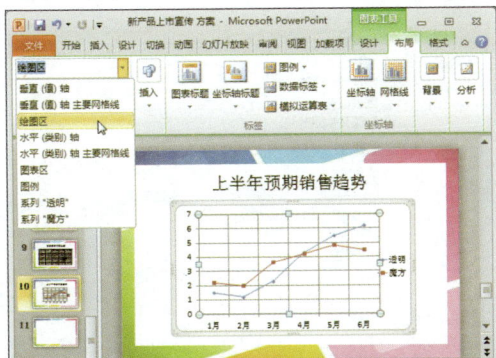

步骤 06 单击"当前所选内容"组中的"设置所选内容格式"按钮。

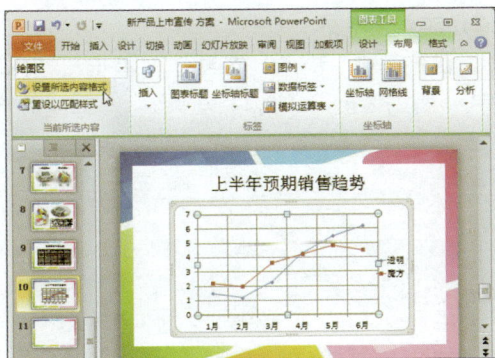

步骤 07 弹出"设置绘图区格式"对话框，在"填充"选项面板中选中"纯色填充"单选按钮，在"颜色"下拉列表中选择合适的颜色。

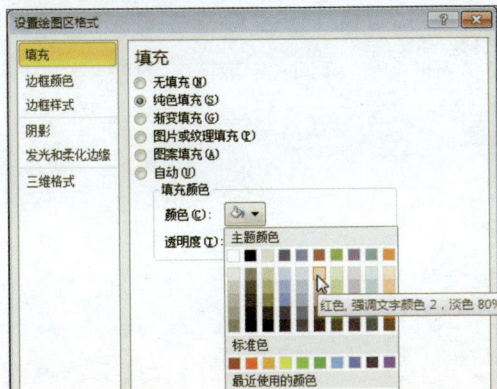

步骤 08 在正文幻灯片中插入图表的效果如下图所示。

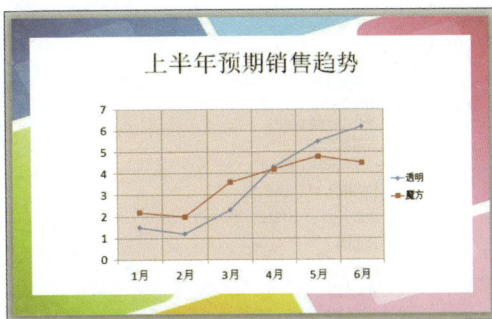

办公助手　关于插入图表

在PPT中插入图表可以更直观地表现数据走势趋向，让用户和观众看得更加清楚明白。图表的设计也很重要，美观大方的设计可以带来更好的用户视觉体验。

❸ **设置结尾页幻灯片**

　　大多数演示文稿是需要制作结尾页的，结尾页是演示文稿的最后一张幻灯片，下面就来制作幻灯片的结尾页。

（1）设置结尾页背景

步骤 01 右击幻灯片，在弹出的快捷菜单中选择"设置背景格式"选项。

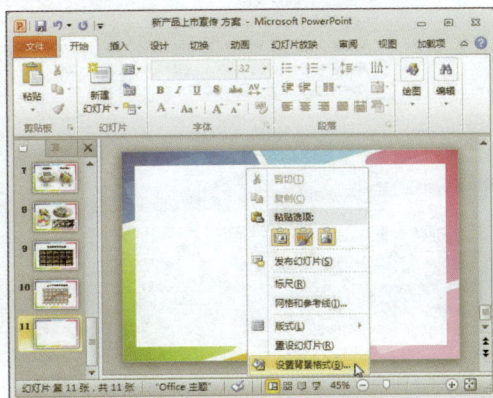

步骤02 弹出"设置背景格式"对话框，勾选"隐藏背景图形"复选框。

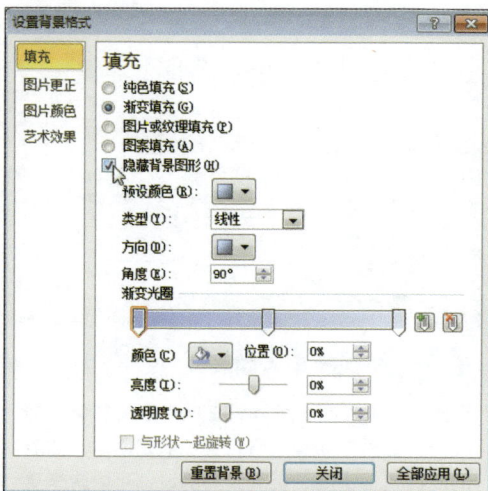

步骤03 选中"图片或纹理填充"单选按钮，单击"文件"按钮。

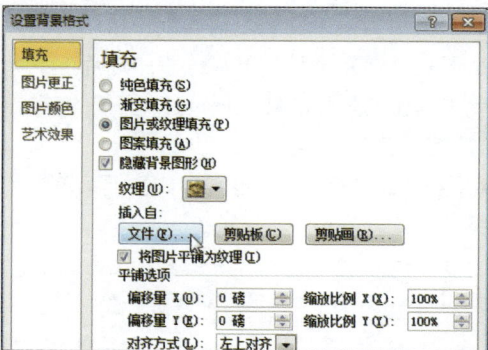

步骤04 弹出"插入图片"对话框，选中需要的图片，单击"插入"按钮。

步骤05 返回"设置背景格式"对话框，单击"关闭"按钮。

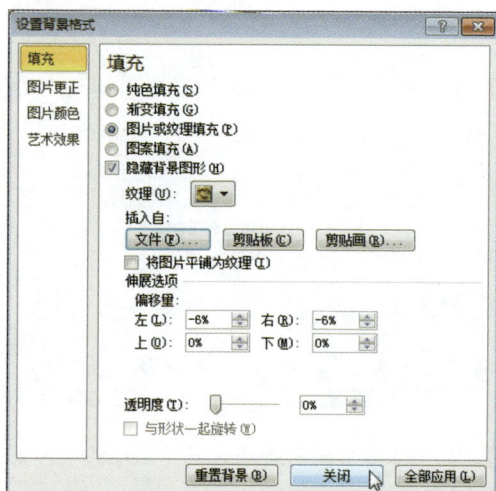

（2）插入艺术字

步骤01 打开"插入"选项卡，单击"艺术字"下拉按钮。

步骤02 在展开的列表中选择合适的艺术字样式。此处选择"填充-蓝色，强调文字颜色1，内部阴影-强调文字颜色1"选项。

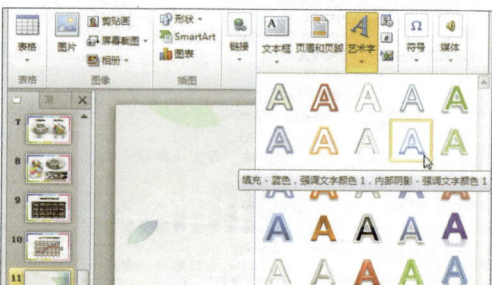

步骤03 幻灯片中随即被插入一个带效果的艺术字文本框。

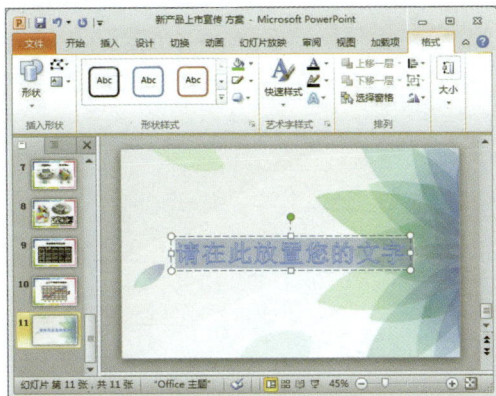

步骤04 在文本框中输入文本，选中文本框，打开"格式"选项卡，单击"艺术字样式"组中的"文字效果"下拉按钮。

步骤05 在展开的列表中选择"映象"选项，在下级列表中选择"紧密映象，8pt偏移量"选项。

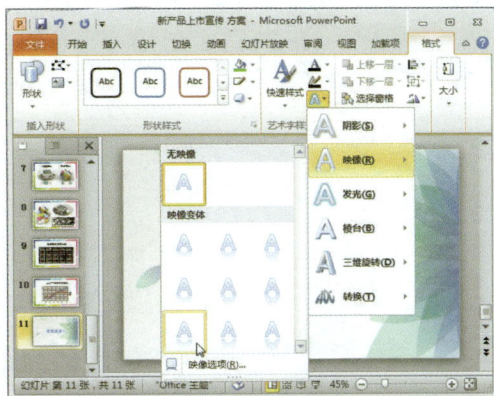

步骤06 打开"开始"选项卡，在"字体"组中设置艺术字字体为"微软雅黑"，字号为"60"号。

读书笔记

Chapter
11

动画效果的设计

本章概述

如果用户只是注重幻灯片页面效果的设计，那么就算把幻灯片制作得再完美，最终的结果也是无趣的。用户还需要在幻灯片的动画效果上下一些功夫，好的动画效果能够给演示文稿带来一定的帮助和推动，可在更大程度上吸引观看者的注意力。那么幻灯片的动画效果应该如何打造呢？本章中就将做详细介绍。

本章要点

图片的应用

艺术字的应用

动画效果的设计

切换效果的设计

11.1 宣传文稿的美化进程

为了制作出更完美的动画效果，用户还可以对演示文稿做进一步的美化工作，例如在适当的位置插入剪贴画、为普通文本添加艺术字效果、设置图片的艺术效果等。

11.1.1 图片和艺术字的应用

在设计幻灯片的过程中，对图片和艺术字的应用是最为普遍的。上一章中已经介绍了图片和艺术字的插入方法，下面就着重介绍插入不同类型图片，和为普通文本设置艺术字效果的方法。

❶ 插入剪贴画

PowerPoint 2010内置了大量的剪贴画，为了提高工作效率，用户可以直接使用剪贴画图片。

步骤01 打开"插入"选项卡，单击"图像"组中的"剪贴画"按钮。

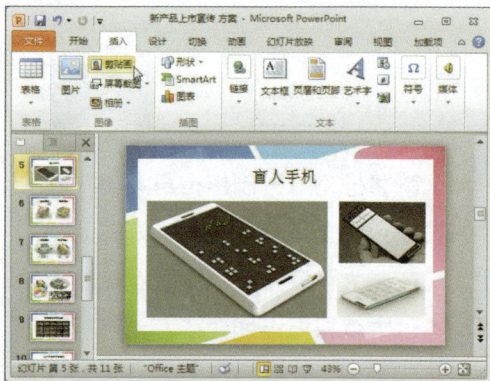

步骤02 工作区域右侧弹出"剪贴画"窗格。

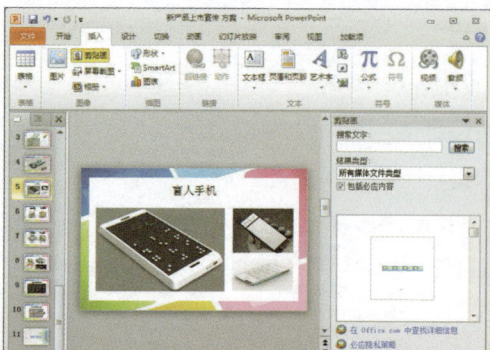

步骤03 单击"结果类型"下拉按钮，在展开的列表中勾选"所有媒体类型"复选框。

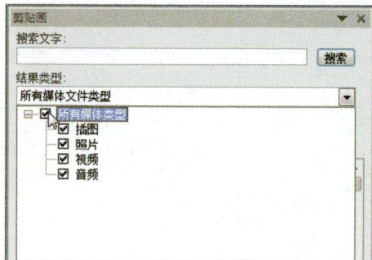

步骤04 在"搜索文字"文本框中输入需要搜索的剪贴画类型，然后单击"搜索"按钮。

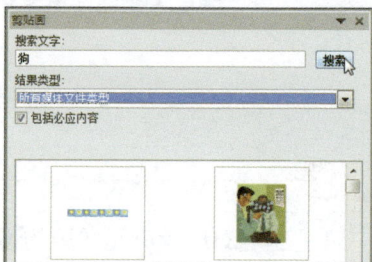

步骤05 下方列表框中随即搜索到所有相关类型的剪贴画。单击剪贴画右侧的下拉按钮，在展开的列表中选择"插入"选项。

步骤06 选中剪贴画随即被插入到幻灯片中。

步骤07 调整好剪贴画的大小，将剪贴画拖动到合适的位置即可。

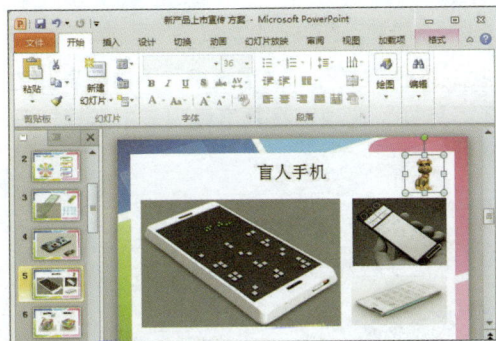

② 插入屏幕截图

为了捕获可能更改或过期的信息，如网站信息或新闻报道等，可以使用屏幕截图功能将信息添加到幻灯片中。

步骤01 打开"插入"选项卡，单击"屏幕截图"下拉按钮，在展开的列表中选择"屏幕裁剪"选项。

步骤02 此时演示文稿自动隐藏，屏幕为半透明状态，光标变为"田"形状。

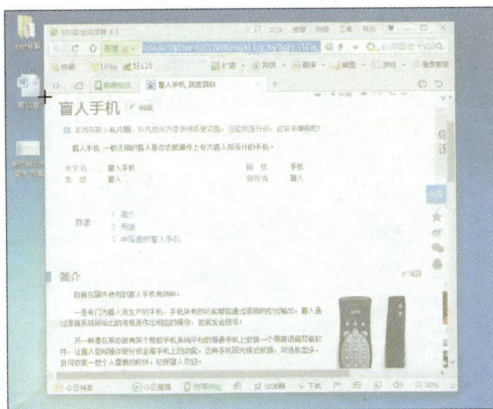

步骤03 单击并按住鼠标左键不放，拖动鼠标截取需要插入到幻灯片中的屏幕信息。

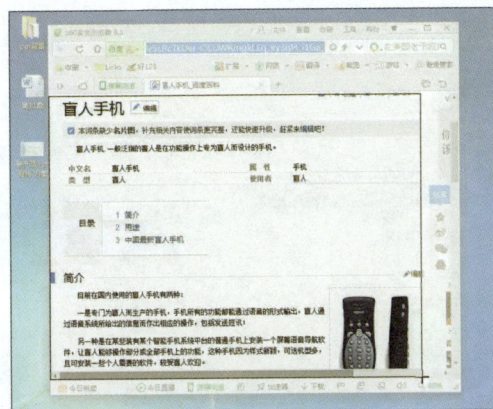

步骤04 松开鼠标左键，截取的屏幕图像随即被插入到幻灯片中。

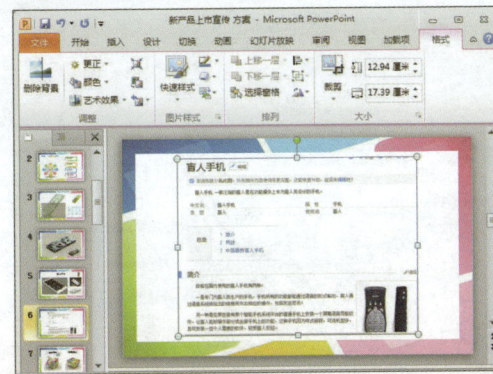

❸ 设置文本艺术字效果

为了突出文字内容，强调文本，可以为其设置艺术字效果。具体操作方法如下：

步骤01 选中文本，打开"格式"选项卡，单击"艺术字样式"组中的"其他"下拉按钮。

步骤02 在展开的列表中选择"填充-红色，强调文字颜色2，暖色粗糙棱台"选项。

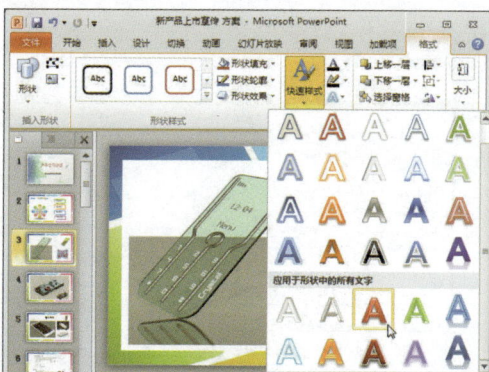

步骤03 在"艺术字样式"组中单击"文字效果"下拉按钮。

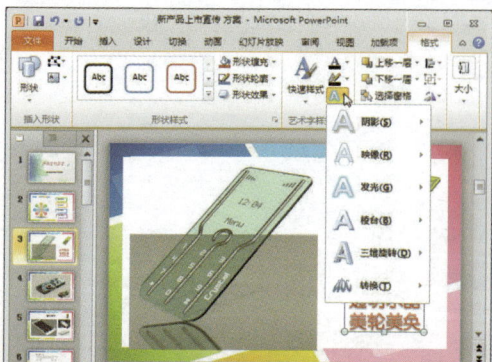

步骤04 在展开的列表中选择"发光"选项，在下级列表中选择"蓝色，18pt发光，强调文字颜色1"选项。

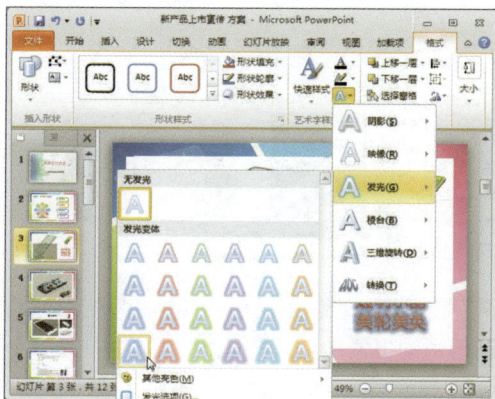

步骤05 再次展开"文字效果"下拉列表，选择"转换"选项，在其下级列表中选择"朝鲜鼓"选项。

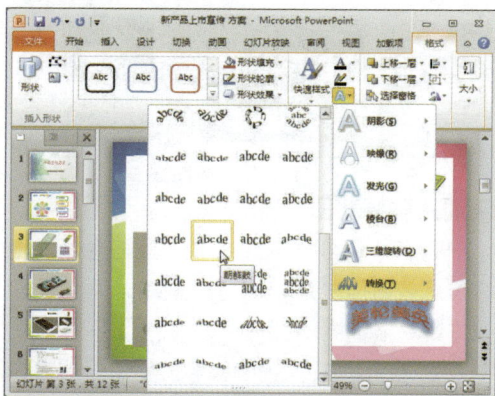

步骤06 设置好了艺术字效果的文本效果如下图所示。

步骤 07 若要清除艺术字效果，则在"艺术字样式"的"快速样式"下拉列表中选择"清除艺术字"选项。

11.1.2 图片效果的设计

在幻灯片中插入图片后，还可对图片的样式、效果、大小以及对齐方式进行设置，以满足图片在不同页面中的应用。

❶ 设置图片样式

PowerPoint 2010内置了很多图片样式，应用这些样式可让图片瞬间得到美化。当然用户也可以根据需要自定义图片样式。

步骤 01 选中图片，打开"图片工具-格式"选项卡，单击"图片样式"组中的"其他"下拉按钮。

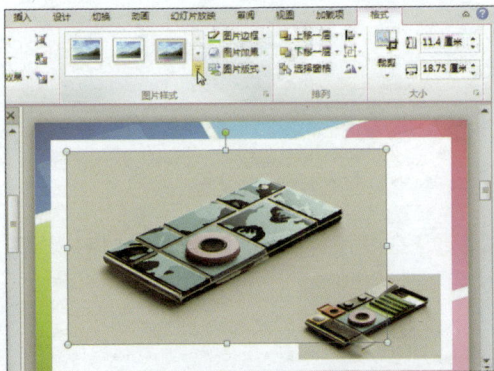

步骤 02 在展开的列表中选择"棱台形椭圆，黑色"选项。

步骤 03 选中幻灯片中的另外一张图片，单击"图片样式"组中的"图片边框"下拉按钮，在展开的列表中选择"黑色"选项。

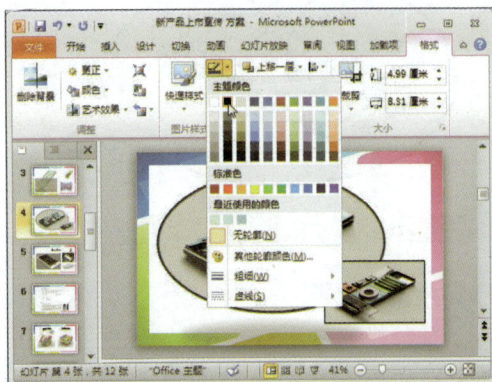

步骤 04 单击"图片样式"组中的"图片效果"下拉按钮。

步骤 05 选择"三维旋转"选项，在其下级列表中选择"左向对比透视"选项。

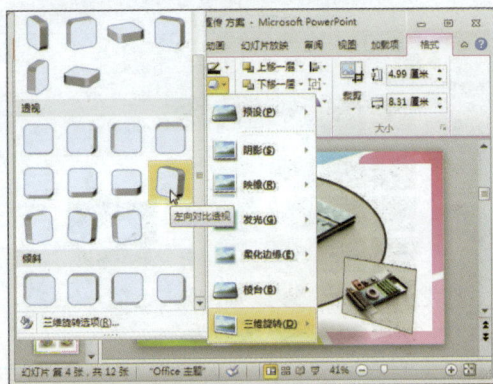

步骤 06 设置好图片样式的效果如下图所示。

❷ 调整图片效果

有时候插入到幻灯片中的图片效果并不能完全令用户满意，比如图片太暗、色调不饱和等，这时候可以对图片的效果进行调整。还可以添加艺术效果。

步骤 01 选中1张图片，打开"格式"选项卡，在"调整"组中单击"更正"下拉按钮。

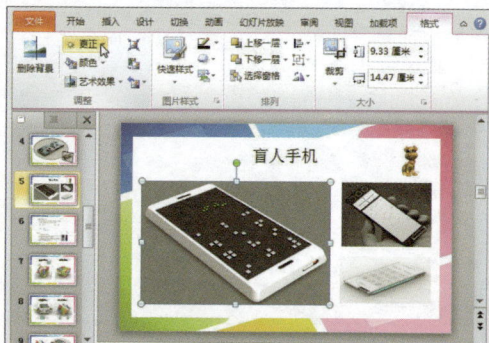

步骤 02 在弹出列表的"亮度和对比度"组中选择"亮度：+20% 对比度：-20%"选项。

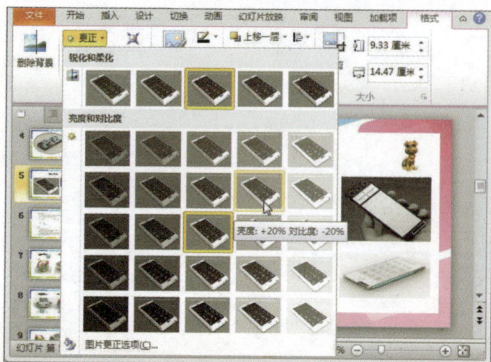

步骤 03 单击"颜色"下拉按钮，在列表的"色调"组中选择"色温：5300k"选项。

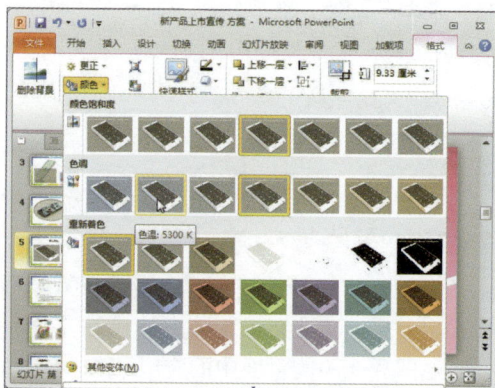

步骤 04 选中幻灯片右下角图片，单击"调整"组中的"艺术效果"下拉按钮。

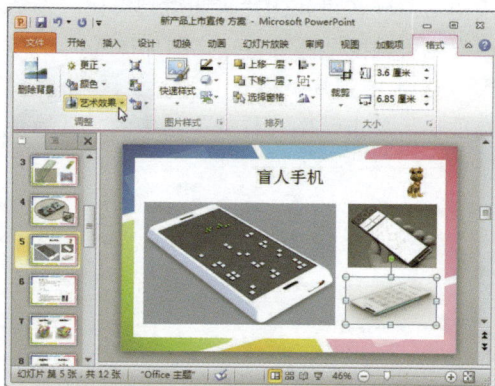

步骤 05 在展开的下拉列表中单击选择"影印"选项。

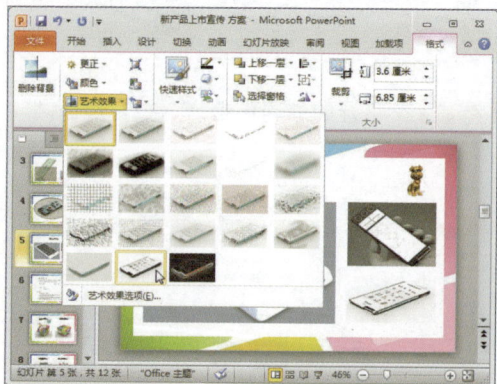

步骤 06 调整好的图片效果如下图所示。

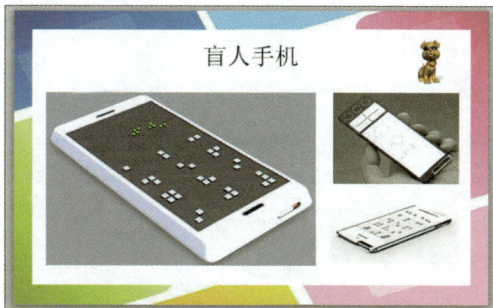

盲人手机

③ 删除图片背景

在PowerPoint 2010中，为了突出图片主题，可以删除图片背景，删除方法如下。

步骤 01 选中图片，在"格式"选项卡中单击"删除背景"按钮。

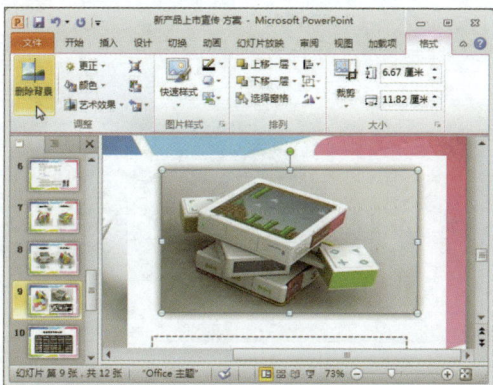

步骤 02 按住鼠标左键拖动图片上方的点线框控制点，使需要保留的部分被点线框包围。

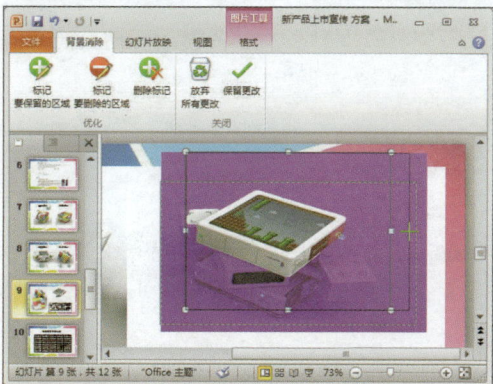

步骤 03 单击"背景消除"选项卡中的"标记要保留的区域"按钮。

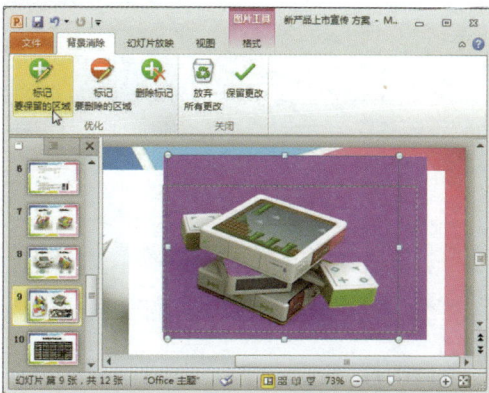

步骤 04 光标变为"✐"形状，在图片中需要保留的部分单击。

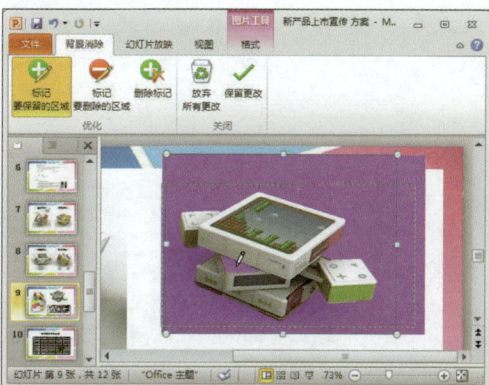

步骤 05 单击"背景消除"选项卡中的"保留更改"按钮。

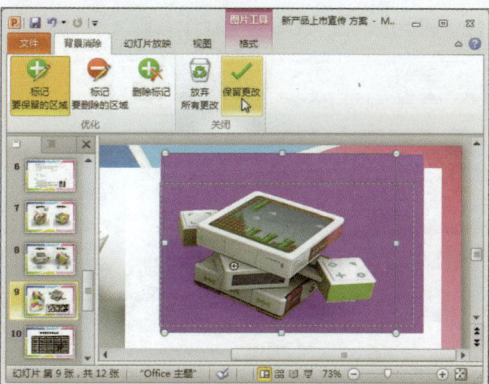

步骤06 删除了图片背景的效果如下图所示。

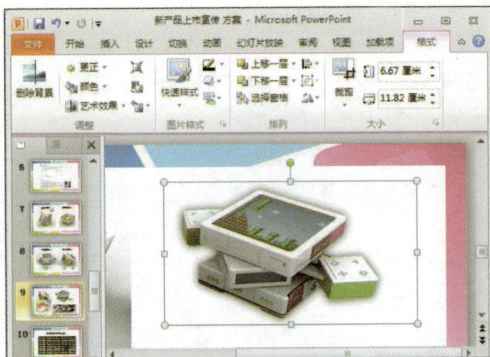

④ 裁剪图片

PowerPoint 2010 中的裁剪工具可以裁剪掉不需要的图片部分，还可以将图片裁剪图成不同的形状。

步骤01 选中图形，在"格式"选项卡中单击"裁剪"下拉按钮，选择"裁剪"选项。

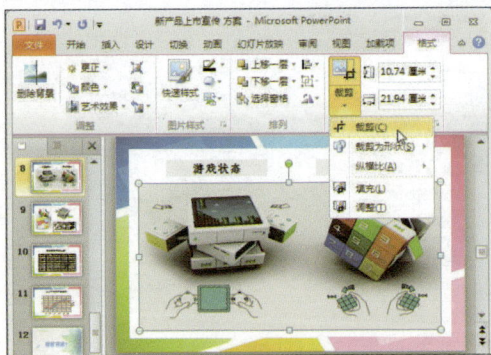

步骤02 选中的图片周围出现了8个裁剪控制点，将光标置于裁剪控制点附近。

步骤03 按住鼠标左键拖动鼠标，裁剪图片。

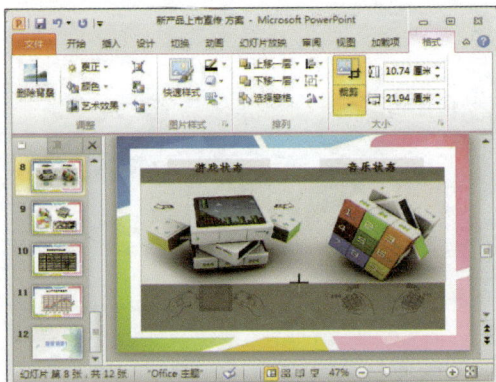

步骤04 将图片裁剪到合适大小后，单击"裁剪"按钮，退出裁剪模式。

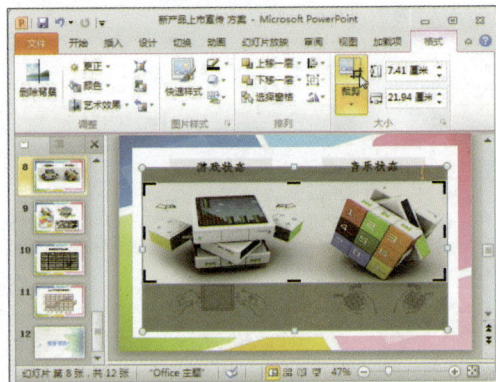

步骤05 再次单击"格式"选项卡中的"裁剪"下拉按钮，在展开的下拉列表中选择"裁剪为形状"选项。

步骤06 在"裁剪为形状"下级列表中选择"缺角矩形"选项。

步骤07 选中的图片随即被裁剪为相应形状。

⑤ 排列幻灯片中的图片

　　排列图片包括调整图片叠放次序、组合图片、旋转图片、设置图片对齐方式等。下面就对排列图片的方法做简要介绍。

步骤01 选中图片，打开"开始"选项卡，单击"绘图"组中的"排列"下拉按钮。

步骤02 在展开的下拉列表中选择"置于底层"选项。

步骤03 按住Shift键的同时，选中幻灯片中的两张图片，单击"排列"下拉按钮，在展开的列表中选择"对齐"选项。

步骤04 在展开的下级列表中选择"上下居中"选项。

步骤05 选中的图片随即在幻灯片中以上下居中方式排列。

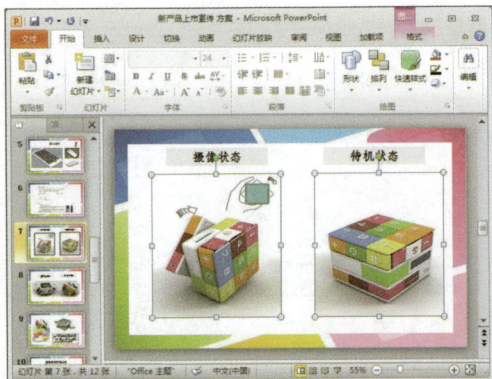

步骤06 选中左侧图片，在"排列"下拉列表中选择"旋转"选项。

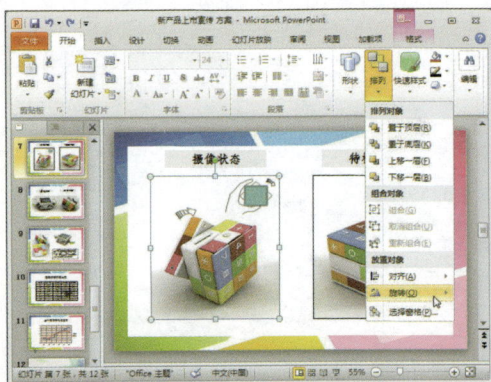

步骤07 在"旋转"选项的下级列表中选择"水平翻转"选项。选中的图片随即被水平翻转。

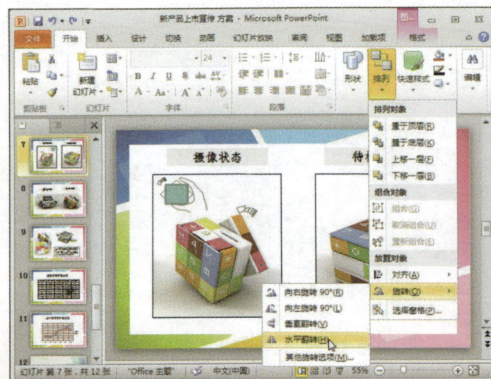

步骤08 按住Shift键的同时，选中幻灯片左侧的图形和图片，右击选中的对象，在弹出的快捷菜单中选择"组合"选项，在其下级菜单中选择"组合"选项。

步骤09 选中的图形和图片随即被组合成一个整体。

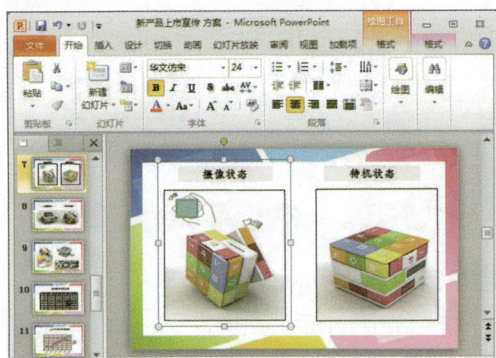

步骤10 若要取消组合，则右击组合图形，在弹出的快捷菜单中选择"组合"选项，在下级菜单中选择"取消组合"选项即可。

11.2　产品宣传页的动画设计

动画是演示文稿中传达信息的重点，对幻灯片上的文本或单个对象设置动画效果可以让幻灯片在放映的时候显得更加活泼生动。另外，用户还可以为幻灯片设置不同的切换效果，让整个演示文稿动起来。

11.2.1　动画效果的添加

PowerPoint 2010内置的动画效果有进入、强调、退出和动作路径四种类型，用户可以根据需要为对象添加合适的动画效果。

❶进入动画的设置

"进入"动画效果可以使对象逐渐淡入焦点、从边缘飞入幻灯片或者跳入视图中。设置方法如下：

步骤 01 选中目录页幻灯片中的组合图形，打开"动画"选项卡，在"动画"组中单击"其他"下拉按钮。

步骤 02 在展开的列表"进入"组中选择"飞入"选项。

步骤 03 单击"效果选项"下拉按钮，在展开的列表中选择"自右侧"选项。

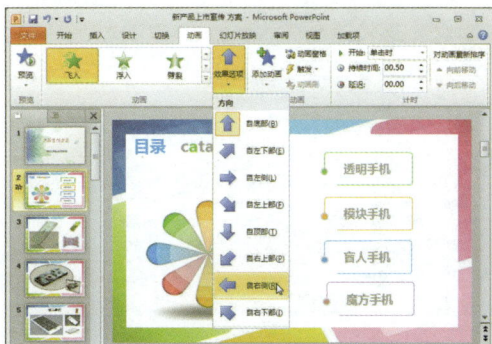

步骤 04 选中位于最下方的组合图形，在"动画样式"下拉列表中选择"飞入"选项。

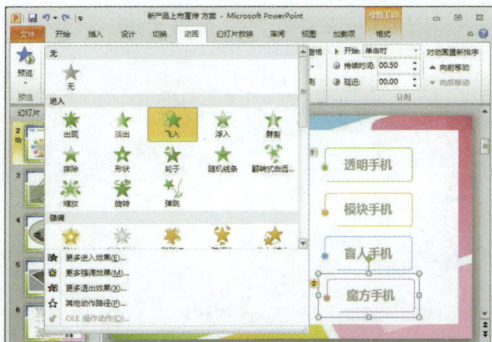

步骤 05 单击"效果选项"下拉按钮，在下拉列表中选择"自左侧"选项。

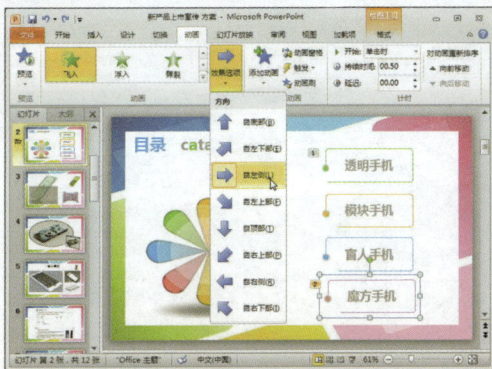

步骤 06 参照上述方法为其他组合图形添加进入动画。选中排列在第2位的动画对象，单击"计时"组中的"向后移动"按钮，将其播放顺序调整至"4"。

步骤 07 单击"高级动画"组中的"动画窗格"按钮。

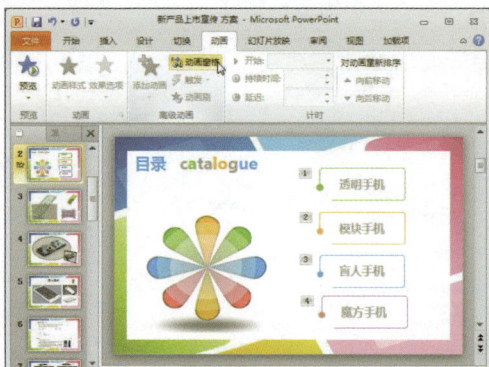

步骤 08 打开"动画窗格"窗格，选中选项1，单击右侧下拉按钮，选择"计时"选项。

步骤 09 弹出"飞入"对话框，在"计时"选项卡中单击"期间"下拉按钮，在展开的列表中选择"中速（2秒）"选项。

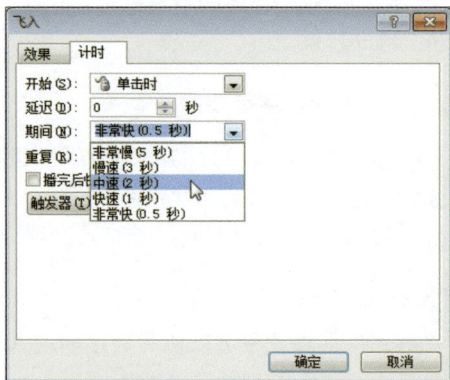

步骤 10 切换到"效果"选项卡，单击"声音"下拉按钮，选择"风铃"选项。

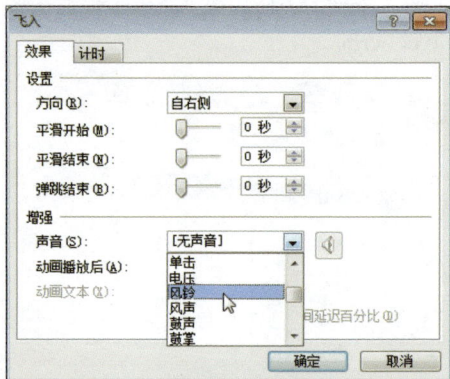

步骤 11 单击"音量"按钮，在展开的音量调节器中拖动滑块调整音量大小。

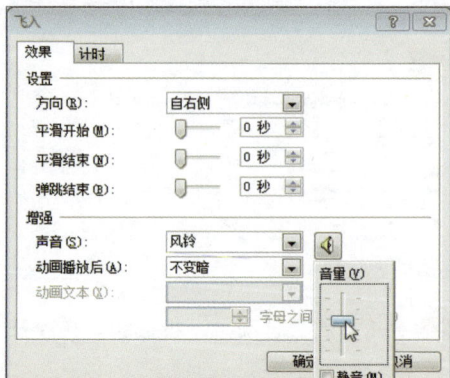

步骤12 单击"确定"按钮，关闭对话框。

步骤13 参照上述方法设置其他动画的播放速度和声音，单击"关闭"按钮关闭对话框。

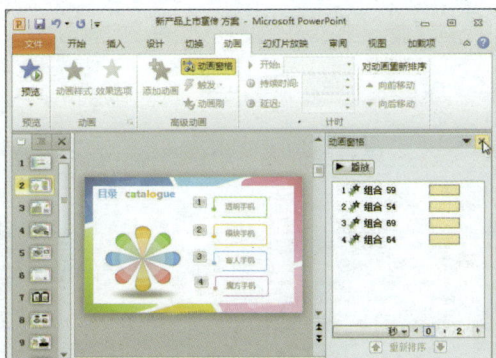

步骤14 单击"预览"按钮查看进入动画效果。

❷强调动画的设置

　　"强调"动画效果包括使对象缩小或放大、更改颜色或沿着其中心旋转。具体设置方法如下：

步骤01 选中文本所在文本框，打开"动画"选项卡，然后单击"动画"组中的"其他"下拉按钮。

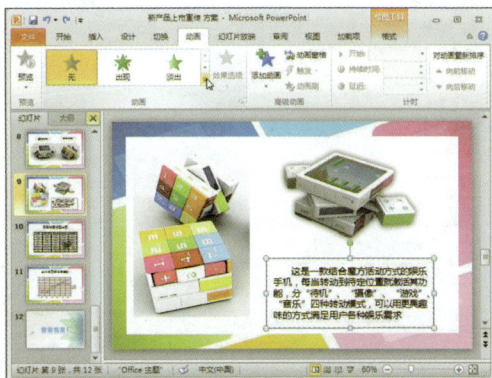

步骤02 在展开的列表"强调"组中选择"画笔颜色"选项。

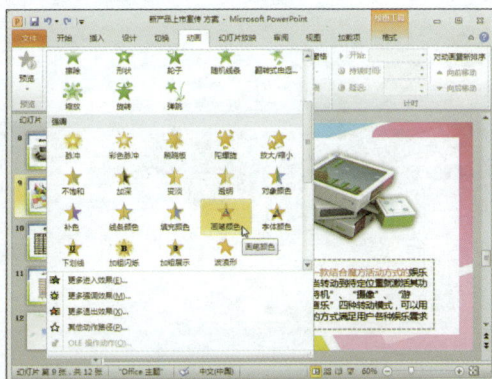

步骤03 在"计时"组中单击"持续时间"微调框的微调按钮，调整动画播放时间。

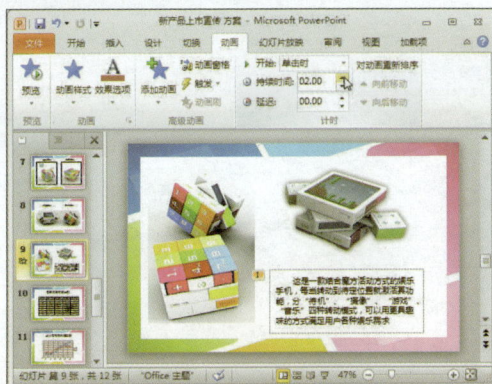

步骤 04 单击"添加动画"下拉按钮，在展开列表的"强调"组中选择"脉冲"选项。

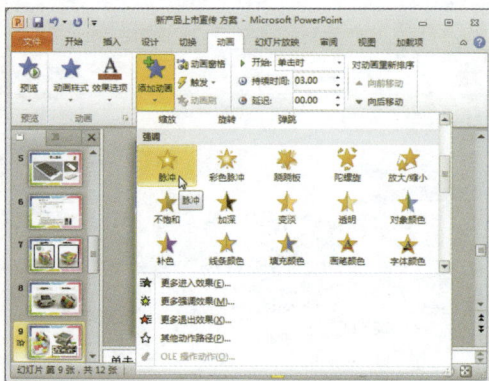

步骤 05 选中文本，打开"开始"选项卡，单击"字体颜色"下拉按钮，在展开的列表中选择"白色"选项。

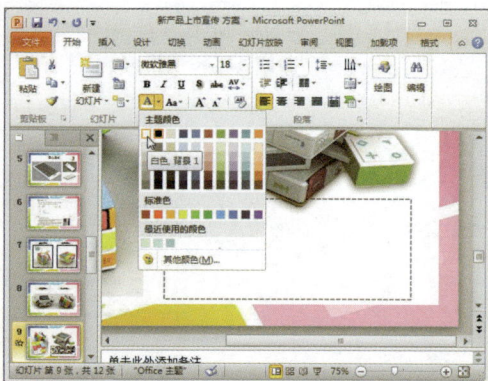

步骤 06 切换到"动画"选项卡，单击"预览"按钮，查看文本动画效果。

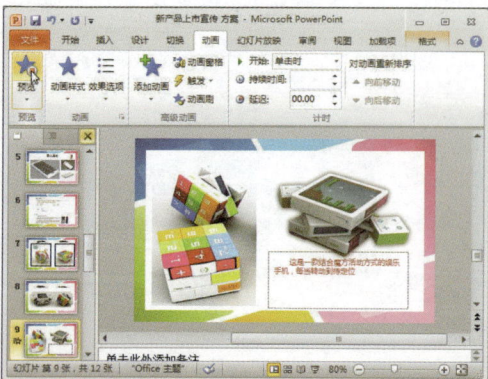

❸ 路径动画的设置

为对象添加动作路径可以使对象上移或下移，向左或向右或星形或圆形图案运动。设置方法如下：

（1）使用内置动画路径

步骤 01 选中艺术字文本框，在"动画"选项卡的"动画"组中单击"其他"下拉按钮。

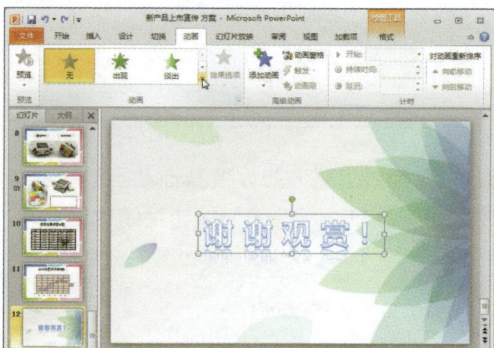

步骤 02 在展开的列表"动作路径"组中选择"形状"选项。

步骤 03 选中的对象上随即出现了动画的运动路径。

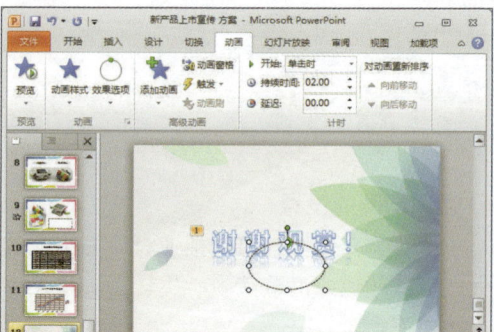

步骤 04 单击"效果选项"下拉按钮，在展开的列表中选择"五边形"选项。

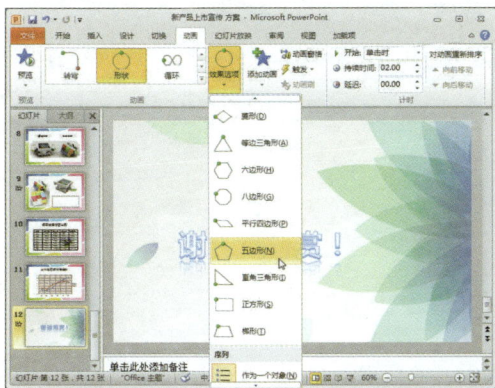

步骤 05 按住鼠标左键，拖动路径四周控制点，对路径进行调整。

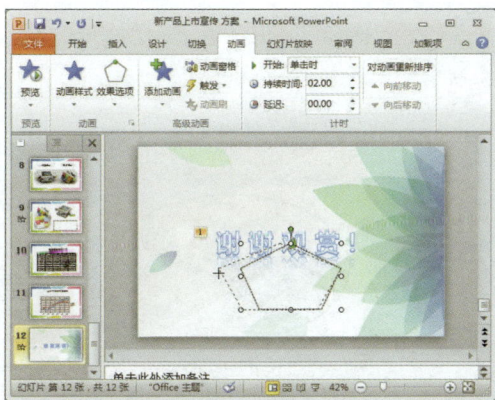

（2）自定义动画路径

步骤 01 选中幻灯片中的对象，在"动画样式"列表中选择"自定义路径"选项。

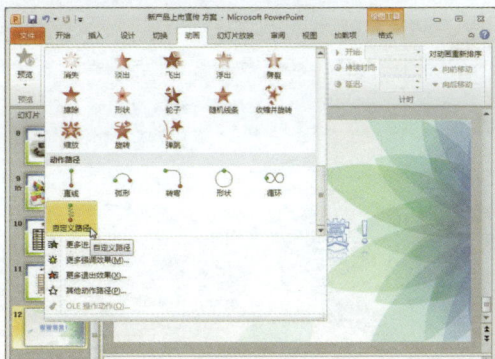

步骤 02 按住鼠标左键，当光标变为"✎"形状时拖动鼠标，在幻灯片中绘制路径。

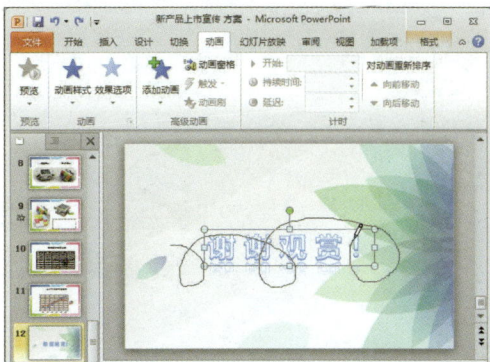

步骤 03 绘制完成后双击退出绘制模式，单击"预览"按钮可对自定义路径动画进行预览。

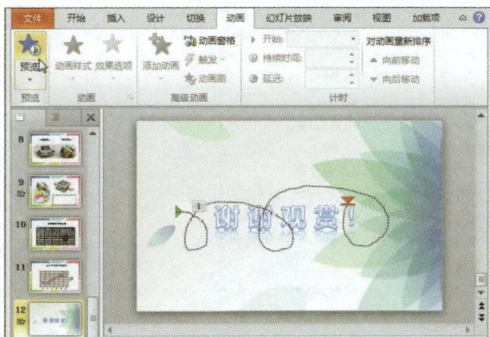

❹ 退出动画的设置

"退出"效果包括使对象飞出幻灯片、从视图中消失或者从幻灯片旋出等，具体设置方法如下：

步骤 01 选中幻灯片中较大图片，单击"动画"选项卡"动画"组中的"其他"下拉按钮。

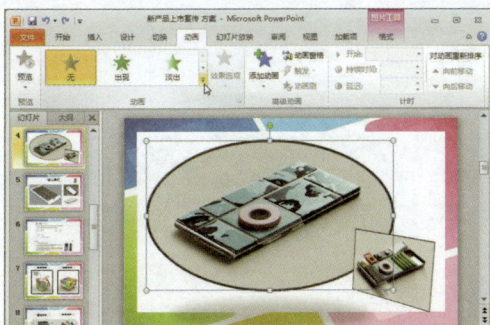

步骤 02 在弹出的列表中选择"更多退出效果"选项。

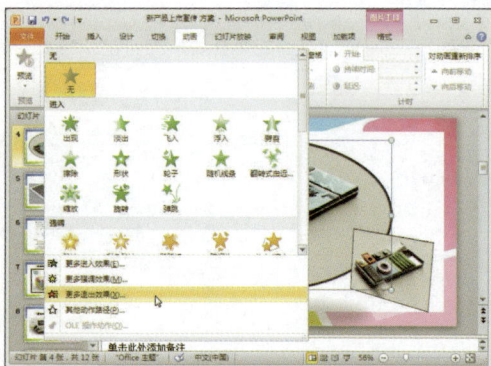

步骤 03 弹出"更改退出效果"对话框，选择"旋转"选项，单击"确定"按钮。

步骤 04 在"计时"组中单击"延迟"微调按钮，设置动画延迟播放时间。

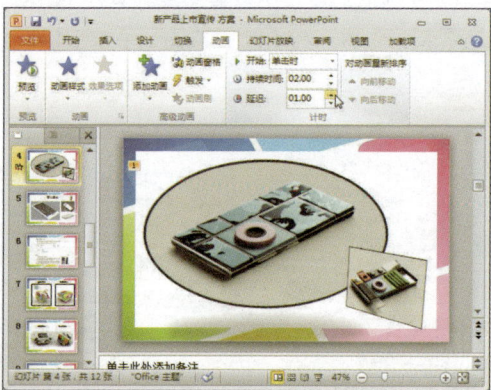

步骤 05 选中幻灯片中较小的图片，打开"动画样式"下拉列表，在"退出"组中选择"旋转"选项。

步骤 06 单击"高级动画"组中的"动画窗格"按钮。

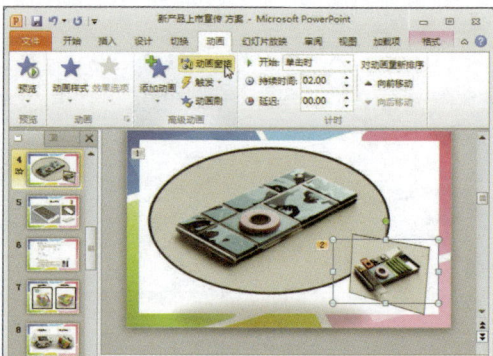

步骤 07 弹出"动画窗格"窗格，单击选项2右侧下拉按钮，在展开的列表中选择"计时"选项。

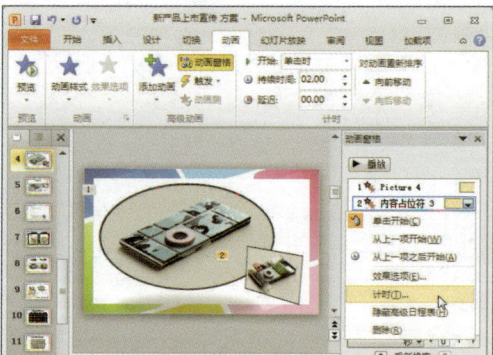

步骤 08 弹出"旋转"对话框，在"计时"选项卡中单击"延迟"微调框按钮，调整动画延迟播放时间。

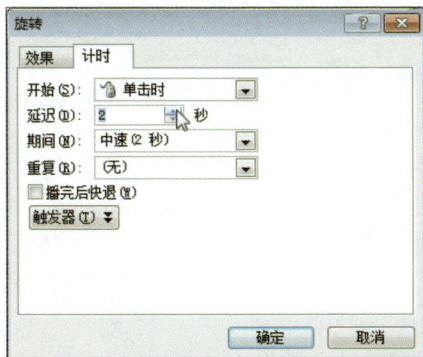

步骤 09 切换到"效果"选项卡，单击"声音"下拉按钮，在展开的列表中选择"疾驰"选项，单击"确定"按钮。

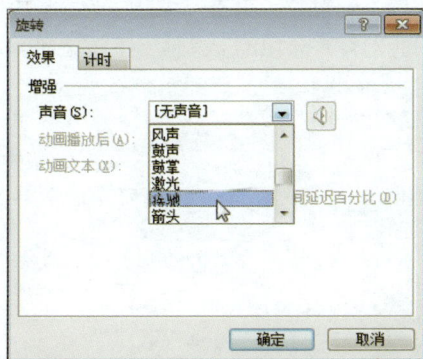

步骤 10 再次单击选项2右侧下拉按钮，在展开的列表中选择"从上一项开始"选项。

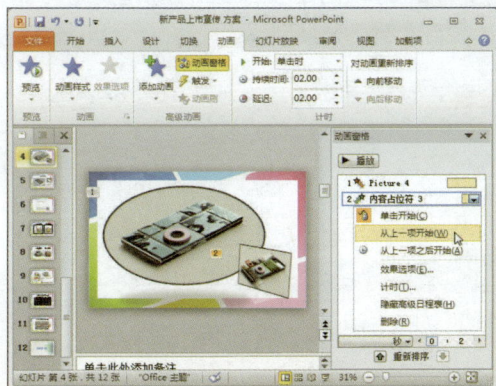

步骤 11 为两张图片添加的退出动画随即被组合，单击"预览"按钮可观看组合动画效果。

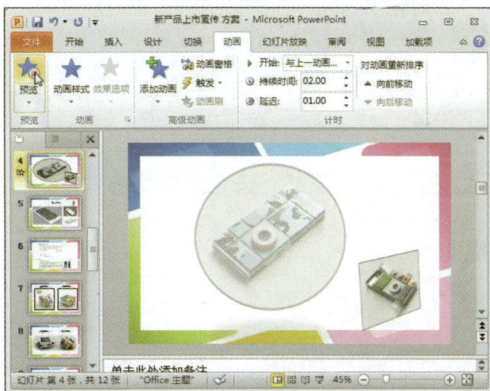

11.2.2 页面切换动画的设计

幻灯片切换效果是在放映演示文稿过程中，幻灯片从上一张切换到下一张时的动画效果。用户可以通过设置控制切换效果的速度、添加声音等。

❶ 为幻灯片添加切换效果

为幻灯片添加切换动画可以使放映过程变得更加华丽。PowerPoint 2010切换动画分为细微型、华丽型和动态内容三大类，下面讲解页面动画的设置方法。

步骤 01 选中幻灯片，在"切换"选项卡中单击"切换到此幻灯片"组的"其他"下拉按钮。

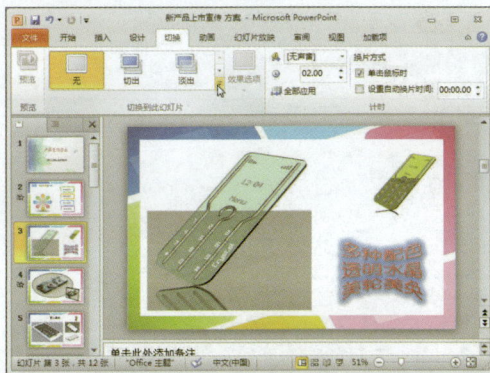

步骤 02 在展开列表的"细微型"组中选择"推进"选项。

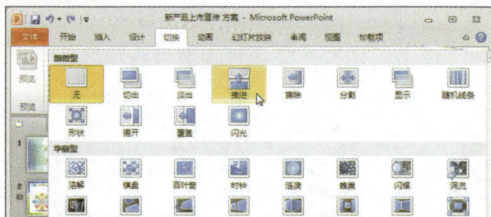

步骤03 单击"预览"按钮查看切换效果。

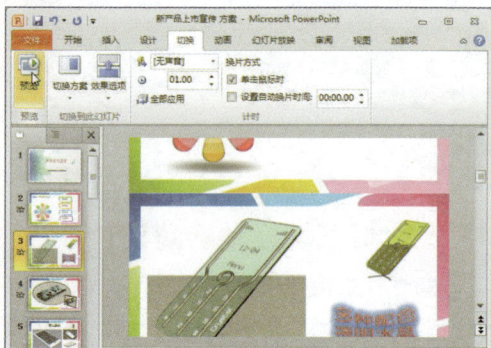

步骤04 用户还可以根据需要在"切换方案"列表中为幻灯片设置"华丽型"或"动态内容"类型的页面切换效果。

步骤05 下图为"华丽型"组中的"溶解"页面切换效果。

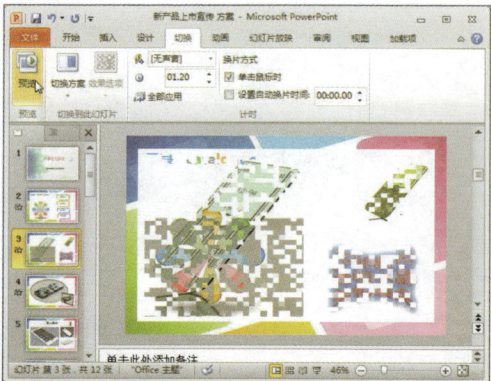

步骤06 下图为"动态类型"组中的"轨道"页面切换效果。

❷ 设置切换动画效果

为页面添加了切换效果以后，还可以修改动画效果、为切换动画添加音效、控制切换动画持续时间、设置切换方式等。

步骤01 选中幻灯片，单击"切换"选项卡中"切换到此幻灯片"组的"其他"下拉按钮。

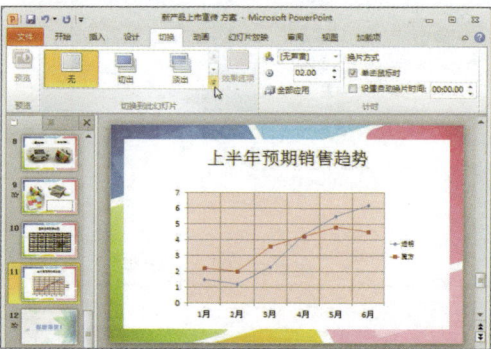

步骤02 在弹出下拉列表的"华丽型"组中选择"百叶窗"选项。

步骤 03 选择切换动画后，幻灯片页面会自动
进行预览切换效果。

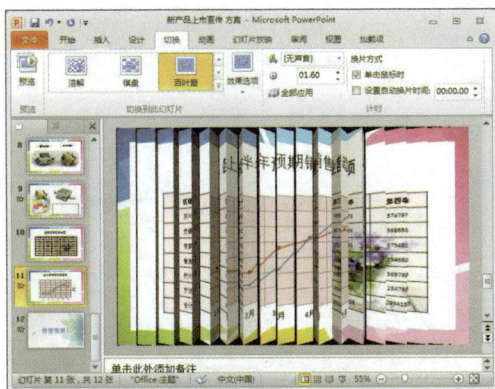

步骤 04 单击"效果选项"下拉按钮，在展开
的列表中选择"水平"选项。

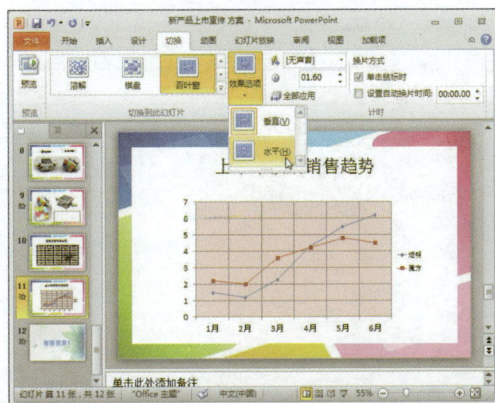

步骤 05 "百叶窗"页面切换效果随即改变切
换方向变为"水平"切换。

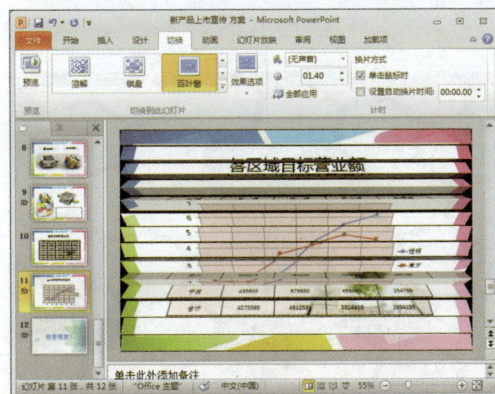

步骤 06 单击"计时"组中的"声音"下拉按
钮，在展开的列表中选择"电压"选项。

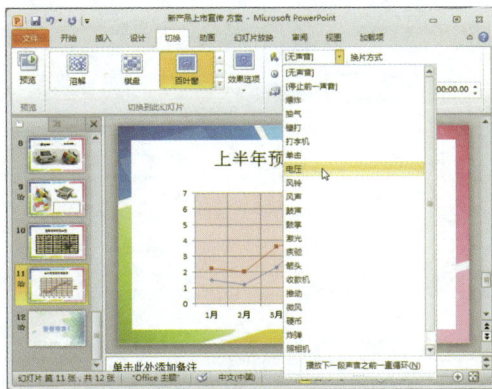

步骤 07 单击"持续时间"微调框按钮，调整
切换动画的持续时间。

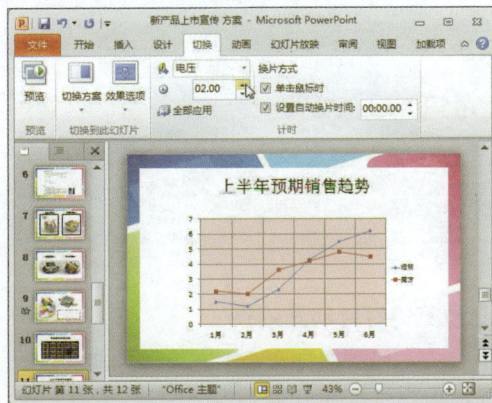

步骤 08 若单击"全部应用"按钮，则演示文
稿中所有幻灯片均应用本页设置。

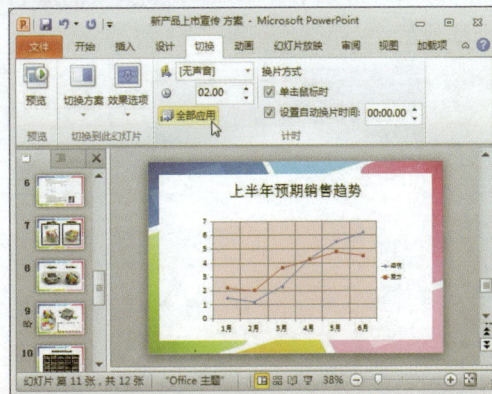

步骤09 取消"单击鼠标时"复选框的勾选。

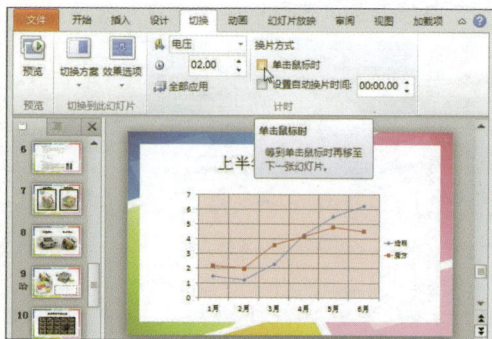

步骤10 勾选"设置自动换片时间"复选框，单击"微调框"按钮，设置自动换片时间。

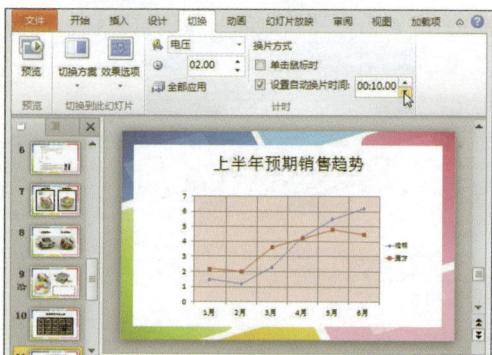

❸ 预览幻灯片动画效果

为了检验幻灯片动画效果及页面切换效果，用户可以对幻灯片进行预览。

（1）预览动画效果

在"动画"选项卡中单击"预览"按钮，可以对幻灯片中添加了动画效果的对象进行预览。

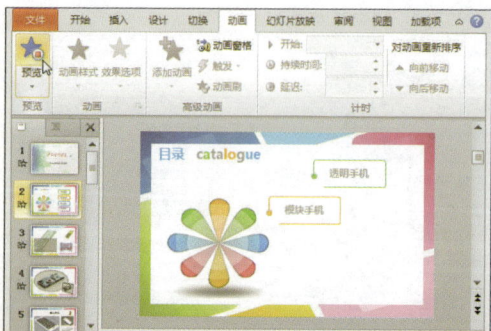

（2）预览页面切换效果

在"切换"选项卡中单击"预览"按钮，可以对幻灯片页面切换动画进行预览。

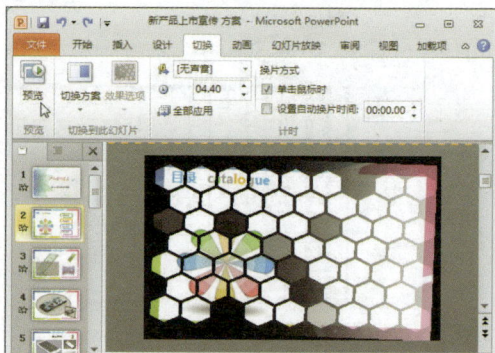

（3）预览所有幻灯片

步骤01 在"幻灯片放映"选项卡中单击"从头开始"按钮。

步骤02 在幻灯片放映状态下，可以对所有动画效果和页面切换效果进行预览。按Esc键可退出预览。

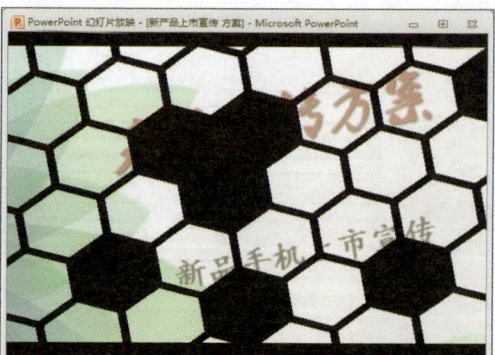

Chapter

12

幻灯片的放映与输出

本章概述

将演示文稿精心制作完成后，如果想要把幻灯片中的内容传达给更多的人，就需要对幻灯片进行放映。前面学习的动画效果制作也是为幻灯片的放映增添炫目的效果。最后，用户还可以将演示文稿以不同的形式输出或打印，以便日后使用。

本章要点

演示文稿的放映

演示文稿的发布

演示文稿的打印

演示文稿的打包

演示文稿的输出

12.1 放映新产品宣传方案

在放映幻灯片之前，用户还可以通过设置控制每页幻灯片的放映时间、放映顺序、切换方式，还可以在播放幻灯片的时候播放背景音乐、添加旁白等。总之用户可以用合理的方式设置幻灯片的放映。

12.1.1 放映演示文稿

幻灯片是怎样放映的，应该如何控制幻灯片的放映？下面就进行详细介绍。

❶ 添加"自定义幻灯片放映"

通过创建自定义幻灯片，用户可以对同一份演示文稿进行多种不同的放映，自定义幻灯片放映时只显示选择的幻灯片。

步骤01 打开"幻灯片放映"选项卡，单击"开始放映幻灯片"组中的"自定义幻灯片放映"下拉按钮，选择"自定义放映"选项。

步骤02 弹出"自定义放映"对话框，单击"新建"按钮。

步骤03 弹出"定义自定义放映"对话框，在"在演示文稿中的幻灯片"列表框中选中"幻灯片3"选项，单击"添加"按钮。

步骤04 选中的幻灯片选项随即被添加到"在自定义放映中的幻灯片"列表框中。参照上一步骤继续向该组中添加其他选项。

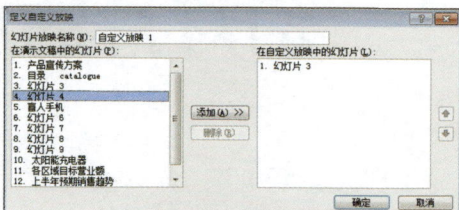

步骤05 选中"自定义放映中的幻灯片"列表框中的任意选项，单击"删除"按钮可将该幻灯片选项删除。

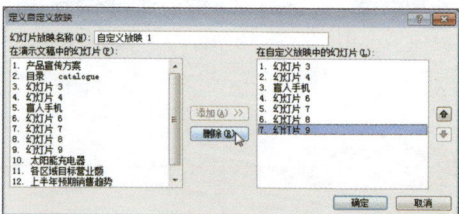

步骤06 在"幻灯片放映名称"文本框中输入文本"手机系列"，单击"确定"按钮。

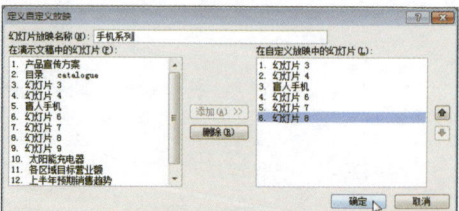

步骤 07 返回"自定义放映"对话框，单击"关闭"按钮。

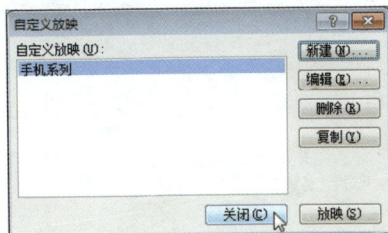

步骤 08 返回演示文稿，单击"自定义幻灯片放映"下拉按钮，在展开的列表中出现了"手机系列"选项，单击该选项。

步骤 09 系统随即放映该自定义幻灯片。按Esc键可退出播放。

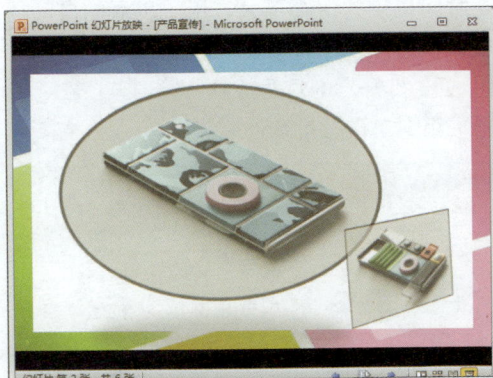

❷ 设置幻灯片放映方式

　　设置幻灯片的放映方式包括设置放映类型、设置幻灯片的播放范围，以及设置切换方式等。

步骤 01 打开"幻灯片放映"选项卡，单击"设置幻灯片放映"按钮。

步骤 02 弹出"设置放映方式"对话框，在"放映类型"组中选中"演讲者放映"单选按钮，幻灯片会在全屏状态下放映。

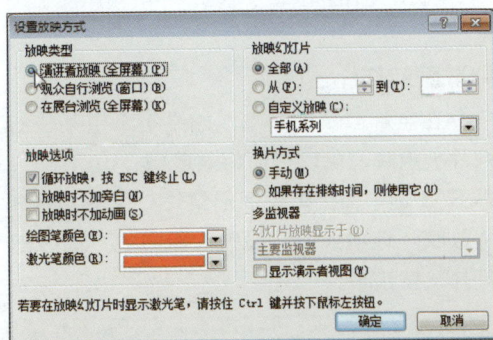

步骤 03 单击"放映幻灯片"组中的"从-到-"单选按钮，在微调框中可以设置幻灯片的放映范围。

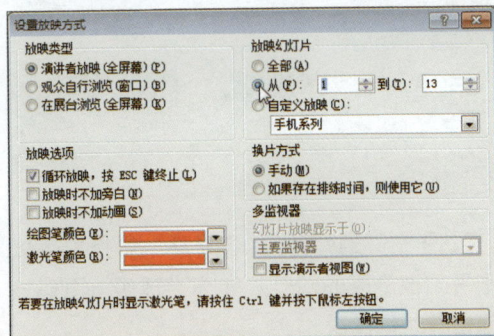

步骤04 在"换片方式"组中选中"如果存在排练时间，则使用它"单选按钮。在为幻灯片设置了排练时间后，放映幻灯片的时候，会按照排练时间自动播放。

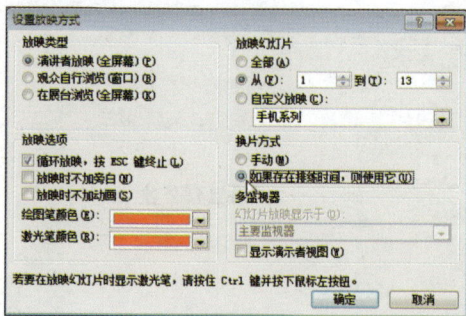

办公助手　关于放映方式

PPT幻灯片的放映类型有三种，演讲者放映（全屏幕）、观众自行浏览（窗口）、在展台浏览（全屏幕），在实际应用中应根据场合不同因地制宜灵活应用。

❸ 隐藏幻灯片

在全屏放映模式下，如果不希望某些幻灯片被放映，可以提前将其隐藏。

步骤01 选中需要隐藏的幻灯片，单击"幻灯片放映"选项卡下"设置"组中的"隐藏幻灯片"按钮。

步骤02 在"幻灯片/大纲浏览"窗格中可以查看到被隐藏的幻灯片变为半透明，页码被黑色斜线框覆盖。

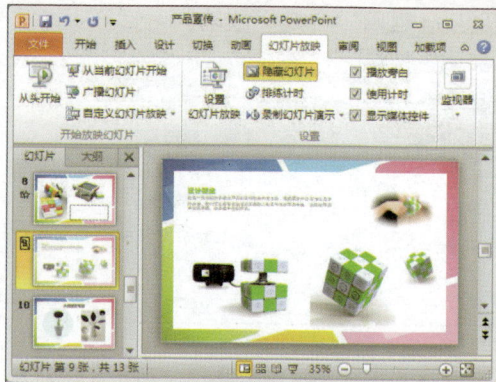

步骤03 若要取消隐藏，则再次单击"隐藏幻灯片"按钮。

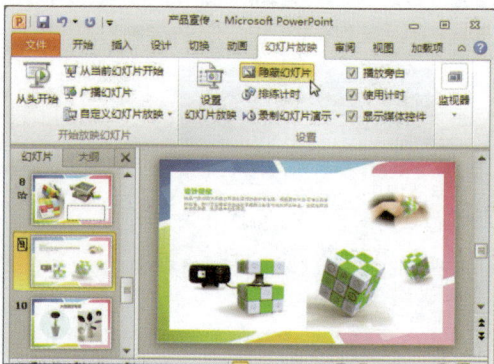

❹ 排练计时

在全屏放映模式下，将每张幻灯片的放映时间记录并保存下来，用于以后的自动播放，即为排练计时。

步骤01 打开"幻灯片放映"选项卡，在"设置"组中单击"排练计时"按钮。

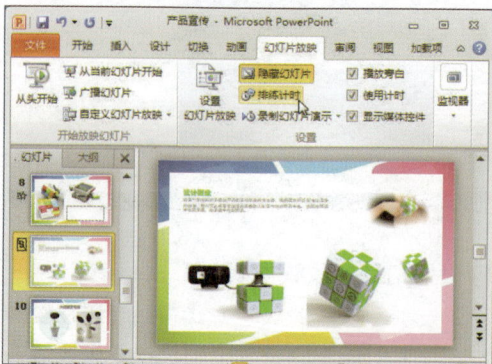

步骤 02 进入幻灯片放映模式，在幻灯片左上角出现"录制"工具栏。

步骤 03 显示在"录制"工具栏中间的时间为当前幻灯片放映的时间，右侧时间为幻灯片放映所需的总时间。单击"下一页"按钮，录制下一个动画对象。

步骤 04 当录制完最后一个动画后，会弹出一个提示对话框，单击"是"按钮。

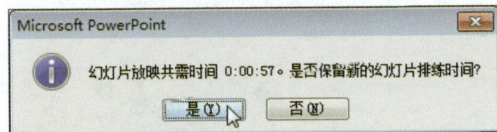

步骤 05 演示文稿自动切换到"幻灯片浏览"视图，在每一页幻灯片下方均显示该页幻灯片的排练计时时间。

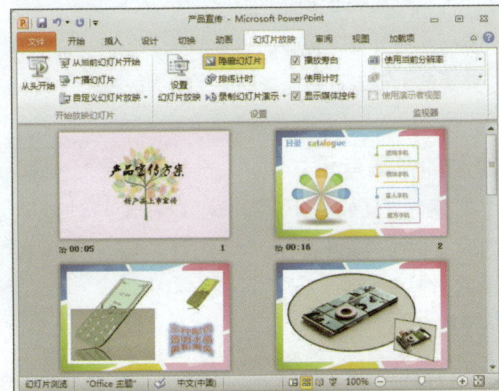

步骤 06 按F5键放映幻灯片，此时幻灯片已经应用排练计时自动播放幻灯片。

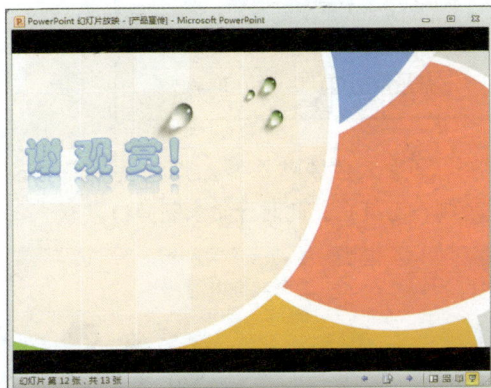

办公助手 关于排练计时

在全屏放映模式下，将每张幻灯片的放映时间记录并保存下来，用于以后的自动播放，即为排练计时。

⑤ 录制旁白

如果用户想要在放映幻灯片时加入演讲者的原声讲解，可以通过录制旁白实现。录制旁白的方法如下：

步骤 01 打开"幻灯片放映"选项卡，单击"录制幻灯片演示"下拉按钮，选择"从当前幻灯片开始录制"选项。

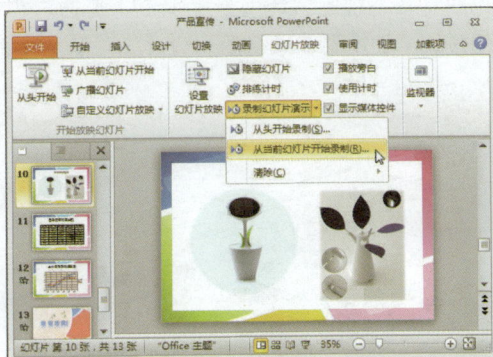

步骤 02 弹出"录制幻灯片演示"对话框，取消"幻灯片和动画计时"复选框的勾选，单击"开始录制"按钮。

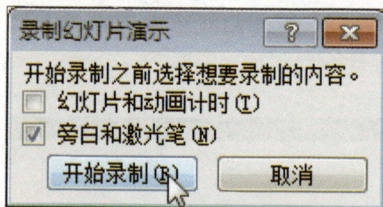

步骤03 进入放映状态，幻灯片左上角出现"录制"工具栏。此时开始录制旁白。

步骤04 录制完当前页旁白后单击"下一项"按钮，进入下一页幻灯片录制旁白。全部录制完成后按Esc键退出录制。

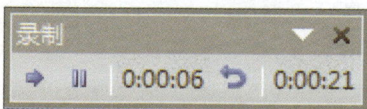

步骤05 演示文稿自动切换到"幻灯片浏览"视图，在"视图"选项卡中单击"普通"视图按钮，切换到普通视图。

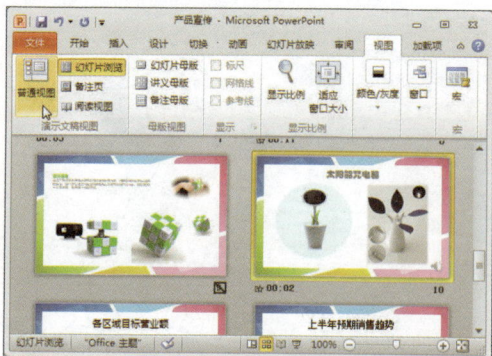

步骤06 在录制了旁白的幻灯片右下角会出现一个声音图标，将光标指向该图标，激活声音播放工具栏，单击"播放/暂停"按钮可收听刚才录制的旁白。

步骤07 若要删除旁白，则单击"录制幻灯片演示"下拉按钮，在展开的下拉列表中选择"清除"选项，在其下级列表中选择"清除所有幻灯片的旁白"选项。

办公助手　关于录制旁白

录制旁白就是在放映幻灯片时加入演讲者的原声讲解，可以更好地帮助演讲者完成演示。

⑥ 添加背景音乐

为了渲染音乐气氛，可以在幻灯片放映的时候播放背景音乐，为幻灯片添加音乐背景的方法如下：

步骤01 打开第一页幻灯片，打开"插入"选项卡，单击"音频"下拉按钮，在展开的列表中选择"文件中的音频"选项。

步骤02 弹出"插入音频"对话框，选中所需的音频文件，单击"插入"按钮。

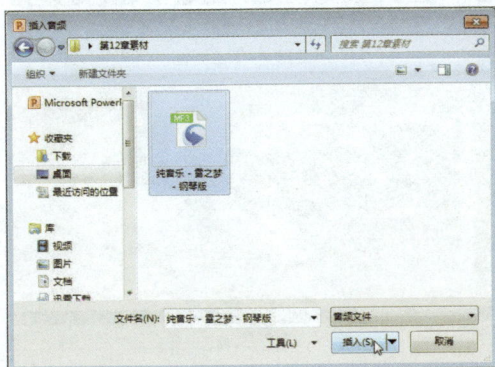

步骤03 选中音频文件随即被插入幻灯片中。

步骤04 选中音频图标，将其拖动至合适的位置。打开"播放"选项卡，单击"音量"下拉按钮，在下拉列表中选择"高"选项。

步骤05 在"音频选项"组中单击"开始"下拉按钮，在下拉列表中选择"跨幻灯片播放"选项。

步骤06 在"音频选项"组中勾选"放映时隐藏"复选框。

步骤07 勾选"循环播放，直到停止"复选框。

步骤08 按F5键放映幻灯片，此时幻灯片中的音频图标被隐藏并自动开始播放背景音乐。

7 控制幻灯片放映

放映幻灯片时，演讲者为了对幻灯片中的内容进行详细讲解，还需要自由控制幻灯片的放映。

（1）快速切换到指定页

步骤01 在幻灯片放映窗口中右击，在弹出的快捷菜单中选择"下一页"选项。

步骤02 随即切换到下一页幻灯片，在快捷菜单中选择"定位至幻灯片"选项，在下级菜单中选择"5盲人手机"选项。

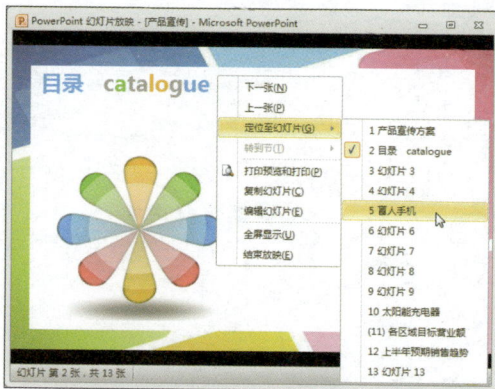

步骤03 幻灯片即被切换至相应页继续放映。

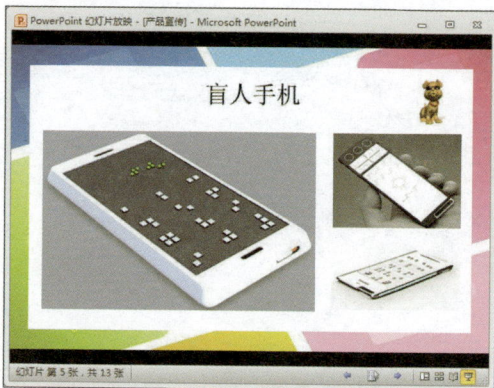

（2）快速切换至全屏放映

步骤01 在窗口放映模式下右击幻灯片，在弹出的快捷菜单中选择"全屏显示"选项。

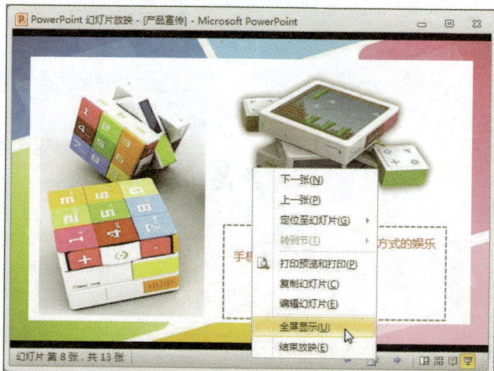

步骤02 幻灯片随即被切换到全屏模式放映。按Esc键可返回窗口放映。

（3）放映时添加批注

步骤01 全屏放映模式下右击幻灯片，在弹出的快捷菜单中选择"指针选项"选项，在其下级列表中选择"笔"选项。

步骤02 单击并按住鼠标左键不放，拖动鼠标可以在幻灯片中绘制批注。

步骤03 在快捷菜单中选择"指针"选项，在其下级列表中选择"墨迹颜色"选项，在展开的颜色菜单中选择"浅蓝"选项。

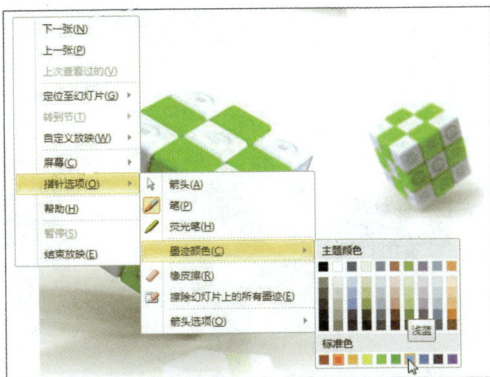

步骤04 按住鼠标左键在幻灯片中绘制标记，此时批注的颜色即变为了浅蓝色。

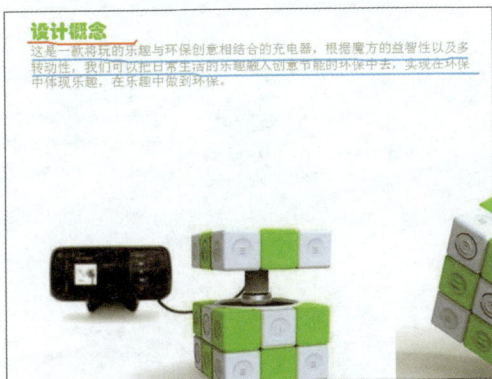

步骤05 在快捷菜单中选择"指针选项"，在下级菜单中选择"橡皮擦"选项。

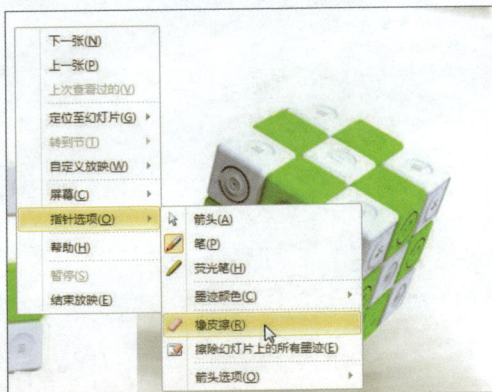

步骤 06 光标变为""形状，在标记处单击，即可删除该批注。

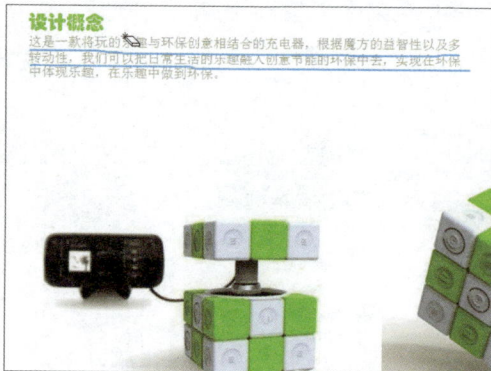

步骤 07 在快捷菜单中选择"指针选项"选项，在下级列表中选择"擦除幻灯片上的所有墨迹"选项，可删除幻灯片中所有的批注。

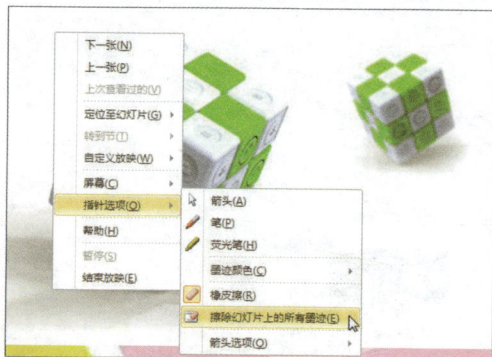

步骤 08 在"指针选项"下级菜单中选择"荧光笔"选项。

步骤 09 单击并按住鼠标左键不放，拖动鼠标可在幻灯片中绘制荧光笔样式的批注。

步骤 10 在快捷菜单中选择"结束放映"选项，可退出幻灯片放映模式。

步骤 11 若幻灯片中还有未擦除的批注，系统会弹出"是否保留墨迹注释"提示对话框，单击"放弃"按钮即可。

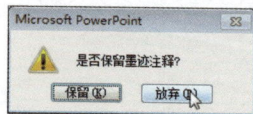

12.1.2 发布演示文稿

使用PowerPoint 2010完成演示文稿的创建后，为了能够方便地重复使用这些幻灯片，可以直接发布演示文稿中的幻灯片。发布幻灯片的方法如下：

步骤 01 打开演示文稿，打开"文件"菜单，选择"保存并发送"选项。

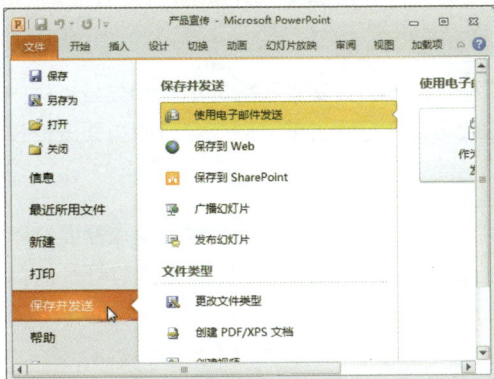

步骤 02 切换至"保存并发送"选项面板，选择"发布幻灯片"选项，在右侧面板单击"发布幻灯片"按钮。

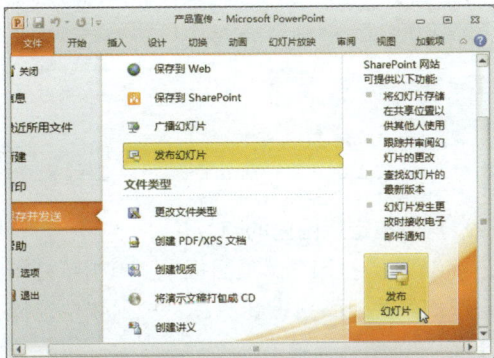

步骤 03 弹出"发布幻灯片"对话框，单击"全选"按钮，将列表中幻灯片全部选中。随后单击"发布到"下拉列表框右侧的"浏览"按钮。

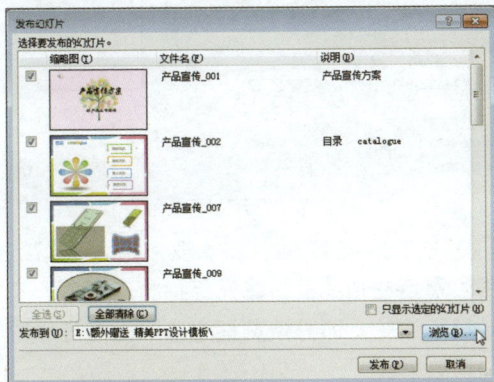

步骤 04 弹出"选择幻灯片库"对话框，指定幻灯片发布位置，单击"选择"按钮。

步骤 05 返回"发布幻灯片"对话框，单击"发布"按钮。

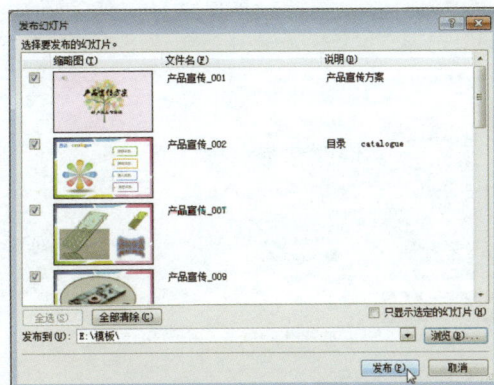

步骤 06 幻灯片随即被发布到指定文件夹。在计算机中打开该文件夹，可查看到发布的幻灯片信息。

12.2 打印与输出演示文稿

对演示文稿的终极操作为打印和输出，演示文稿可以输出为多种不同的格式和类型，用户可以根据需要选择输出类型。打印幻灯片有很多的技巧，在打印之前可以先对打印页面进行设置，下面详细讲解演示文稿的打印和输出方法。

12.2.1 产品宣传页的打印

在打印幻灯片之前，本着节约纸张和油墨，资源最大化利用的原则，可以先对页面方向打印范围、份数、颜色等进行设置。

❶ 设置打印范围

用户可以指定打印某一页幻灯片，也可以指定打印的范围，还可以选择打印份数。

（1）打印指定页幻灯片

步骤01 打开"文件"菜单，单击选择"打印"选项。

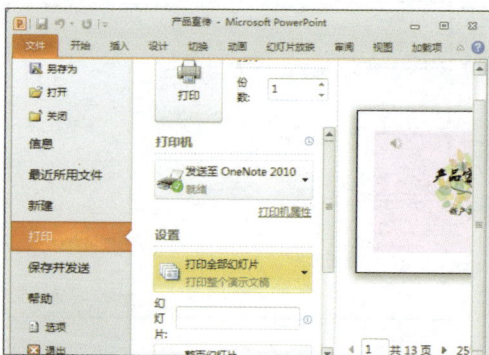

步骤02 单击"设置"组中的"打印全部幻灯片"下拉按钮，在展开的列表中选择"打印当前幻灯片"选项。

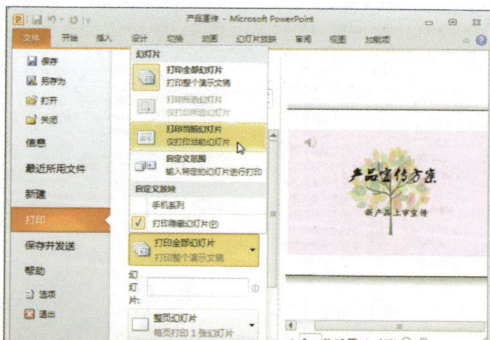

步骤03 在"幻灯片"文本框中输入需要打印的页码，在右侧面板可以预览该幻灯片的打印效果。

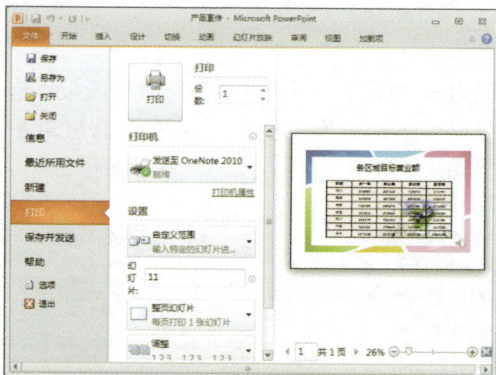

（2）打印指定范围内的幻灯片

步骤01 在"打印"选项面板中，单击"打印全部幻灯片"下拉按钮，在下拉列表中选择"自定义范围"选项。

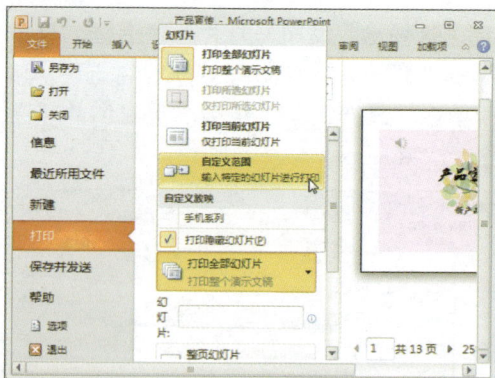

步骤02 在"幻灯片"文本框中输入页码范围，然后在预览页面将光标指向幻灯片，滚动鼠标滚轮，即可预览指定范围内幻灯片的打印效果。

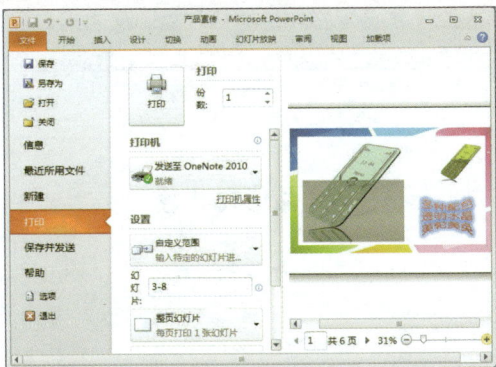

步骤03 在"打印"组中单击"份数"微调框按钮，可设置打印份数。

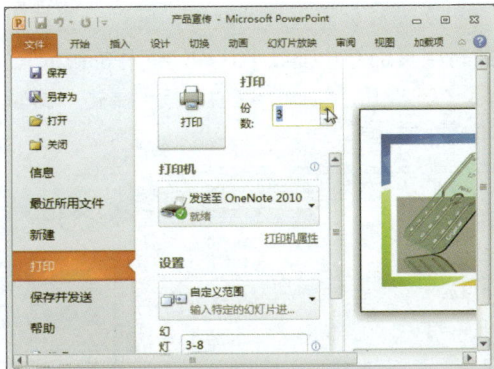

② 设置打印版式

　　根据幻灯片的使用场合可以选择不同的版式打印幻灯片，也可以在一页纸上打印多张幻灯片。

步骤01 在"打印"选项面板中单击"整页幻灯片"下拉按钮。

步骤02 在弹出列表的"讲义"组中选择"2张幻灯片"选项。

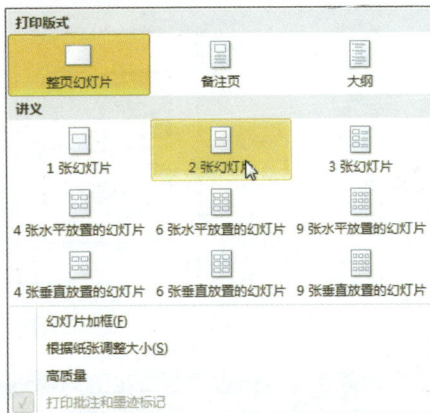

步骤03 在打印预览窗口可以预览到一页纸中打印两张幻灯片的效果。

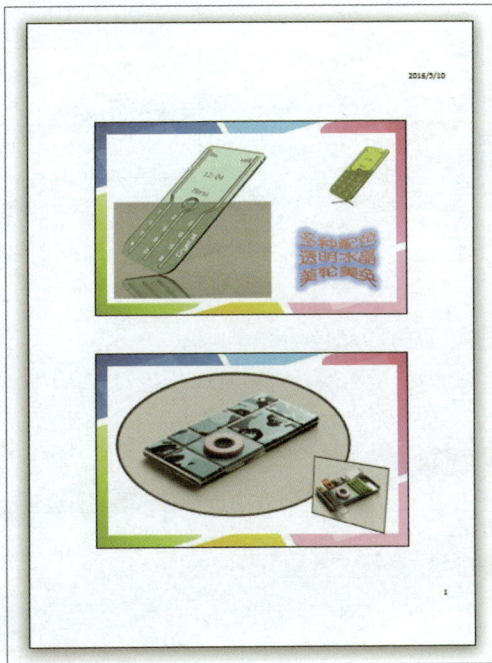

③ 调整纸张方向

　　在设置了打印版式之后，用户可以根据实际需要调整纸张的打印方向为横向或纵向。调整方法如下。

步骤01 在"打印"选项面板中单击"纵向"

下拉按钮，在展开列表中选择"横向"选项。

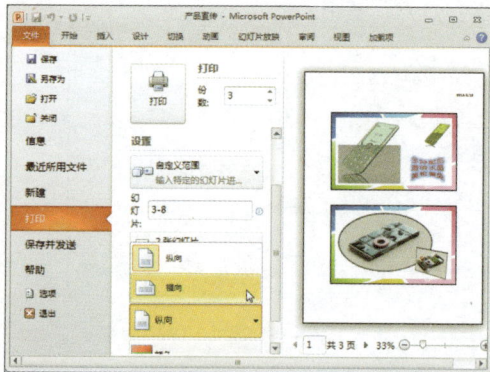

步骤02 在预览窗口可以查看到纸张方向由纵向调整为了横向。

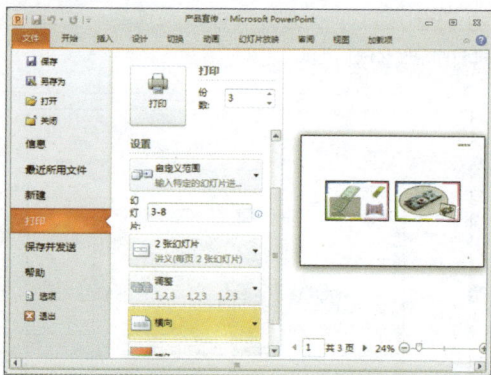

❹ 设置打印颜色

为了节约油墨可将打印颜色设置为"灰度"或"纯黑白"。设置方法如下。

步骤01 在"打印"选项面板中单击"颜色"下拉按钮，在展开列表中选择"纯黑白"选项。

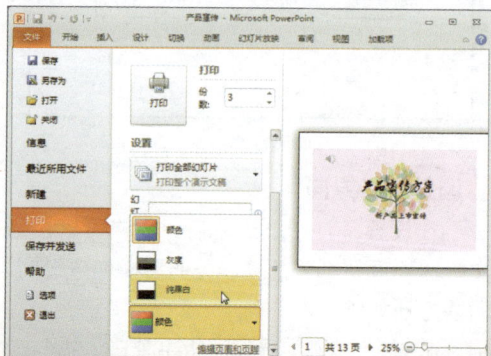

步骤02 预览窗格中的幻灯片随即变为黑白色。

❺ 打印当前时间

通过对页眉页脚的编辑，可以设置打印的每一页幻灯片都显示打印幻灯片的时间。

步骤01 打开"打印"选项面板，单击"编辑页眉和页脚"选项。

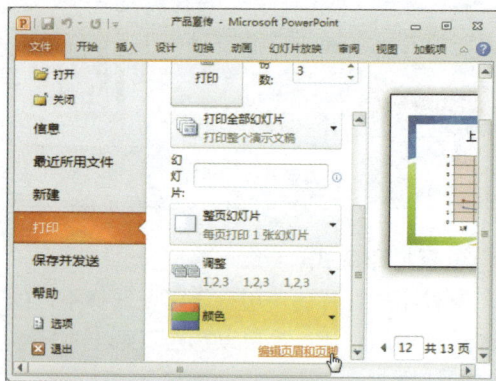

步骤02 弹出"页眉和页脚"对话框，在"幻灯片"选项卡中勾选"日期和时间"复选框。

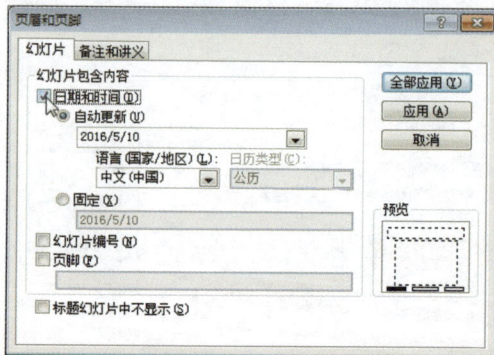

步骤 03 单击"自动更新"下方的日期下拉按钮，在展开的列表中选择合适的日期格式。

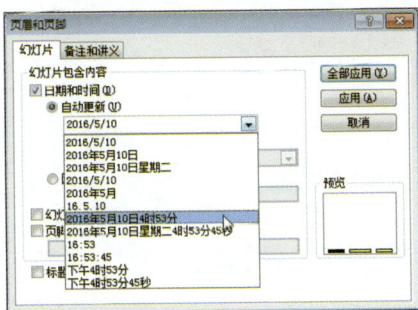

步骤 04 单击"全部应用"按钮，然后关闭对话框。

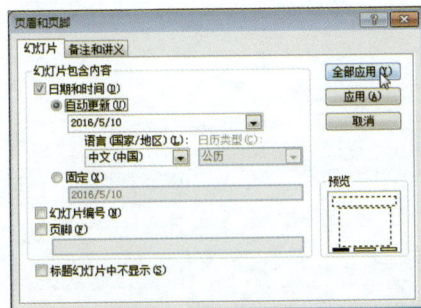

步骤 05 在预览区中可以查看到每一页幻灯片左下角均显示出当前日期和时间。

12.2.2 产品宣传页的输出

　　制作完成的演示文稿，不仅可以另存为不同的格式，还可以输出为PDF/XPS文档、创建为视频、打包成CD等。

❶ 另存为模板

　　创建完成的演示文稿可以另存为模板文件，在制作新演示文稿时可以将该模板作为一个起点，快速完成演幻灯片的设计。

步骤 01 打开"文件"菜单，单击选择"保存并发送"选项。

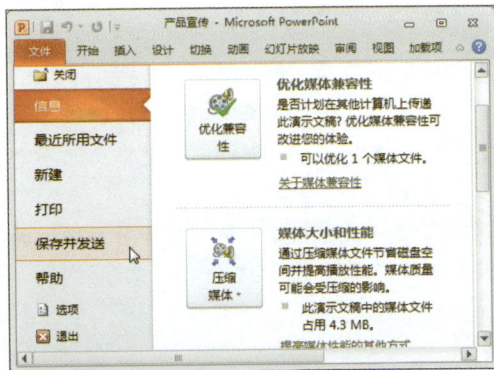

步骤 02 选择"更改文件类型"选项，双击右侧面板中的"模板"选项。

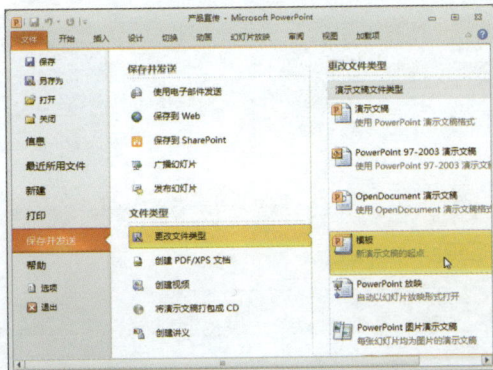

步骤 03 弹出"另存为"对话框，指定文件保存路径，单击"保存"按钮。

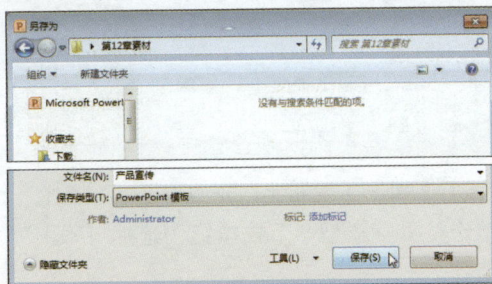

步骤04 打开文件保存位置，可以查看到保存为模板的演示文稿。

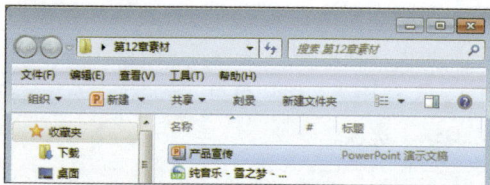

② 创建PDF文档

将演示文稿发布为PDF文档，可以共享文件或者使用专业印刷机打印文件，而不需要任何其他软件或加载项。

步骤01 在"文件"菜单的"保存并发送"面板中选择"创建PDF/XPS文档"选项。

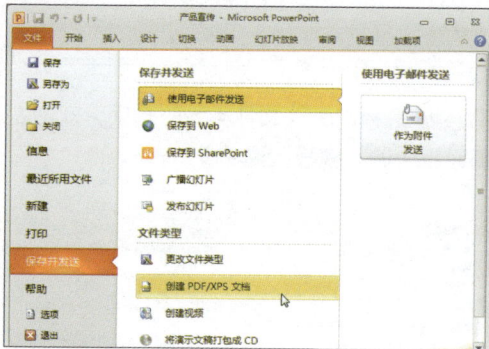

步骤02 在展开的右侧面板下方单击"创建PDF/XPS"按钮。

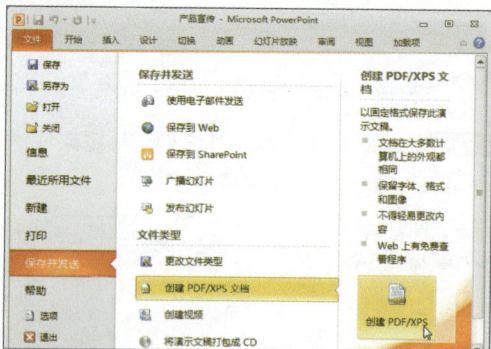

步骤03 弹出"发布为PDF或XPS"对话框，单击"保存类型"下拉按钮，选择"PDF"选项。

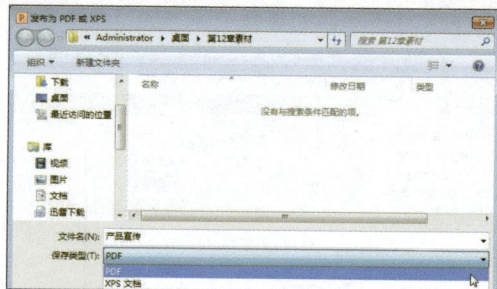

步骤04 指定文件的保存路径，单击"发布"按钮。

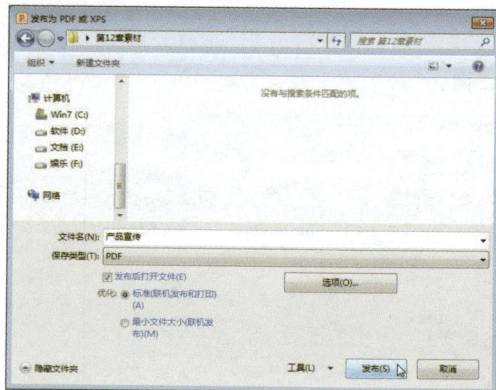

步骤05 弹出"正在发布"对话框，显示发布进度。

步骤06 演示文稿发布成PDF格式后，将自动在PDF阅读器中打开。

❸ 导出为视频

　　将演示文稿导出为视频，不仅易于分发还更便于播放。将演示文稿导出为视频的方法如下。

步骤 01 在"文件"菜单的"保存并发送"选项面板中选择"创建视频"选项。

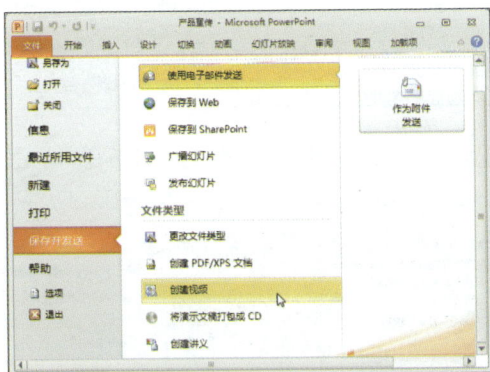

步骤 02 在右侧面板最下方单击"创建视频"按钮。

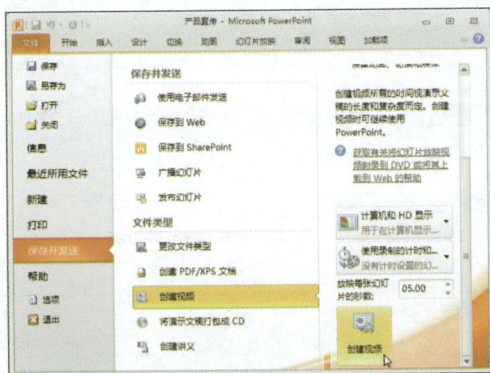

步骤 03 弹出"另存为"对话框，指定文件保存路径，单击"保存"按钮。

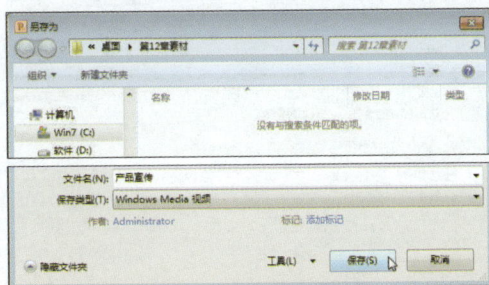

步骤 04 打开保存视频文件的文件夹，找到并双击视频文件。

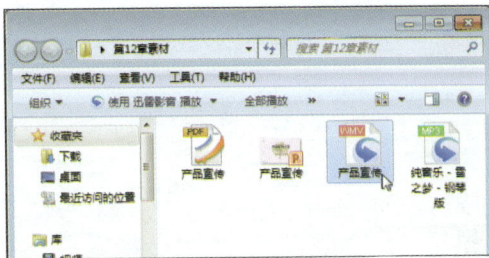

步骤 05 该视频文件即在"Windows Media Player"播放器中播放。

❹ 将演示文稿打包成CD

　　如果用户想要把演示文稿上传到网页或在另一台计算机上放映，可以将演示文稿打包成CD。

步骤 01 在"文件"菜单中打开"保存并发送"选项面板，在其中单击"将演示文稿打包成CD"选项。

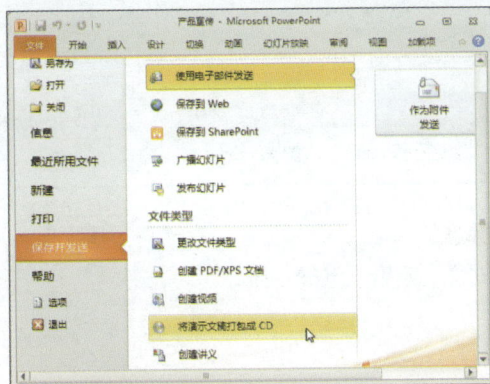

步骤 02 在右侧面板最下方单击"打包成CD"按钮。

步骤 03 弹出"打包成CD"对话框，在"将CD名为"文本框中输入文本"产品宣传"。

步骤 04 单击"复制到文件夹"按钮。

步骤 05 弹出"选择位置"对话框，指定保存位置，单击"选择"按钮。

步骤 06 打开"复制到文件夹"对话框，单击"确定"按钮。

步骤 07 随即弹出系统提示对话框，直接单击"是"按钮。

步骤 08 在打包过程中，系统会弹出"正在将文件复制到文件夹"对话框。

步骤 09 打包完成后自动弹出一个对话框，显示出演示文稿的打包信息。